Adam Weymouth • Wolfspfade

ADAM WEYMOUTH

# WOLFSPFADE

## EINE SPURENSUCHE IM HERZEN EUROPAS

Aus dem Englischen
von Felix Mayer

btb

*Das hier ist eine Liebesgeschichte,*
*und sie ist für Ulli.*

Und ich will wilde Tiere unter euch senden,
die sollen euch eurer Kinder berauben
und euer Vieh ausrotten und eure Zahl mindern,
und eure Straßen sollen öde werden.

Leviticus 26, 22

# Inhalt

*Vorbemerkung des Autors* 13

Prolog 15

Slowenien, Winter 21

Österreich, Frühling 151

Italien, Sommer 255

Epilog 393

*Nachbemerkung* 401

*Danksagungen* 405

*Auswahlbibliografie* 409

Wanderung eines jungen Wolfs, Canis lupus Dezember 2011 – März 2012
ALPEN
Bolzano/Bozen
ITALIEN
Trento
Gardasee
Naturpark Lessinische Berge
März 2012
Verona
Padua
Venedig
PO-EB
Trevis

Lienz
ÖSTERREICH
Klagenfurt
Drau
SLOWENIEN
Ljubljana
Dezember 2011
Triest
Slavc' Geburtsrevier
Golf von Venedig
KROATIEN
Rijeka

# Vorbemerkung des Autors

2014 wanderte ich durch Schottland, um herauszufinden, wie die Menschen dort zu den öffentlich diskutierten Plänen standen, in ihrem Land wieder Wölfe anzusiedeln. Während dieser Nachforschungen stieß ich auf einen kurzen Artikel, den der Journalist Henry Nicholls in der Tageszeitung *The Guardian* veröffentlicht hatte. Es war ein Interview mit Hubert Potočnik, einem Dozenten an der Universität von Ljubljana, in dem es um einen Wolf namens Slavc ging, der durch mehrere europäische Länder gewandert war. Etliche Jahre später, nachdem ich aus Alaska, wo ich für mein letztes Buch recherchiert hatte, zurückgekehrt war, beschäftigte ich mich erneut mit der Wanderung dieses Wolfs.

Zunächst fuhr ich nach Italien, in den Naturpark Lessinische Berge nördlich von Verona, wo Slavc heimisch geworden war. Das war 2019, und kurz darauf bereitete die Coronapandemie sämtlichen weiteren Nachforschungen ein Ende. Erst Anfang 2022 kam ich nach Slowenien und traf dort Hubert zum ersten Mal. Die meisten Recherchen für dieses Buch habe ich in jenem Jahr durchgeführt; allerdings bin ich 2023 noch einmal an zahlreiche Orte gefahren, diesmal häufig in Begleitung eines Dolmetschers, um tiefer gehende Interviews führen zu können, als es mein bruchstückhaftes Italienisch und mein nicht existentes Deutsch oder Slowenisch bei meinen ersten Besuchen erlaubt hatten. Andere Gespräche setzte ich durch anschließende Telefonate fort. Im Lauf dieser beiden Jahre reiste ich auch mehrmals in die Hochebene von Lessinia.

Anders als Slavc hatte ich damals, als ich mich aufmachte, seinen Spuren zu folgen, zwei kleine Kinder und wollte daher nicht länger als jeweils ein paar Wochen am Stück von zu Hause weg sein. Ich absolvierte meine Wanderung in mehreren Etappen, zwischen denen ich jeweils nach England zurückkehrte. Diese Etappen sowie die Aufenthalte in den Lessinischen Bergen beschreibe ich im Folgenden als eine durchgehende Reise, um den Fluss der Geschichte, die ich erzählen möchte, aufrechtzuerhalten.

Die Statistiken über Wolfspopulationen und ihre Raubzüge sowie die Informationen über die aktuelle europäische Politik sind auf dem Stand von Ende 2024, dem Zeitpunkt, als dieses Buch in Druck ging.

Die Namen einiger Orte und Personen habe ich geändert, um die Privatsphäre der Menschen zu wahren.

# Prolog

*Slavnik, Slowenien, 2011*

Der Wolf hat sich im Winter auf den Weg gemacht.

Um diese Jahreszeit sind die Tage kurz und die Nächte sehr lang. Seit der Morgendämmerung scheint die Sonne nur schwach, als wäre sie in einer Faust gefangen, und gleich wird sie wieder einmal verlöschen. Der Wolf geht den flachen Taleinschnitt hinab, in lockerem Gang, seine Fußgelenke haben Spiel und flattern geradezu. Würde man ein Glas Wasser zwischen seine Schulterblätter stellen, kein einziger Tropfen würde verschüttet. Keine Vögel sind zu hören, und die kahlen Stämme der Buchen verlieren sich im dunklen Wald, ragen hinauf in den dünnen, metallischen Himmel. Im Zwielicht hier unten schimmert der Schnee gräulich. Nichts bewegt sich, kein Leben regt sich, außer dem Wolf.

Er bewegt sich zielstrebig. Die Abdrücke, die er hinterlässt, haben die Größe von Untertassen. Dieses Wäldchen gehört zur westlichen Grenze des Reviers seines Rudels; die anderen Begrenzungen sind viele Kilometer entfernt. Er war den ganzen Tag unterwegs, ist entlang dieser Grenze in Richtung Süden gewandert, neben der Eisenbahntrasse her. Er geht noch immer so zügig wie am Morgen. Er ist ein Tier, das für die Bewegung geschaffen ist; das ist vielleicht seine hervorstechendste Eigenschaft. Seit elf Tagen hat er keine Beute mehr gerissen, aber das macht ihm nichts, er kann weitaus länger durchhalten. Unter seinem Fell ist er schlank, seine Muskeln spannen sich, und seine Behaarung hat um diese Jahreszeit ihre größte Fülle erreicht, mit einer dicken Schicht Deckhaar auf dem Unterfell, und wie sehr er auch abmagert, er wird nicht frieren, jedenfalls nicht, bis er seine Muskeln verstoffwechselt. Im Moment ist er maximal konzentriert, alle seine Sinne sind geschärft. Sein Fell ist hellbraun und stahlfarben, rabenschwarz und schneeweiß, eine Farbpalette, die jener der Landschaft entspricht, und schwarze Flecken betonen seine Schnauze und erstrecken sich über seinen Rücken, als wäre er mit Kajal markiert worden. Es ist unvorstellbar, dass es Zeiten gab, in denen hier keine Wölfe lebten, denn kein anderes Tier passt so sehr in diese Gegend. In der kalten, harten Luft bildet sein Atem kleine Wölkchen. Ein dichtes Geflecht dünner Blutgefäße durchzieht seine Zehen und verhindert, dass seine Füße zu Eis erstarren.

Er bewegt sich durch eine Landschaft, die sehr alt ist. An einem Baum bleibt er stehen, hebt ein Bein und uriniert, dann schabt er mit den Pfoten über den Boden, um den Schweiß aus den Drüsen zwischen seinen Zehen am Schnee abzuwischen. Der Geruch des Schweißes enthält viele Informationen. Einem Artgenossen verrät er Geschlecht und Alter des Trägers (ein einjähriges Männchen), die Unterart *(Canis lupus lupus)*, den Rang innerhalb des Rudels (ein rangniedrigeres Tier), und er gibt Aufschluss über die Paarungsfähigkeit (er ist geschlechtsreif). Außerdem lässt der Geruch erkennen, in welchem Gesundheitszustand er sich befindet und wovon er sich ernährt. Die anderen Mitglieder seines Rudels (zu dem zu diesem Zeitpunkt noch sieben weitere Tiere gehören: seine Eltern, die vier Jungen des diesjährigen Wurfs und ein älteres, nicht verwandtes Männchen) erkennen diesen olfaktorischen Fingerabdruck als seinen ganz persönlichen. Anderen Wölfen gibt der Geruch zu verstehen: Verschwinde von hier, dieses Territorium ist besetzt. Wenn kein Neuschnee fällt, wird die Duftmarke wochenlang Bestand haben. Der Baum trägt auch ältere Duftspuren anderer Wölfe; die jüngste stammt von einem Weibchen, einem dominanten Tier von guter Gesundheit. Seiner Mutter. Er schüttelt sich und zieht weiter. Nach ein paar Minuten bleibt er erneut stehen, um eine Duftmarke zu hinterlassen, dann geht er weiter seines Wegs, zwischen den kahlen Bäumen den Hang hinauf.

Mit seinen neunzehn Monaten ist er noch jung, aber seine Jugend wird bald zu Ende sein. Der Winter ist die beschwerlichste Jahreszeit, doch der Schnee lässt das Pendel ein wenig zugunsten der Wölfe ausschlagen. Das feingliedrige Rotwild versinkt bis zu den Knien in den Schneeverwehungen, während er mit einer Behändigkeit, die vergessen lässt, wie schwer und wie stämmig er ist, über den Schnee zu gleiten scheint. Er ist jetzt ausgewachsen, wiegt vierzig Kilo und misst an den Schultern fünfundsiebzig Zentimeter. Er trottet über den dichten Schnee, bleibt stehen, wittert, lauscht. Die Spur, die er verfolgt, riecht nach Wild, das ihm jedoch mehrere Tage voraus ist. Zwar kommt ihm die Jahreszeit zugute, aber dieser Winter war hart. Der Kampf um Nahrung war unerbittlich. Vor einem Jahr, als er noch ein Junges war, hat ihn sein Rudel versorgt. Jetzt muss es sich um einen neuen Wurf kümmern. Daher verbringt er immer mehr Zeit allein. Er frisst hier einen Siebenschläfer, da einen Fuchs, was auch immer von einem Beutetier übrig bleibt, nachdem das Rudel und die Jungen sich satt gefressen haben. Spärliche, dürftige Nahrung.

Er trabt weiter, entlang eines Zauns aus gewundenem Klingendraht, der der Krümmung des noch immer ansteigenden Geländes folgt. Er weiß, dass er sich von den Klingen fernhalten muss, und er kennt die Stellen, an denen der Draht locker ist und er hindurchschlüpfen kann. Seit Menschengedenken wurden in dieser Region ständig neue Grenzen gezogen, Völker haben sie durchquert, aber den Wolf kümmert das nicht. Manchmal verfängt sich jedoch ein Stück Wild in dem Zaun – ein Glücksfall für ihn. Er schnappt nach einem herabfallenden Blatt, verfehlt es, und überrascht von seiner Albernheit trottet er weiter.

In der Landschaft, durch die sich der Wolf bewegt, wirkt er erschreckend klein. An dieser Art von Umgebung ist seine Spezies gewachsen; an den Bergen, an gelenkigen, feingliedrigen Paarhufern und auch an der Verfolgung durch den Menschen. Der Wolf ist dann am meisten Wolf, wenn er in einen Kampf verwickelt ist – mit dem Winter, mit der menschlichen Welt. Mit stetigem Schritt läuft er den Hang weiter hinauf und erreicht nach einer Weile den Kamm der Hügelkette. Der Wald wird lichter, und der Wolf lässt den Blick schweifen; die pechschwarzen Pupillen sitzen in seinen baumharzgelben Augen wie Mücken in erstarrtem Bernstein. Er sieht all die ihm bekannten Elemente der Umgebung: den Sendemast, die Konturen der umliegenden Hügel, das Meer. Die Höhenzüge, die wie Falten aneinanderliegen, und in der Ferne, jenseits der Küstenlinie, die zahlreichen verstreuten Schiffe auf dem Wasser, das von einem eisigen Wind aufgewühlt wird.

Sein Territorium wird von einer vierspurigen Autobahn durchschnitten, deren unablässiges Rauschen er von hier aus hören kann. Diese Straße ist die wichtigste Verbindung zwischen der Hauptstadt und der Küste, und der Verkehr lässt dort niemals nach. Für uns Menschen klänge dieses leise

Brummen – wenn wir es mit unseren deutlich weniger entwickelten Ohren denn hören könnten – wie der Wind, der von den Hängen des Inlands in Richtung Meer rollt, oder wie das Hintergrundrauschen des Universums. Doch für den Wolf besitzen die Geräusche der menschlichen Lebenswelt eine besondere, eine entscheidende Bedeutung. Die Langholztransporter, die auf abschüssigen Strecken herunterschalten, ihre Druckluftbremsen, die dabei schnaufen. Schon als Jungtier hat er gelernt, diese Straße zu queren, Durchlässe zu finden, Risse im Maschendrahtzaun. Das muss ein junger Wolf in dieser Gegend hier können, so wie er lernen muss zu jagen und seine Stellung innerhalb des Rudels kennen muss. Von diesen Dingen hängt sein Überleben ab.

Alles an dieser Gegend ist ihm sattsam vertraut. Die Gerüche, die Geräusche, nichts ist ihm fremd. Er lernt durch Veränderungen. Der Wolf ist im Grunde eine konservative Art. Er kann sich noch genau an die Falle erinnern, in die er letzten Sommer gegangen ist, an die Kralle, in der sein Vorderfuß steckte, an den Schreck, der ihm durch alle Glieder fuhr, und daran, wie er später aufgewacht ist, noch ganz benommen, an den scheußlichen Geruch nach Mensch, der ihn umhüllte, und an dieses seltsame Ding um seinen Hals. Manchmal bemerkt er das Halsband noch, das er trägt. Ein solcher Fehler wird ihm kein zweites Mal unterlaufen. Sein Bruder wurde erschossen. Er hat es mit eigenen Augen gesehen. Mehr als ein Drittel aller Wölfe kommt um, bevor sie das erste Lebensjahr vollendet haben. Damit ist er schon jetzt ein Wolf, der den Widrigkeiten trotzt.

Er ist von zurückhaltender Natur, wird aber auch von einem nicht zu unterdrückenden Drang angetrieben. Einem Drang zu fressen, sich fortzupflanzen, zu leben. Auch davon hängt sein Überleben ab. Und heute Nacht, an diesem 19. Dezember 2011 um kurz nach drei Uhr dreißig morgens, wird er zum ersten Mal in seinem Leben die Grenzen seines Territoriums überschreiten. Er wird in Richtung Nord-Nord-Ost gehen, eine Forststraße in den Hügeln der Bukovica entlang, die vom Gipfel des Slavnik bergab führt. Achtzig Kilometer entfernt, in einem Raum im zweiten Stock der Biotechnischen Fakultät der Universität Ljubljana, wird auf einem Computerbildschirm ein GPS-Punkt aufleuchten.

Wusste der Wolf bei diesen ersten Schritten ins Ungewisse, auf welche Reise er sich begab? Hatte er Angst vor dem Neuen, dem Fremden, dem Andersartigen? Wusste er, dass diese Schritte der Beginn einer Wanderung waren, die viele Monate dauern und ihn über mehrere Tausend Kilometer führen würde?

Wusste er in diesem Moment des Aufbruchs, dass er nie zurückkommen würde?

# Slowenien, Winter

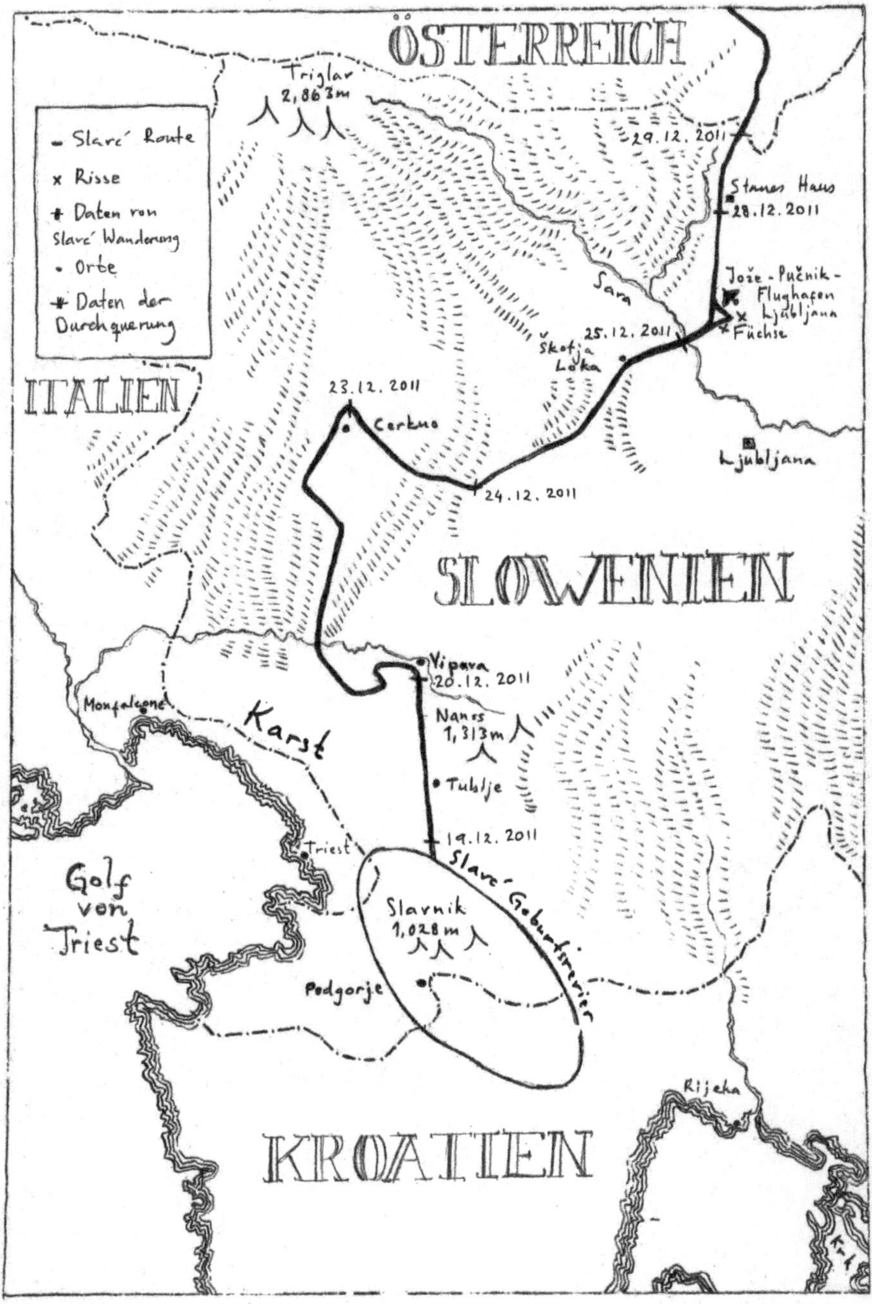
ÖSTERREICH
Triglav
2,863m
- Slavc Route
x Risse
+ Daten von
Slavc Wanderung
• Orte
+ Daten der
Durchquerung
29.12.2011
Stanes Haus
28.12.2011
Sava
Jože-Pučnik-
Flughafen
Ljubljana
x
Füchse
25.12.2011
Škofja
Loka
ITALIEN
23.12.2011
Cerkno
Ljubljana
24.12.2011
SLOWENIEN
Vipava
20.12.2011
Monfalcone
Karst
Nanos
1,313m
Tublje
19.12.2011
Triest
Slavc-Geburtsrevier
Golf
von
Triest
Slavnik
1,028m
Podgorje
Rijeka
KROATIEN
Krk

# I

*Solange die Löwen keine eigene Geschichtsschreibung haben, wird die Geschichte der Jagd immer den Jäger verherrlichen.*

Chinua Achebe in *The Paris Review*

Letzten Herbst haben die Buchen kaum Früchte getragen. In manchen Jahren ist der Boden so dicht mit Eckern übersät, dass es unter den Füßen knirscht, in anderen fallen sie nur spärlich. Die Buchen stimmen ihre Fruchtproduktion miteinander ab, sodass in ertragreichen Jahren so viele Eckern vorhanden sind, dass die Tiere sie nicht alle fressen können und zumindest ein paar übrig bleiben und keimen. Doch in schlechten Jahren haben die Bären zu kämpfen – sie müssen ihr Gewicht vor dem Winterschlaf verdoppeln. Jetzt, Anfang des Jahres 2022, im tiefsten Winter, sehe ich die Spuren, die von ihrem rastlosen Umherstreifen zeugen, ebenso wie Wolfsspuren, die im Zickzack über den Waldboden verlaufen. Die hungrigen Bären haben mehr Schaden angerichtet als jene, die sich satt essen konnten. Diesen Winter wurden schon zwei Menschen angegriffen, ein Jäger und ein Jogger. So erzählt es mir Hubert Potočnik, während wir nebeneinander durch den stillen Wald gehen.

Fünf Tage zuvor war ich in Slowenien angekommen. Bei der Einreise hatte ich ein ganzes Bündel von COVID-Nachweisen vorgelegt, mich besorgt gefragt, ob ich an alles gedacht hatte, und war dann spätabends mit dem Taxi ins Zentrum von Ljubljana gefahren. Hinter der Maske war mir unangenehm warm. Die Menschen hatten angefangen, wieder auf Reisen zu gehen. Ich hatte zum ersten Mal seit dem Beginn der Pandemie zwei Jahre zuvor mein Zuhause verlassen und fand mich nun schlagartig in einem fremden Land wieder, inmitten fremder Klänge und eines fremden Lebensrhythmus. Ich war ganz hibbelig vor Aufregung, trotz der anhaltenden, vagen Bedrohung. In den zwei zurückliegenden bizarren Jahren war mir alles um mich herum grässlich vertraut geworden. Als ich jetzt aus dem Taxi stieg, die Maske abnahm und die kalte Nachtluft der Stadt einsog, war ich geradezu schockiert, dass es mir erlaubt war, hier zu sein.

Am nächsten Morgen türmen sich auf den Ständen auf dem Vodnikov trg, dem zentralen Marktplatz, an dem meine Unterkunft liegt, sizilianische Zitronen und Kakis, Orangen, Blutorangen, Mandarinen und Äpfel Dutzender Sorten. Flaschen mit frisch gepresstem Apfelsaft, frischer Milch und *rakija*. Es gibt eingelegte Walnüsse und eingelegte Rote Beten, Krüge voll Sauerkraut, dick, mittel oder dünn gehobelt, bergeweise Pastinaken, Karotten, Kürbisse und billige Kleidung aus Bangladesch. Nebelkrähen hocken in den kahlen Akazien, zeichnen sich schwarz vor dem leeren Himmel ab. Die ganze Stadt riecht nach Schnee und Zigaretten.

Ljubljana hat gerade den zweiten Winter ohne Touristen hinter sich, und das haben die Einwohner als durchaus angenehm empfunden. Ohne die Busladungen voller Urlauber konnten sie die Stadt in ihrer ganzen Schönheit genießen und mussten nicht für die Sommermonate oder über Weihnachten die Flucht ergreifen. Die berühmtesten Orte – der zentrale Platz Prešernov trg und die Drachenbrücke – sind noch immer menschenleer. Als ich eine Postkarte kaufe, die ich meiner Familie schicken will, beglückwünscht mich der Verkäufer in seinem Kiosk zu meinem Besuch, als wäre ich die Vorhut einer Befreiungsarmee, aber ich selbst fühle mich wie ein Vorbote, der das Ende der neuen Normalität zugunsten der eigentlichen Normalität ankündigt.

Noch ist alles still. Gegenüber dem Nikolausdom sitzt ein Straßenmusiker in schwarzem Ledermantel und kniehohen Stiefeln und spielt Akkordeon für niemanden. Nachts sind die Straßen leer, meine Schritte hallen durch die eisige Luft. Ich gehe in Bars, wie man sie nur in Osteuropa findet – kahle, mit Graffiti beschmierte Betonwände, harte Technomusik –, und trinke dort günstiges slowenisches Bier. Auf der Straße begegnen mir hin und wieder Grüppchen von *kurenti*, Karnevalsfiguren in zotteligen Kostümen, die so aussehen, wie kleine Kinder sich Bären vorstellen; ihre roten Zungen hängen ihnen aus dem Mund, und sie sind mit Kuhglocken und bunten Bändern geschmückt. Es sind alles Männer, und ihr Auftreten hat etwas von einem Junggesellenabschied, sie haben große Bierdosen in der Hand und rauchen durch ihre Masken hindurch, sind betrunken und fühlen sich prächtig. In rund einem Monat ist Karneval, und sie fangen schon jetzt an, durch die Straßen zu ziehen. In warmen Restaurants mit lackierter Holztäfelung nehme ich schwere Abendessen aus Eintöpfen und Knödeln zu mir und wappne meinen Magen gegen die Kälte.

Ein paar Tage später fahre ich mit dem Bus zur Biotechnischen Fakultät der Universität Ljubljana, die am Stadtrand liegt. Dick eingepackt und mit rotem Gesicht gehe ich zum Parkplatz, wo Hubert Potočnik mich empfängt. Nachdem wir uns zwei Jahre lang nur online gesprochen haben, ist es anfangs ein wenig irritierend, ihm jetzt persönlich gegenüberzustehen. Er ist Ende vierzig, sieht aber eher aus wie die Studenten, die er unterrichtet: ein jungenhaftes Gesicht, leicht gewellte, sandfarbene Haare und grün-khakifarbene Kleidung, wie Outdoortypen und Tierforscher sie tragen. Er wirkt, als könnte er jeden Moment mit dem Hintergrund verschmelzen, wäre dieser Hintergrund die slowenische Natur und kein Uniparkplatz. Wir gehen an den Gewächshäusern vorbei zu den Gebäuden der Fakultät und dort zwei Etagen hinauf in sein Büro.

Der Raum ist voller Schakalschädel und telemetrischer Geräte. An Haken an der Wand hängen Skier, Ferngläser, Tarnjacken und Mützen – die komplette Ausrüstung für die Feldforschung. Regale mit Ablageboxen und überquellenden Ordnern. Poster von Schlangen, Fledermäusen, Fischen. Eine Eidechse, die in einem Terrarium hockt, sorgt für ein wenig Leben, und der Raum ist vom Zirpen der Grillen erfüllt, die sie frisst, sodass man sich wie in einem Außenposten im Dschungel vorkommt. Kühlschränke surren. Die hintere Wand wird von einem Rentierschädel beherrscht; an einer Sprosse des Geweihs hängt eine vereinzelte Papierschneeflocke, das letzte Überbleibsel von Weihnachten.

Hubert schenkt mir eine Tasse Kaffee ein und erkundigt sich, wie der Flug war, und ich frage ihn nach den derzeit gültigen COVID-Regularien – das Small-Talk-Thema des modernen Reisenden. Im ganzen Raum liegt ein eigenartiger, intensiver Geruch, den aber niemand erwähnt, weshalb auch ich nichts dazu sage. In einer Ecke sitzt ein junger Mann vor einem Bildschirm und sieht Aufnahmen von Kamerafallen durch. Ein anderer beugt sich über einen Tisch und sortiert nicht zu identifizierende Gegenstände. Die Gegenwart von Wissenschaftlern, die das tun, was sie am liebsten tun, fand ich schon immer berauschend, ihre maßvolle Begeisterung regelrecht ansteckend. Seit seiner Kindheit gilt Huberts Leidenschaft den Säugetieren. Nach dem Gymnasium, nach dem Krieg, hat er an dieser Universität studiert, und seitdem sind ihre Räume für ihn wie ein Zuhause. Anfangs hatte er mit dem Gedanken gespielt, sich auf Wildkatzen zu spezialisieren. Doch das war, bevor er zum ersten Mal einen Wolf gesehen hatte.

Es geschah während einer Exkursion. Wie üblich war er vor der Dämmerung aufgewacht und zu einem Spaziergang aufgebrochen. »Ich war etwa zwei Kilometer gegangen«, berichtet er. »Und da habe ich sie plötzlich gesehen. Sechzig Meter entfernt. Drei Wölfe.« Er lehnt sich vor, die Hände um die Kaffeetasse geschlossen. »Das Wetter war gut und der Wind stand günstig. Zwanzig, dreißig Sekunden lang konnte ich sie beobachten. Das war wirklich lange. Sie haben eine Stelle in der Nähe einer Forststraße mit Urin markiert. Dann einen Stein auf der Straße. Und dann waren sie einfach *verschwunden*. Ich konnte mein Herz schlagen hören. Hier, in dieser Vene am Hals, habe ich es gespürt.« Er legt einen Finger auf die Stelle, um sie mir zu zeigen. »Ich hatte einen richtigen Adrenalinkick. Nicht, weil ich Angst gehabt hätte, versteh mich richtig. Sondern wegen der Aufregung. Weil ich *Wölfe* gesehen hatte.«

In den zwanzig Jahren, die er sich nun mit Wölfen beschäftigt, hat er etwa fünfzehnmal Tiere in freier Wildbahn gesehen, abgesehen von denen, die er zu Forschungszwecken gefangen hat. Hubert ist jedes Jahr mehrere Monate draußen unterwegs und gehört zu jenen, die Glück haben. Nein, einen Wolf zu Gesicht zu bekommen, ist nicht leicht.

Eine Frau streckt den Kopf zur Tür herein und fragt nach einem wissenschaftlichen Artikel. »Ich lass die Tür mal auf«, sagt sie beim Hinausgehen. »Hier drin riecht es wirklich *ziemlich* streng.«

Der Laborant grinst und sieht von seinem Tisch auf, wo er Proben untersucht, die nach Wolfskot riechen. Der Geruch ist rau und erdig, auf eine finstere, liederliche Weise unangenehm. Wenn man den Kot in eine Petrischale gibt und darin herumstochert, kann man erkennen, was der Wolf gefressen hat. Hier in diesem Labor kann daraus auch die DNA extrahiert und der Genotyp ermittelt werden, der es erlaubt, ein bestimmtes Tier zu identifizieren. Davon ausgehend können die Abstammung des Tieres, die Zusammensetzung des Rudels sowie der gesamte Stammbaum rekonstruiert werden. Die Forscher haben mittlerweile Hunderte solcher Proben gesammelt: Kot, Speichel, Urin, Haare. Die Batterie der Kühlschränke ist voll davon. Die Wissenschaft steht kurz davor, aus einem Fußabdruck ausreichend genetische Informationen entnehmen zu können, um ein Individuum zu identifizieren. Wo wir gehen und stehen, hinterlassen wir DNA. Die in diesem Labor gesammelten Daten zeichnen ein ziemlich umfassendes Bild davon, wie es um die Wölfe in Slowenien bestellt ist. Den jüngsten Schätzungen zufolge gibt es im Land 137 Wölfe, verteilt auf 17 Rudel (von denen fünf sich zeitweise auch in Kroatien aufhalten). 2010 waren nur 34 Tiere gezählt worden.

Die zweite Methode ist die Verfolgung mittels GPS-Sender. An der Rückwand des Raumes hängt eine große Landkarte von Slowenien, davor steht eine Trittleiter, damit man leichter an den Norden rankommt. Die Karte ist mit Stecknadeln und Bindfäden überzogen, wie eine Ermittlungstafel der

Polizei. Jeder Faden hat eine andere Farbe, und auf jeder Spule steht ein anderer Name: *Bine. Luka. Jasna. Mala.* Jeder Faden bildet, von Nadel zu Nadel zu Nadel, die Wanderung eines Wolfs ab, den die Forscher mit einem Sender versehen haben.

Manche der Tiere bewegen sich kaum. Ihre Netze zeigen an, dass ihr Rudel sich strikt im eigenen Territorium aufhält. Der rote, der blaue und der cremefarbene Faden laufen so kreuz und quer durcheinander, dass sie fast ein Gewebe bilden, ohne jemals über ein klar umrissenes Gebiet zwischen zwei Höhenzügen im Osten des Landes hinauszukommen. Bei dem braunen Faden ist es nicht anders; er beschränkt sich auf ein Areal südlich von Ljubljana und lässt an einen wild gewordenen Tischtennisball in einem beengten Raum denken. Andere Fäden dagegen weisen ein völlig anderes Verhalten auf. Ein weißer Faden etwa beginnt an der Grenze zu Kroatien und erstreckt sich in einer Linie nach West-Nord-West, hält nördlich des italienischen Städtchens Monfalcone inne, läuft ein paarmal im Zickzack und endet dann. Ein grüner fängt im Westen an, im Triglav-Nationalpark, und reicht bis in die Berge nördlich von Ljubljana.

Die meiste Aufmerksamkeit zieht jedoch der dunkelbraune Faden auf sich. Er beginnt im Südwesten des Landes auf der Hochebene von Čičarija nahe der Küste, macht einen Bogen durch die Ausläufer der Alpen im Westen Sloweniens und erreicht dann das Laibacher Becken, ein Stück nördlich der Stadt und nur wenige Kilometer von dort entfernt, wo wir uns gerade befinden. Dort biegt er nach Norden ab, verläuft schnurgerade zur österreichischen Grenze und verlässt am oberen Ende die Karte. Die letzte Nadel steckt dort, wo Wand und Decke aufeinandertreffen. Auf der Spule steht ein Datum: 19.12.11. Und ein Name: Slavc.

»Slauts«, sagt Hubert überdeutlich, um mir zu helfen. »Versuch mal, es richtig auszusprechen.«

Unbeholfen wiederhole ich die Silbe.

Vermutlich ist Hubert es leid, Fragen zu Slavc zu beantworten. An diesem Lehrstuhl wird noch so viel andere, gleichfalls bedeutende Arbeit geleistet; man erforscht hier nicht nur Wölfe, sondern auch die beiden anderen Vertreter der Trias großer Fleischfresser, Bären und Luchse. Dem Personal ergeht es wie einer Band, die ihren ersten Hit nie mehr loswird und ihn bis in alle Ewigkeit spielen muss. Aber so ist es nun mal. Slavc war es, der mich nach Slowenien geführt hat. Durch ihn habe ich Hubert kennengelernt. Er ist der Grund, weshalb ich nach zweijähriger Planung nun endlich hier bin. Und so ähnlich wie ein Charterfolg war Slavc der Wolf, der viele Menschen dazu gebracht hat, sich mit diesen Tieren zu beschäftigen.

Ich stelle meine Kaffeetasse in die Spüle. Gemeinsam gehen Hubert und ich zum Parkplatz. In der Kälte hasten Studenten über den Campus. Wir steigen in das Allradfahrzeug der Fakultät, nehmen die Landstraße, die in südwestlicher Richtung aus der Stadt führt, und fahren zur Hochebene von Čičarija, wo Slavc zur Welt kam und diese ganze Geschichte begann.

In Europa geht etwas Bemerkenswertes vor.

Mein letztes Buch handelte von Alaska. Über fünf Jahre hinweg hatte ich dort immer wieder Zeit verbracht, und einmal bin ich fünf Monate lang mit dem Kanu den Yukon hinabgefahren. Nach der Rückkehr von der letzten Reise überkam mich eine Art schweres Heimweh nach diesem Land. Seine Schönheit und seine Weite gingen mir nicht mehr aus dem Kopf. Die Bodenständigkeit der Menschen fehlte mir, ihre anarchistische Haltung, die Art, wie sie Gemeinsinn und Eigenständigkeit vereinten. Ich hoffte, in meiner näheren Umgebung etwas Ähnliches zu finden. Während der Pandemie lebte ich eine Zeitlang an der Westküste Schottlands, und wenn ich die Augen zusammenkniff, konnte ich mir einreden, wieder auf dem Yukon zu sein. Die Landschaft, das Leben als Selbstversorger, das endlose Licht des Sommers. Doch wo waren all die Tiere? Wolf, Luchs, Bär – sie alle hatten früher einmal auf den britischen Inseln gelebt, waren jedoch schon vor Hunderten von Jahren verschwunden. Die Medien berichteten wieder einmal über die gezielte Tötung von Dachsen, und zum ersten Mal fand ich es entsetzlich traurig, dass unser größtes fleischfressendes Tier nicht größer als ein Skateboard war.

Ich las mich in das Thema ein. In Großbritannien starb der Luchs um 500 n.Chr. aus, der Bär etwa zur Zeit Jesu. Was die letzte Sichtung eines Wolfs angeht, gibt es unterschiedliche Angaben; die meisten Berichte sprechen jedoch von Schottland und der Zeit um 1600. Je mehr ich las, desto klarer wurde mir, dass diese Geschichte nicht auf Großbritannien beschränkt war. Wie in so vielerlei Hinsicht war Alaska mit seinen großen Populationen von Bären, Wölfen und Walrössern die Ausnahme. Fast überall auf der Welt hatten die großen Fleischfresser gelitten, und der Wolf, für den der Mensch seit jeher nur schwer Sympathie aufbringen konnte, hatte am meisten gelitten.

In Alaska hatte ich einmal eine Wölfin gesehen, nur ein einziges Mal. Sie ging den Fluss an einer Stelle entlang, wo sich Treibholz angesammelt hatte, offenkundig mit einer bestimmten Absicht. Wir glitten in unserem Kanu an ihr vorüber, ohne dass sie uns zu bemerken schien – als hätte uns ein Zauber unsichtbar gemacht. Sie hielt den Kopf gesenkt wie ein Fahrradfahrer, und ihr Fell schimmerte grau, bräunlich und beige, dasselbe Beige wie das der Baumstämme im Wasser. Sie blieb stehen, zwinkerte, sah sich um und schnupperte. Eine Aura höchster Wachsamkeit umgab sie. Wir waren noch am Anfang unserer Fahrt und sahen in dieser Begegnung ein gutes Omen.

Einst war der Wolf weltweit das Landsäugetier mit dem größten Verbreitungsgebiet. Er war überall auf der Nordhalbkugel anzutreffen, von der Tundra bis zum Rand der Tropen, von der Arktis bis zu den Wüsten Äthiopiens und Mexikos. Wölfe sind so anpassungsfähig wie kaum eine andere Spezies, den Menschen einmal ausgenommen. Vor langer Zeit streiften sie durch die Nadelwälder von Honshū, das Grasland der eurasischen Steppen, das Flachland von Essex, die Adirondacks und das Buschland Südindiens. Sie kommen mit -50 °C und +50 °C zurecht. Von der Art *Canis lupus* sind 38 Unterarten bekannt (von denen allerdings einige ausgestorben sind). Darunter sind der klein gewachsene Arabische Wolf, der ein dünnes Fell und lange Ohren besitzt und sich an das trockene Klima im Oman oder in Palästina angepasst hat; der große Tundrawolf, der im äußersten Norden Skandinaviens lebt und ohne Weiteres einen Elch zur Strecke bringen kann; die an der Westküste Kanadas beheimateten Unterarten, die mithilfe der Schwimmhäute zwischen ihren Zehen meilenweit schwimmen können und sich vorrangig von Fisch ernähren. Im Himalaya gibt es Rudel, die sich nie tiefer als in 4000 Metern Höhe aufhalten.

Doch der Wolf wurde, mit seltenen Ausnahmen, gnadenlos bekämpft. Sobald der Mensch Tiere in Herden hütete, galt der Wolf als Räuber, und seitdem es Münzen als Zahlungsmittel gibt, wurden Prämien auf seinen Kopf ausgesetzt. In Athen bekam man im 6. Jahrhundert v. Chr. fünf Drachmen für jedes erlegte männliche Tier und eine Drachme für jedes Weibchen. Karl der Große war der erste Monarch, der sämtliche Kräfte seines Herrschaftsapparats aufbot, um den Wolf auszurotten; 813 gründete er hierzu ein eigenes Jagdkorps, die *louveterie*. Dass der Wolf in Frankreich dann noch bis 1927 überlebte, sagt einiges über ihn aus. König Edgar der Friedfertige (der von 959 bis 975 regierte) forderte von Wales jährlich 300 Wolfsfelle als Tribut und verlangte für bestimmte Verbrechen Wolfszungen als Zeichen der Buße, sodass der Wolf gegen Ende des ersten Jahrtausends mehr oder weniger aus Wales verschwunden war. Als im Jahr 1300 ein englischer Pastor und Quacksalber namens William »vier verrottete Wölfe« brauchte, um die Hauterkrankung Lupus erythematodes zu heilen, musste er sie, sehr zum Missfallen der Zollbehörde, aus dem Ausland einführen. Der letzte gesicherte Beleg für das Vorkommen eines Wolfs in Großbritannien stammt aus dem Jahr 1621: eine Notiz im Tagebuch von Sir Robert Gordon, der festhält, dass »Thomas Gordoune dieses Jahr für die Tötung eines Wolfs sechs Pfund dreizehn Shilling vier Pennies erhalten« hat, eine außergewöhnlich hohe Summe, die nahelegt, dass die Nachfrage weitaus größer war als der Bestand. Einige Jahre später beklagte ein französischer Gesandter während eines Besuchs in England, es gebe »keine unerschrockenen Tiere mehr, die einen tapferen Jäger erfordern«. Der Mensch hatte das Land nach seinen Vorstellungen umgestaltet. Wer in einem ganzen Königreich eine Art bis auf das letzte Exemplar ausrotten will, muss hartnäckig bleiben, seine Beute bestens kennen und vielleicht auch Hass verspüren.

In den angewandten Methoden spiegelt sich die ganze Bandbreite der menschlichen Erfindungsgabe. Man verwendete Beinfallen, Halsfallen, Fallgruben, Totfallen, gefederte Stahlfallen und vergiftete Köder. In Irland jagte man den Wolf mithilfe von Wolfshunden, den abtrünnigen Nachfahren seiner eigenen Rasse; in Kasachstan wurden Adler eingesetzt. In Russland zog man ein totes Kalb an einem Schlitten hinterher, und wenn der Wolf die Verfolgung aufnahm, erschoss man ihn. In Spanien scheuchten Treiber die Wölfe in Erdgruben. In der Mongolei ahmten die Jäger die Rufe des Wolfs nach, und in Skandinavien lockte man ihn mit quiekenden Schweinen. In der Arktis versteckte man in einem gefrorenen Köder einen gebogenen Knochen; wenn der Köder im Magen des Wolfs auftaute, wurde der Knochen wieder gerade und verletzte die Eingeweide.

Als die Siedler in Nordamerika nach Westen vordrangen, wurde der Wolf dort mit Wildnis gleichgesetzt, daher warf man ihn nun auch mit den Ureinwohnern des Landes in einen Topf. Für die indigenen Völker war der Wolf ein Landsmann mit vielen Facetten gewesen, doch jetzt verbreitete sich der Hass auf ihn wie das Wort Gottes. Das Göttliche sah man nun nicht mehr in der Erde und der Verbundenheit mit ihr, sondern es wurde als moralische Autorität betrachtet, die die Kolonisatoren überall, wo sie hingelangten, wie einen roten Teppich ausrollen konnten. Man gab den Wölfen vergiftetes Fleisch und schenkte den Indigenen Decken, die mit Pockenerregern kontaminiert waren. Die Straßen in Kansas waren mit Wolfsknochen gepflastert. 1843 berichtet Sewell Newhouse in seinem Buch *Trapper's Guide* davon, dass die nach ihm benannte Wolfsfalle zusammen mit Axt und Pflug das Dreigestirn von Werkzeugen bildete, das »die barbarische Einsamkeit zurückdrängte« und »dem Kornfeld, der Bücherei und dem Klavier« den Weg bereitete. Dieses Denken herrschte auch in anderen

Ländern vor. Noch 1963 schrieb der italienische Umweltschützer Alessandro Ghigi, die Gegenwart des Wolfs in Süditalien sei »ein Indiz für eine rückständige Wirtschaft und eine ebensolche Zivilisation«. Es ist erstaunlich, dass man Mitte des 20. Jahrhunderts, bevor Technologie und Forschungsmethoden so große Fortschritte machten, kaum mehr über dieses scheueste aller Tiere wusste als zu den Zeiten, in denen die Bestiarien des Mittelalters verfasst worden waren. Wäre der Wolf damals ausgerottet worden, so wäre er heute vielleicht vollkommen in Vergessenheit geraten.

Im Namen der Zivilisation gab man den Wölfen Glassplitter zu fressen, erhängte sie, verbrannte sie und ließ sie von Pferden in Stücke reißen. Jungtiere wurden in ihrem Bau mit Gas vergiftet; dabei kamen Zyanidpatronen zum Einsatz, die in ihrem Maul Natriumzyanid freisetzten. Läufige Hündinnen wurden an Pflöcken festgebunden, und wenn ein Wolf sie entdeckte und begattete, stürmten Jäger hervor und schlugen ihn tot. Schätzungen zufolge wurden in Nordamerika ein bis zwei Millionen Wölfe getötet. »Die Indigenen begriffen dieses Verhalten nicht«, schreibt der Naturjournalist Ted Williams. »Sie erklärten es sich damit, dass ein derartiges Treiben bei den Bleichgesichtern Ausdruck von Geisteskrankheit war.«

Was auch immer hinter diesem Vorgehen steckte, es zeigte Wirkung. Wer behauptet, die Menschheit sei nicht in der Lage, an einem Strang zu ziehen, um tiefgreifende Veränderungen zu bewirken, täte gut daran, sich der Geschichte des Wolfs zu erinnern. Nach dem Zweiten Weltkrieg gab es in Mitteleuropa und in Skandinavien keinen einzigen Wolf mehr. Auf dem Apennin lebten noch zwei kleine Gruppen, einige weitere auf der iberischen Halbinsel sowie ein paar größere Bestände in Osteuropa. In den USA gab es, abgesehen von Alaska, nur noch in Minnesota eine Handvoll Rudel. Außerhalb der leeren Weiten Kanadas oder Russlands sowie in wenigen anderen isolierten Regionen war kaum noch irgendwo ein Wolf zu finden. Ein Tier, das rund 700 000 Jahre lang fast jeden Lebensraum der nördlichen Hemisphäre beherrscht hatte, stand kurz vor der Auslöschung.

Doch noch war der Vorhang nicht gefallen. Sowohl dem Wolf als auch seinem Henker wurde Aufschub gewährt. Seit dem Tiefpunkt in Europa, der 1965 erreicht war, ist der Bestand um 1800 Prozent gewachsen. Was zunächst als Ausrottung erschien, entpuppt sich heute als Wendepunkt. Der Platz der Wölfe war frei gehalten worden, das Land hatte den Atem angehalten, und dann kamen sie zurück. 2016 gab es in Europa 17 000 Wölfe; heute liegen die optimistischsten Schätzungen für Europa (ohne Belarus und den europäischen Teil Russlands, für die keine Daten vorliegen) bei über 21 500, und der Wolf wird als »nicht gefährdet« eingestuft. Auch bei den anderen in Europa lebenden großen Fleischfressern geht die Entwicklung nach oben, wenngleich auch nicht so steil. In Europa gibt es mehr Wölfe als in den USA und mehr Bären als Löwen in Afrika. Wölfe sind keine Kakerlaken oder Ratten, keine frei lebenden Tiere, die von der Ausbreitung des Menschen profitieren. Wölfe sind Spitzenprädatoren – die geradezu ikonische Verkörperung der Wildnis. Und an keiner einzigen Stelle in Europa wurden sie wiederangesiedelt. Ihre Rückkehr ist ganz allein ihr Werk.

Der Wolf Slavc, dessentwegen ich zu Hubert Potočnik gereist bin, ist einer der Pioniere dieser Rückkehr. Ende 2011, mit gerade einmal 19 Monaten, verließ er das Territorium in Südslowenien, in dem er zur Welt gekommen war, und machte sich auf eine Wanderung, die sich über mehrere Tausend Kilometer erstrecken sollte. Er ging nordwärts durch Slowenien, nach Westen durch Österreich und dann nach Südwesten in die Mitte der italienischen Alpen. Er durchschwamm Flüsse und überquerte sechsspurige Autobahnen. Er streifte die Hauptstädte Sloweniens und Kärntens, des südlichsten österreichischen Bundeslandes. Während eines ungewöhnlich strengen Winters überquerte er Pässe mit über 2500 Metern Höhe. Eine Meisterleistung, die man gar nicht hoch genug einschätzen kann. Er bahnte sich seinen Weg zurück in ein ihm feindlich gesinntes Europa, das seinesgleichen seit Generationen fast nicht mehr zu Gesicht bekommen hatte. In der Fremde hätte er auf alles stoßen können – oder auf nichts. Bei diesem Gedanken muss ich an die keltischen Mönche denken, die in ihren runden Paddelbooten dem Horizont entgegenfuhren, gestützt nur auf ihren Glauben. Ein Schiff, das zum Rand der Welt aufbricht.

Wölfe können größere Distanzen zurücklegen als alle anderen Landtiere dieses Planeten. Den Rekord hält ein Männchen aus der Mongolei: 7245 Kilometer in nur zwölf Monaten. Das entspricht der Strecke London–Delhi. Das Besondere an Slavc' Wanderung war, dass Hubert ihn zuvor, als noch nicht abzusehen war, wie Slavc sich weiter verhalten würde, im Rahmen seiner Forschungen mit einem GPS-Tracker versehen hatte. Die Route, die Slavc markierte, nachdem er aufgebrochen war – 100 Tage lang alle 190 Minuten ein Wegpunkt, in Gänze eine ungefähr halbkreisförmige Strecke durch die Ostalpen –, verschaffte Hubert und seinem Team die Gelegenheit, beinahe auf Schritt und Tritt einen Wolf zu verfolgen, der durch das Herz Europas wanderte, teils durch dicht besiedelte, vom Menschen geprägte Regionen. Jeder neue Datenpunkt war ein weiterer Beleg dafür, wie hartnäckig und ausdauernd er war, wie sehr in ihm das Leben nach Entfaltung drängte.

In Italien, in den Monti Lessini nördlich von Verona, traf Slavc dann auf ein Weibchen, das ebenfalls allein seiner Wege ging. Wie Tiere zueinander finden – so wie diese beiden –, wird für immer ein Rätsel bleiben. Die lokale Presse nannte das Weibchen – im Handumdrehen und erwartungsgemäß – Julia, nach der einen Hälfte des berühmtesten Liebespaars von Verona. Als sie Junge bekamen, wurde daraus das erste in Italien ansässige Wolfsrudel seit über hundert Jahren, abgesehen vom Apennin und der Grenzregion zu Frankreich. Ein Jahrzehnt später leben in der Region mindestens siebzehn Rudel.

Die beiden hatten Jahrhunderten der Verfolgung getrotzt, hatten einander in der unermesslichen Weite der Alpen gefunden und besiedelten nun die Landstriche, aus denen sie einst vertrieben worden waren. Selbst die nüchternsten Wissenschaftler konnten nicht anders, als darin eine Liebesgeschichte zu sehen. Doch die Namenswahl war auch deshalb treffend, weil diese Vereinigung zweier Familien nicht weniger bedeutend war als jene der Montague und der Capulet. Julia gehörte der in Italien heimischen Unterart *Canis lupus italicus* an und war eine Nachfahrin der rund hundert Wölfe, die sich während der Jahrhunderte ihrer Verfolgung in den Apennin zurückgezogen hatten. Slavc dagegen entstammte der dinarischen Population, die im Gebiet des ehemaligen Jugoslawien ansässig ist und bis nach Griechenland reicht. Die Rhodopen, das Pindosgebirge, die Wälder des Balkans waren die unberührteren, weniger erschlossenen Regionen Südosteuropas, die teilweise noch aus Kriegszeiten vermint waren, weshalb der Wolf dort schneller Fuß gefasst hatte. Die Begegnung von Slavc und Julia schlug eine Brücke zwischen zwei Dynastien und hatte nicht nur große Bedeutung für die Entwicklung des Genpools, sondern stellte darüber hinaus bei der Rückkehr des Wolfs nach Europa einen entscheidenden Fortschritt dar. Rumänien war eine Sache, aber das hier war Mitteleuropa. Und wie bei Romeo und Julia gab es etliche Stimmen, die glaubten, aus der Vereinigung der beiden Häuser könne nur Unglück erwachsen.

Heute erstreckt sich das Verbreitungsgebiet des Wolfs in Europa vom Schwarzen Meer bis zum Atlantik, vom Mittelmeer bis zur Arktis. Seit Slavc' Wanderung haben sich in vielen Gebieten, die er durchquerte, Wolfspopulationen angesiedelt. Und man findet sie nicht nur, wie man es sich gerne vorstellt, in einsamen Wäldern und abgelegenen Gebirgsregionen, sondern auch an den Grenzen zum menschlichen Lebensraum, auf aufgegebenen Industrieflächen, in halb verlassenen Bauerndörfern oder unterwegs auf Schnellstraßen. In Griechenland kam man bei der jüngsten Zählung auf 1020 Tiere, in Polen auf 1886, und in Spanien wurden 304 Rudel ermittelt. Doch unter den Staaten, in denen Wölfe leben, stechen ausgerechnet die Länder heraus, von denen man es am wenigsten erwarten würde. Ein niederländischer Freund von mir, der mich in Sachen Wolf stets auf dem Laufenden hält, schrieb mir kürzlich, dass »der Wolf die gesamten Niederlande erobert hat«, eines der am dichtesten besiedelten Länder der Welt, in dem intensiv Landwirtschaft betrieben wird. In Luxemburg lebt nur ein einziges Tier, möglicherweise auch zwei. Und in Belgien – Belgien! – sind es 28. Europa erscheint uns oft als ein beengter Raum, der an zahlreichen Stellen verstädtert ist, wo die Wälder gerodet sind und die Böden versiegelt. Falls das zutrifft, scheint es die Wölfe nicht zu stören. Wenn man Aufnahmen von einem Wolf sieht, der völlig ungeniert eine Straße in einem Wohngebiet in Holland entlangtrottet oder sich in Südfrankreich inmitten einer Kuhherde herumtreibt, empfindet man eine tiefe Verstörung. Es scheint, als sei der Wolf herbeigerufen, ja heraufbeschworen worden und habe nun eine Schwelle überschritten, und das wirft unsere landläufige Vorstellung davon, wie die Welt beschaffen ist, über den Haufen.

Es gibt derzeit nur fünf europäische Länder, in denen keine Wölfe leben: Malta, Zypern, Island, Irland und Großbritannien. Wenn ein Inselvolk eine Debatte über den Wolf führt, hat das seinen ganz eigenen Charakter – wir besitzen das Privileg, selbst zu entscheiden, wen oder was wir in unser Land lassen. Wären die Britischen Inseln so wie noch vor 10 000 Jahren durch eine Landbrücke mit dem Kontinent verbunden, dann gäbe es dort jetzt Wölfe, und die Frage würde lauten, wie wir mit ihnen leben wollen. Max Rossberg von der European Wilderness Society meinte einmal zu mir: »Irgendwann wird es ein Wolf aus eigener Kraft auf die Britischen Inseln schaffen.« Wie das denn – wird er etwa durch den Ärmelkanal schwimmen? »Wie anders sollen Wölfe sonst nach Vancouver Island gekommen sein?«, entgegnete Rossberg. Das ist eine weite Strecke, und die längste Distanz, von der man weiß, dass ein Wolf sie schwimmend überwunden hat, beträgt zwölf Kilometer. England und Frankreich trennen an der engsten Stelle dreiunddreißig Kilometer. Doch wenn man eines aus der Beschäftigung mit Wölfen lernen kann, dann, dass sie immer in der Lage sind, unsere kühnsten Vorstellungen von ihnen zu übertreffen. Ich sehe ihn vor mir, wie er, Schnauze und Augen über der Wasseroberfläche, von eisernem Willen getrieben und schnell und gleichmäßig atmend die Schifffahrtsrinnen quert, neben einem Boot mit Flüchtlingen, das demselben Ufer zustrebt.

Damals kam mir der Gedanke, die Strecke, die Slavc zurückgelegt hatte, abzuwandern. Ich wollte wissen, wie die Menschen, die mit dem Wolf leben, von seiner Rückkehr betroffen waren und wie sie mit seiner Anwesenheit umgingen. Doch dabei sollte ich noch auf weitere Themen stoßen, denn die erneute Verbreitung des Wolfs ist natürlich nicht die einzige Veränderung, die in Europa vor sich geht. Ich folgte Slavc' Spuren in jenem Sommer, der in Europa der heißeste seit Beginn der Aufzeichnungen war und in dem eine verheerende Dürre herrschte, die vielleicht schlimmste seit 500 Jahren. Die jungen Leute wollten keine Landwirtschaft mehr betreiben, und ihre Eltern verließen ihre Höfe, vertrieben von den klimatischen Veränderungen, den Folgen des Krieges und den explodierenden Kosten für Energie und Futter. Dieselben Ursachen – Klimawandel und Krieg – trieben zahlreiche Migranten nach Europa. Und die populistischen Parteien nutzten diese turbulente Lage für sich aus und stellten die Grundwerte, die den Kontinent bis dahin zusammengehalten hatten, infrage. Die Faszination, die Slavc auf mich ausübte, rührte zu großen Teilen daher, dass er sich seinen Weg durch all das gebahnt hatte, durch abgelegene Gebirgsregionen Europas gewandert und dabei auch an Orte gelangt war, an denen diese Veränderungen hautnah zu spüren waren.

Schon einige Zeit zuvor hatte ich während meiner Paddeltour durch Alaska und auf langen Wanderungen festgestellt, dass ich, wenn ich mich langsam fortbewegte und eher Zufallsbegegnungen Raum gab, als einem festgelegten Plan zu folgen, vieles über Menschen und Orte lernte, was mir entging, wenn ich einem bestimmten Schema gehorchte. Wenn ich mich vom Zufall leiten ließ, den verlockendsten Weg einschlug und mir Zeit zum Zuhören nahm, verschaffte mir das

Sichtweisen auf komplexe Dinge, zu denen ich sonst nicht gelangt wäre. Durch Slavc' Route konnte ich Europa unter die Haut schlüpfen. Tiere leben neben uns, jedoch in parallelen Welten, die wirklich zu verstehen für uns beinahe unmöglich ist, aber ich glaube, dass wir Gefahr laufen, in eine Art von Anthropomorphismus zu verfallen (so wie wenn wir versuchen zu erklären, was in den Köpfen anderer Menschen vorgeht). Eine unorthodoxe Herangehensweise kann hier eher zum Ziel führen. Mit der Zeit verstand ich, dass wir, wenn wir über den Wolf sprechen, nie nur über einen Wolf sprechen. Also brach ich auf, um herauszufinden, was ich, wenn ich der Spur der Wölfe folgte, über diese Weggabelung in Europas Geschichte, diesen Moment zwischen den Zeiten, lernen konnte.

Vielleicht hat sich der Wolf während seiner jahrhundertelangen Abwesenheit gefragt, ob sich die Menschheit veränderte. Auch die Menschheit selbst hat sich das oft gefragt. Der Wolf hat sich jedenfalls nicht verändert. Und überall dort, wohin er zurückgekehrt ist, sind auch Angst und Hass zurückgekehrt.

In Slowenien sind die Wege nie weit. Nach einer Stunde Fahrt erreichen Hubert und ich den kleinen Ort Kozina, wo wir auf einen Weg mit tiefen Spurrillen einbiegen. Wir folgen ihm mehrere Kilometer nach Süden, immer leicht bergauf, zwischen Hopfenbuchen, Wacholder und Rotbuchen hindurch. Während das Auto den Weg entlangholpert, erzählt Hubert vom Wiederaufleben des Wolfs. Seine Begeisterung ist ansteckend. Für jemanden, dessen Leidenschaft großen Fleischfressern gilt, waren die beiden zurückliegenden Jahrzehnte wahrlich außergewöhnlich.

Schließlich verlassen wir den Wald, Hubert stellt den Wagen

ab und wir steigen aus. Der Wind saust ungehindert über die nackte Hochebene, sodass wir uns ihm entgegenlehnen müssen. Von der Kälte tränen mir die Augen. Hubert deutet auf bestimmte Orte: Im Nordwesten liegt Triest (oder Trst, wie die Slowenen es nennen, die gerne die Vokale verschlucken), im Westen das Adriatische Meer und die Halbinsel Istrien, deren Spitze mit ihrer zerfransten Küste nach Süden weist. Nach Osten hin, in Richtung Zentralosteuropa, verschwimmen in der Ferne taubenblau schimmernde Höhenzüge, und weit im Norden liegt der Triglav, Sloweniens höchster Berg. All das kann ich von hier oben sehen. Vögel steigen kreischend in luftige Höhen. Der Himmel ist endlos und tiefblau.

»Den Namen Slavc haben wir ihm wegen des Slavnik gegeben. Das ist der Höhenzug dort drüben«, sagt Hubert und deutet auf einen nahe gelegenen Gipfel. Dort stehen ein Sendemast und daneben eine Hütte, deren Fensterläden zu dieser Jahreszeit noch geschlossen sind. Der Wind hat den Schnee vom kahlen Untergrund weggefegt, doch auf der windabgewandten Seite der Gebäude sind noch Reste übrig. »Slavnik, Slavc – ist das eigentlich auch ein Wortspiel?« Slavc ist die Macho-Variante von Slavko, einem in Slowenien gängigen Vornamen, und er verleiht dem Wolf augenzwinkernd etwas Angeberisches, etwas von einem harten Typen. Wenn man nicht Slowenisch spricht, versteht man diesen Doppelsinn nicht, und schwer auszusprechen ist der Name auch. *Slauts.* In Österreich nennt man ihn Slavko, nach Slavko Avsenik, dem berühmten slowenischen Akkordeonisten und Gründer der *Original Oberkrainer*. In Italien bemüht man sich gar nicht erst und schreibt den Namen Slowz – am Ende ein Knäuel von Konsonanten, wie es der italienischen Zunge vollkommen fremd ist.

In wissenschaftlichen Arbeiten werden Wölfe mit Kürzeln bezeichnet, die an Flugnummern erinnern: O6, OR7, GW950m. Einem Tier einen Namen zu geben, so der zugrunde liegende Gedanke, hieße, die objektive Sichtweise aufzugeben. Und Tiere zu anthropomorphisieren, ist das schlimmste aller denkbaren Vergehen. Doch sobald ein solches Tier ins Licht der Öffentlichkeit gelangt, wird ihm unausweichlich ein Name verliehen. Wir Menschen können einfach nicht anders, als Tiere zu Helden von Geschichten zu machen. Letztlich sehnen wir uns alle nach unserer ganz persönlichen Beziehung zur Natur.

Wir gehen zurück zum Auto, fahren wieder in den Wald und halten am Rand einer unbefestigten Forststraße. Es ist eine dunkle, geschützte Stelle, auf dem Boden liegt noch eine dicke Schneedecke, und durch die Baumkronen über uns weht ein lebhafter Wind. Wir entfernen uns von der Straße und stoßen in den Wald vor. Der Ort wirkt leblos, aber Hubert hat einen anderen Blick. Er deutet auf Fährten von Siebenschläfern und Bären. (»Das Fett von Siebenschläfern«, sagt er. »Sehr gut für die Haut.«) Auf dem Stumpf einer Buche entdeckt er das Gewölle eines Habichtskauzes und bricht es auf, um mir all die kleinen Knochen zu zeigen. Mit Hubert unterwegs zu sein, ist, wie einem Wesen einer anderen Art zu folgen, dessen Sinne auf andere Reize ansprechen, wie ein Blick auf diese Gegend durch die Augen eines anderen Geschöpfs. Vielleicht ein wenig so wie durch die eines Wolfs.

Huberts Vater war Tierpräparator. Er stopfte die Trophäen von Jägern aus – Bären, Rehe und Mufflons –, und manchmal auch Tiere, die bei einem Verkehrsunfall umgekommen waren. Hubert wuchs inmitten der Schöpfungen seines Vaters auf, eines wundersamen, leblosen Bestiariums. Diese Fähigkeit, den Kadavern wieder Leben einzuhauchen, grenzte an göttliche Kraft. Hubert ging durch die Werkstatt, musterte all die ihm vertrauten Gestalten, die Zähne, die Klauen, die Federn, jedes Detail der Inbegriff seiner selbst. In einem anderen Leben wäre sein Vater vielleicht Biologe geworden, doch als junger Mann aus den Bergen war ihm das, in Jugoslawien unter Tito, nie in den Sinn gekommen – da hätte er sich genauso gut vornehmen können, Astronaut zu werden. Daher hatte er sich mit Tieren auf die einzige Art und Weise beschäftigt, die er kannte. Und weil er Tiere liebte, brachte er diese Liebe auch seinem Sohn nahe.

»Er hat mich gelehrt, die Natur zu beobachten«, berichtet Hubert. »Er hat mich gelehrt, die Dinge zu sehen, an denen andere Menschen achtlos vorübergehen. Er hatte nicht studiert, aber er besaß ein ausgeprägtes Gespür für die Natur. Und das hat mich neugierig gemacht.«

Als Kind ging Hubert vor und nach der Schule, wenn das Sonnenlicht die Landschaft überflutete, hinter das Haus, setzte sich an den Waldsaum und beobachtete die Tiere. Mit einem Notizbuch und einer Kamera hielt er fest, was sie fraßen, wie sie sich bewegten und welche Beziehungen sie untereinander knüpften. Rehwild, Dachse, Greifvögel, Füchse. Stundenlang konnte er sich damit beschäftigen. Er war besessen davon, so, wie junge Menschen eben oft von etwas besessen sind. Je mehr er in seinem Notizbuch festhielt, desto tiefer schrieb er sich in das Leben der Tiere hinein. Wenn Erwachsene ihn fragten, was er später einmal werden wolle, gab er eine sehr konkrete Antwort: »Wildbiologe.« Anders als sein Vater in diesem Alter wusste er da schon, dass das ein Beruf war.

Wir treffen auf eine weitere Forststraße. Hubert will mir die Stelle zeigen, an der sie Slavc gefangen haben. Es ist ein unauffälliger Ort, finster, die Bäume stehen dicht beieinander. Hubert deutet auf eine Gruppe von Haselsträuchern am Wegrand. Dort war es. Die Wölfe nutzen Forststraßen so wie Menschen, als gerade Wege durch den Wald, daher stellen Hubert und sein Team die Wolfsfallen oft an solchen Straßen auf. Slavc wurde am 17. Juli 2011 gefangen, mit einer sogenannten Soft-catch-Falle, einer Tretfalle, deren Schlagbügel mit einem dicken Gummibelag versehen sind. Schon lange kommen keine Fallen mehr zum Einsatz, die die Blutzufuhr abschneiden, sodass sich der Wolf bei Ankunft der Jäger vor lauter Qualen vielleicht schon das Bein abgebissen hat und geflohen ist. Ein Jungtier kann man – wie einen Wellensittich – in eine Decke wickeln und dann beruhigen, aber Slavc war zu dem Zeitpunkt bereits fünfzehn Monate alt, also ein strammer Teenager, weshalb er aus der Ferne mit einem Pfeil betäubt wurde.

Unter allen Leuten, die mit großen Fleischfressern Umgang haben, herrscht die Meinung vor, dass kein Tier so schwer zu fangen ist wie der Wolf. Eher fängt man hundert Füchse als einen einzigen Wolf, wie ein italienisches Sprichwort sagt. Bären sind leichte Beute; ihre Gefräßigkeit macht sie angreifbar. Mit Luchsen ist es ein wenig kniffliger, doch die Neugierde, die sie als Katzen auszeichnet, wird ihnen meist zum Verhängnis. Anders dagegen die Wölfe. Schon bei der geringsten Veränderung in ihrem Territorium – einem Stein an einer ungewohnten Stelle, einem unbekannten Geruch – werden sie nervös. Hubert hat Wolfsfährten gesehen, die wenige Hundert Meter vor einer Falle abrupt die Richtung änderten und jenseits der Falle wieder zum ursprünglichen Weg zurückführten. Er hat Fallen gesehen, auf deren Oberseite fein säuberlich Kot abgesetzt war. Ein Ding der Unmöglichkeit.

*Ihr könnt mich mal.* Wölfe lernen ständig dazu und geben das Gelernte an ihre Artgenossen weiter. Wenn ein Rudel mitbekommt, wie ein Tier aus seiner Mitte in eine Falle geht, wird man sehr wahrscheinlich kein zweites erwischen. 2019 hatte Huberts Team 32 Fallen aufgestellt, die alle von März bis September scharf waren. Ende September ging ihnen dann der erste Wolf der Saison ins Netz. Ein Wolf riecht noch nach zwei Tagen, ob Menschen an einer Stelle waren, selbst wenn es zwischenzeitlich geregnet hat. So stark ist der Gestank, den wir hinterlassen.

Das Fallenstellen ist dadurch fast so etwas wie eine Zauberkunst geworden. Dass Wölfe eine Falle auf weit über einen Kilometer riechen können, ist nicht übertrieben. Jede Falle muss zunächst mit einer Stahlbürste geschrubbt werden, um sämtliche Überreste von Rost zu beseitigen. Dann setzt man in einem großen Kessel einen Sud aus herabgefallenem Laub, verrottendem Holz und Erde an, und wenn er köchelt, gibt man eine ordentliche Portion Paraffin hinzu, das schon bald an die Oberfläche der Brühe steigt. Anschließend legt man die Fallen dort ein und kocht sie, damit sie den Geruch des Waldes annehmen, und wenn die Paraffinschicht exakt 62° warm ist, holt man die Fallen mit einem Haken heraus, sodass sich das Paraffin mit leichtem Glanz darüberlegt. Dann verstaut man die Fallen in mit Heu ausgelegten Holzkisten, vergräbt diese im Boden und lässt sie dort einen Winter lang ruhen. Jedes Mitglied des Teams ist dabei für seine eigene Ausrüstung verantwortlich, damit, wenn ein Fehler passiert, nicht die Arbeit eines ganzen Jahres zunichtegemacht wird.

Im Frühling – der Wolfssaison – gräbt man die Fallen wieder aus. Man steckt sie in Säcke, die ebenfalls in einem Waldsud abgekocht wurden; dabei muss man (ebenfalls abgekochte) Lederhandschuhe tragen und darunter Einmalhandschuhe. Neben der Stelle, wo die Falle platziert werden soll, legt man eine Plane aus Leinwand aus. Auf dieser postiert man sich, um die Grube auszuheben (die Schaufel wurde natürlich auch abgekocht). Man legt den Aushub auf die Plane, und wenn die Falle fertig ist, streut man ihn wieder darüber. Falls etwas übrig bleibt, müssen diese Reste in mindestens hundert Meter Entfernung entsorgt werden. Zum Schluss bedeckt man die Falle mit einem breiten, flachen Stein und gibt ihr etwa eine Woche Zeit, damit sie den Geruch des Waldes annehmen kann. Dann kehrt man noch einmal zurück und dreht den Stein, ohne auf die Falle zu treten, zur Seite (natürlich mit Handschuhen). Jetzt ist die Falle gestellt. Man fährt wieder nach Hause und wartet darauf, dass man auf dem Handy eine Meldung bekommt. Und hofft das Beste.

»Und trotz all dieses Aufwands habt ihr nie denselben Wolf zweimal gefangen?«, frage ich Hubert.

Er lächelt. Der Wolf scheint ihm – einem Jäger, der einem anderen Jäger auf der Spur ist – Respekt abzunötigen. »Bis jetzt noch nicht«, sagt er. »Bis jetzt noch nicht.«

Ein Foto aus dem Jahr 2011 zeigt Hubert in jüngeren Jahren, wie er, mit vor Begeisterung leuchtenden Augen, den betäubten Slavc trägt. Slavc war der dritte Wolf, den Hubert gefangen hatte. Auf dem Bild fasst er das Tier an den Hüften, sein Kollege umklammert den Brustkorb. Es ist Sommer, der Waldboden ist mit Sonnenflecken gesprenkelt, wie auch das Fell des Wolfs, schwarz und braun und weiß und grau, seine Schnauze, sein Hals, seine Beine und sein Bauch sind rostbraun-lohfarben gefleckt. Hätte man sich wünschen können, welcher Wolf die Alpen wieder besiedeln soll, man hätte keine bessere Wahl treffen können.

»Einen Wolf in den Händen zu halten, ist sehr delikat«, erklärt Hubert. »Für das Tier stellt das eine große Belastung dar. Man selbst ist randvoll mit Adrenalin. Ich beruhige mich immer erst nach drei Tagen, wenn der Sender anfängt, Informationen zu übermitteln.«

Auf dem nächsten Foto sieht man den Wolf, wie er auf einer Decke liegt und ruhig schläft. Um den Hals trägt er das Band mit dem GPS-UKW-Sender und dem deutlich sichtbaren Logo des EU-Programms. Das nächste Bild zeigt Slavc, der wieder auf den Beinen ist und sich mit seinem neuen Accessoire in den Wald davonschleicht, weg vom Gestank der Menschen. Ab jetzt wird sein Aufenthaltsort alle drei Stunden und zehn Minuten erfasst und an die Universität Ljubljana übermittelt. Hubert hatte in seinem Berufsleben schon mit vielen großen Fleischfressern zu tun, aber dieser Augenblick ist ihm in Erinnerung geblieben wie kein zweiter.

»Es ist so ähnlich wie mit Drogen«, sagt er. »Du glaubst, du kennst die Wölfe, aber jedes Tier überrascht dich mit etwas Neuem, das du noch nicht wusstest.«

Mithilfe der Sender wollte Hubert die Gruppendynamik in Wolfsrudeln studieren. Er wollte herausfinden, wie die Tiere miteinander interagieren und ihr Territorium verteidigen. Dass dieses Tier, das er zuvor in den Händen gehalten hatte, eine so gewaltige Wanderung unternehmen und Gegenden zurückerobern würde, die seine Artgenossen zweihundert Jahre zuvor hatten aufgeben müssen, dass es neue Dynastien begründen würde, die Wolf und Forscher lange überleben würden – all das konnte Hubert damals noch nicht ahnen.

Wir verlassen die Stelle, an der er die Falle gestellt hatte, und Hubert geht voraus, quer über einen Hang nach oben. Acht Jahre lang war er nicht mehr hier, doch er geht so zielstrebig wie ein Hund, der einer Fährte folgt. Die Schneedecke bricht unter unseren Stiefeln. Oben angekommen, bleiben wir stehen. Im fahlen Sonnenlicht bildet unser Atem dünne Wölkchen. Gedrungene Eichen, von den Winterwinden gekrümmt und verkrüppelt, schmiegen sich an den Abhang, alle im selben Winkel geneigt. Auf dieser Seite des Höhenzuges hat der Wind den Schnee fast gänzlich von den freien Flächen geweht. Das Laub des letzten Jahres raschelt unter unseren Füßen. Zwischen den gewundenen Ästen der Eichen sehe ich, in der Ferne und tief unter uns, das weite, flache Meer.

Hubert hat aufgehört zu erzählen und sucht etwas. Ich folge ihm den Grat der Hügelkette entlang. Der Wind treibt uns voran. Wir befinden uns am südlichen Ende des slowenischen Karsts, der sich von hier aus fünfzig Kilometer in nordwestlicher Richtung erstreckt, etwa dort, wo auch die Grenze zu Italien verläuft, bis diese sich bei Monfalcone nach Norden wendet. Dieser Landstrich ist der Inbegriff des geologischen Karsts; nach ihm sind alle anderen Karstlandschaften der Welt benannt, Gegenden aus brüchigem Gestein, meistens Kalkstein, die sich unter dem Einfluss des Wetters verformen, sich falten und geologische Formationen hervorbringen, die ein eigenes Vokabular erfordern: Doline, Flussschwinde, Flachkarren, Kluftkarren. Der Fels ist den Umwelteinflüssen ausgesetzt, der Regen prasselt auf ihn herab, die Sonne brennt ihn aus, und so formt ihn die Kraft der Elemente wie weiches Wachs zu einer zerklüfteten Welt.

Auf zerfurchtem Untergrund kämpfen wir uns durch Gestrüpp, umgehen Kanten, steigen über Spalten, immer unserem Ziel entgegen. Diese Landschaft ist ein Werk des Wassers, erstarrt in der Zeit, obwohl hier kaum Wasser zu sehen ist – es arbeitet weit unter der Oberfläche. Die unterirdische Welt des

Karsts ist ein Gewirr aus Fels und Hohlräumen, ein wenig wie eine Lunge. Als hier im Ersten Weltkrieg die Front verlief, wurden in sein leicht formbares Innenleben Schützengräben gezogen, Kapellen und Feldlazarette wurden aus dem Stein herausgehauen. Auf beiden Seiten warf man Gefangene in tiefe Erdtrichter, um sie zu töten.

»Hier ist es«, sagt Hubert und deutet auf ein Loch zu seinen Füßen. Das kreideweiß glänzende Gestein, das die Vertiefung wie ein Ring umschließt, ist von Moos überzogen. In diesem Bau kam Slavc zur Welt.

Ich rutsche in die Öffnung hinab, bis ich mehrere Meter tief unter der Oberfläche bin. Es ist feucht hier drin, aber windgeschützt, und noch hat sich hier etwas von der schwachen Wärme des Tages gehalten. Auf dem Boden eine dicke Schicht des letztjährigen Laubs. Ich blicke hinauf zu der Öffnung, in der vor dem Himmel Huberts Kopf zu sehen ist, der zu mir herabschaut. Wie Jäger aus der Region berichteten, hatte sich seit 2007 oder 2008 auf diesem Berg ein Rudel aufgehalten. Der Wurf von 2010, zu dem Slavc gehörte, bestand aus mindestens fünf Jungen. Dass er hier zur Welt gekommen ist, weiß Hubert, weil man auf einem Felsvorsprung auf halber Höhe des Schachtes eine seiner Schwestern tot aufgefunden hat und später, nachdem man Slavc das Halsband angelegt hatte, einen DNA-Vergleich anstellen konnte. Aufgrund der Obduktionsergebnisse vermutet Hubert, dass ein Fuchs sie getötet hat, während ihre Eltern auf der Jagd waren. Kurz darauf wurde der Bau von heftigen Regenfällen ausgespült, und die Eltern brachten ihre noch lebenden Jungen an einen anderen Ort und ließen das tote zurück.

Ein Wolfsrudel ist kein Verband von Tieren, der von einem Alphatier dominiert wird. Das ist der erste Mythos von vielen, mit denen aufgeräumt werden muss. Ein Wolfsrudel ist im Grunde eine Familie. In einem Wolfsrudel gibt es so viele denkbare Konstellationen wie in einer menschlichen Familie, aber so wie die Menschen lassen sich auch die meisten Wölfe einem bestimmten Typus zuordnen. Manche leben in Rudeln mit bis zu 42 Tieren, andere verbringen ihr ganzes Leben allein, doch in der Regel bilden sie Verbünde aus fünf bis zehn Tieren. Meistens besteht ein solches Rudel aus einem Elternpaar und dessen Jungen aus einem oder mehreren Jahrgängen, wobei die älteren Geschwister den jüngeren helfen. Ein Elternpaar kann jahrelang zusammenbleiben. »Wenn sie gemeinsam urinieren, sendet das im Grunde dieselbe Botschaft wie zwei Eheringe«, schreibt die Biologin Jane Packard. In ihrem zweiten Jahr gehen die Jungtiere ihre eigenen Wege, und spätestens im Alter von vier Jahren verlassen die meisten Wölfe, Männchen wie Weibchen, ihr Rudel – sei es, dass sie vertrieben werden oder aus freien Stücken gehen.

Ein einzelner Wolf ist in der Lage, allein ein großes Beutetier zu reißen, doch in der Gruppe sind sie weitaus erfolgreicher. Das Aufwachsen im Rudel nutzt auch den heranreifenden Jungtieren; sie haben ausreichend zu fressen, während sie noch lernen, für sich selbst zu sorgen. Wölfe paaren sich im Winter, und im Frühling kommen dann die Jungen zur Welt, zur selben Zeit wie die Jungen der Pflanzenfresser, die für Wölfe leichte Beute sind. Die anderen Tiere aus dem Rudel verteidigen den Bau gegen Räuber und bringen der stillenden Mutter zu fressen; später, sobald die Jungen feste Nahrung zu sich nehmen, bringen sie ihnen Fleisch, indem sie es wieder hochwürgen. Mit zwei Wochen öffnen die Jungen die Augen, und mit fünf Wochen spielen sie schon im Freien, knuffen sich, rempeln einander an und purzeln herum. Die älteren Tiere des Rudels beteiligen sich am Spiel und haben ein Auge auf die Jungen. Wenn diese schon gewisse Erfahrungen gesammelt haben, verlässt die Großfamilie ihr Zuhause und sucht eine sichere Stelle (den sogenannten Rendezvousplatz), wo die Jungen weiter spielen und lernen können. Im Alter von vier Monaten sind sie so weit, sich dem Rudel auf der Jagd anzuschließen. Im Herbst, wenn das Wetter umschlägt und das Leben wieder härter wird, sind sie so gut wie ausgewachsen.

Ich klettere aus der Höhle heraus und lasse den Blick schweifen. Slavc ist irgendwo jenseits des Meers. Luftlinie sind es bis dorthin etwa zweihundertfünfzig Kilometer, auf dem Landweg ist es jedoch wesentlich weiter. Das zu wissen und an dem Ort zu stehen, an dem er zur Welt kam, ist sehr bewegend. Noch nie habe ich mich einem Wildtier so nahe gefühlt.

Vor mir fällt die Landschaft in die Ebene ab, ein ausgedehntes, wenig markantes Gebiet, in dem nur Gestrüpp wächst und das sich bis zum Meer erstreckt. Ein einziger Hügel ragt aus der Fläche, ein unförmiges Gebilde, das nicht so recht in diese Gegend passen will. Eine Flanke ist von einem Steinbruch ausgehöhlt, und kleine Fahrzeuge kriechen über das frei liegende Innere des Hügels. Da trifft mich die Erkenntnis wie der Blitz. Ich kann es kaum glauben. Ich kenne diesen Ort!

2010 bin ich von England nach Istanbul gewandert. Das dauerte fast ein ganzes Jahr, aber ich war sechsundzwanzig und hatte es nicht eilig. »Zu Fuß erreichbar« – das war im Grunde alles, je nachdem, wie viel Zeit man sich nahm. Ich war auf der Suche nach Abenteuern. Mich interessierten die Anfänge des Menschen als umherziehendes Tier, und ich wollte diesen konstanten rhythmischen Wandel am eigenen Leib erleben.

Ich war noch nie zuvor in den Bergen gewesen und war begeistert. Auch die Menschen, denen ich dort begegnete, wuchsen mir ans Herz; die Gegenden, in denen sie leben, werden gemeinhin als unwirtlich bezeichnet, erweisen sich oft aber als das genaue Gegenteil. Ich berauschte mich an dem Gefühl, dass niemand von meiner Familie und meinen Freunden wusste, wo ich war. Fast überall zwischen meiner Haustür und dem Westufer des Bosporus traf ich auf liebenswerte und gastfreundliche Menschen. Ich empfand Europa als einen weitläufigen, komplexen Raum, in dem alles miteinander verbunden war.

Von Slowenien war mir am wenigsten in Erinnerung geblieben. Als ich in der Nähe von Triest aus dem Wald trat, fragte ich Bauarbeiter auf Italienisch nach dem Weg – »*Siamo in Slovenia adesso?*« –, und sie antworteten in einer anderen Sprache. Dass sie nur eine Stunde Fußmarsch von der Stadt entfernt eine andere Sprache sprachen, wirkte geradezu unwirklich. In Slowenien verbrachte ich nur eine Nacht. Im Wald kam ich an einem vögelnden Paar vorbei. Ich kam an dem Hügel mit dem Steinbruch vorbei, der einzigen Erhebung in dieser Ebene. Ich rollte meinen Schlafsack unter Fichten aus, die am Abend noch nach der Hitze des Tages rochen, und am nächsten Morgen packte ich meine Sachen und ging weiter. Am Grenzübergang bei Podgorje gelangte ich nach Kroatien, drei Kilometer südlich von der Stelle, an der Hubert und ich uns jetzt befanden. Die Grenzbeamten saßen in einem Container, der neben der schmalen Straße stand. Sie zeigten auf mich, als wären sie persönlich dafür verantwortlich, dass ich zum ersten Mal meinen Pass vorzeigen musste, seit ich fünf Monate zuvor England verlassen hatte. Es war das Jahr 2010 (der 12. August, wie mein Tagebuch mir sagt), und Kroatien stand kurz vor dem Beitritt zur Europäischen Union. Die Grenzbeamten waren dagegen, nicht zuletzt, weil sie dann ihre Jobs verlieren würden. »Die Kriminellen kommen alle aus dem Westen«, sagte einer von ihnen. Das war das genaue Gegenteil dessen, was ich in den fünf Monaten zuvor immer gehört hatte. In Italien hatte man mir nachdrücklich vor Augen geführt, dass ich auf dem Balkan nur Monstern und Psychopathen begegnen würde, woraufhin ich ziemlich nervös geworden war. Einer der Grenzer schenkte mir ein Glas Selbstgebrannten ein, und wir tranken auf meinen Einreisestempel. Es war zehn Uhr morgens. »Willkommen im Osten«, sagten sie. »Hier leben gute Leute.«

Während ich durch die Waldgebiete der Balkanhalbinsel wanderte, diese wogenden Landschaften aus Karstgestein und Buchenwäldern, hielt ich in meinem Tagebuch fest, wie aufgeregt ich war, weil es dort Wölfe gab: »Wahrscheinlich werde ich nie welche sehen, aber es genügt mir zu wissen, dass sie da draußen irgendwo sind. Und mich beobachten.« Das war natürlich ein naheliegender Gedanke, aber er bringt auch meine Vorahnung zum Ausdruck, dass ich nun in einer mir unbekannten Welt war, in Osteuropa, wo die Dinge anders waren und die Tiere größer – und wo die Grenzbeamten auf die Ankunft eines Reisenden tranken. Die Menschen sprachen häufig über Wölfe. Wenn sie mich nicht vor den Bergen warnten, warnten sie mich vor den Wölfen. Sie sagten, ich solle nach Anbruch der Dunkelheit nicht mehr aus dem Haus gehen. Sie sagten, ich solle nicht zelten. Sie diskutierten darüber, ob ich die kommende Nacht wohl überstehen würde. Ich wusste – oder glaubte –, dass Wölfe nicht übermäßig gefährlich waren, so wie ich wusste, dass die Länder des Balkans nicht von Psychopathen bevölkert waren, aber man hört so viel darüber, und wenn man dann in der Nacht allein im Zelt liegt, hinterfragt man solche Gewissheiten.

Die Leute zogen auch Parallelen zwischen Mensch und Wolf. Nie war ich zuvor an Orten gewesen, wo der Krieg noch so deutlich zu spüren war. Nach wie vor waren Gebäude mit Einschlusslöchern übersät, auf den Landkarten ungeräumte Minenfelder verzeichnet. In den Grenzregionen, die noch immer nicht zu Stabilität gefunden hatten, war der Wolf zum Sinnbild für die Menschen geworden, die erst vor wenigen Jahren die Waffen gegen ihre Nachbarn erhoben hatten. »Die Kroaten sind Wölfe«, sagten die Serben, und die Kroaten sagten dasselbe über die Serben. In Bosnien war diese Haltung überall zu spüren. Niemand glaubte, ich würde meine Wanderung unbeschadet überstehen. »Sie werden dich umbringen«, sagten die einen über die anderen. »Sie werden deine Leiche zerstückeln und die Einzelteile auf dem Markt verkaufen.«

Schon damals, als ich vor zehn Jahren durch Osteuropa wanderte, hatte ich also das Gefühl, dass die Wölfe immer ganz in der Nähe waren. Einmal, im Kosovo, war ich sicher, dass ein Wolf vor meinem Zelt herumschlich. Starr vor Schreck, aber auch verzückt, lag ich in meinem Schlafsack. Am nächsten Morgen entdeckte ich im Schnee Spuren, die jedoch vermutlich von Hunden stammten, die von der Leine gelassen worden waren. Ich wollte einfach unbedingt einen Wolf sehen. Und ich wollte unbedingt, dass ein Wolf *mich* sah.

Jetzt, zwölf Jahre später, stehe ich auf einem Felsbrocken aus Kalkstein neben dem Bau, in dem Slavc zur Welt gekommen ist, und blicke über die Ebene, die ich damals durchquert habe. »Das ganze Gebiet war ein Spielplatz für Wölfe«, sagt Hubert und deutet in die Ferne. »Überall haben wir durchgebissene Zweige gefunden. Und viele weitere Anzeichen von ihrem

Spiel.« In dem Sommer, als ich durch Slowenien kam – 2010, als in Südafrika die Fußball-WM stattfand und in Mitteleuropa die Temperaturen gefühlt jeden Tag über dreißig Grad lagen –, war Slavc ein wenige Monate altes Jungtier, jagte in den Hügeln, an denen ich entlangwanderte, Heuschrecken und Mäuse und fing an, die Welt zu erkunden. In diese Grenzregion kommen nicht viele Menschen. Hat er mich möglicherweise gesehen? Meinen hellroten Rucksack. Die hellgrünen Shorts, die ich trug, bis sie in Fetzen hingen. Tupfer von noch nie gesehenen Farben, die über die tiefer gelegene Ebene schlichen. Vielleicht haben mich tatsächlich nicht nur irgendwelche Wölfe gesehen, wie ich es mir in meinem Tagebuch wünschte, sondern sogar dieser eine, ganz bestimmte Wolf. Dieser Wolf, dessen Namen und Geschichte ich nun kenne und von dem ich weiß, wo er sich derzeit befindet. Das ist ein sonderbares, verwirrendes Gefühl. Und ich bin hierhergekommen, um seiner Spur zu folgen, den mehr als tausend Kilometern seiner gewaltigen Wanderung durch die Alpen, zurück auf dem Weg, den ich als junger Mann gegangen bin.

# 2

*Mögen wir alle niemals so schroff verurteilt oder zu einem so streng reglementierten Leben gezwungen werden oder so unerbittliche Grenzen gesetzt bekommen wie jene, die wir dem Wolf zu setzen versuchen.*

Rick Bass, *The Ninemile Wolves*

Im November 1989 wuchs Europa wieder zusammen. Ich war damals fünf Jahre alt, so alt, wie meine Tochter jetzt ist. Freunde unserer Familie, die durch Westdeutschland gereist waren, brachten mir ein kleines Stück der Berliner Mauer mit, beige Steinbrocken in einem gepolsterten Umschlag. Das war ein seltsames Mitbringsel für ein Kind, aber sie hatten erkannt, was in diesen Tagen in Europa vor sich ging. Das Europa, das in dieser Nacht seinen Anfang nahm, wurde das Europa meiner Generation: ein kulturell und ethnisch vielgestaltiger Kontinent mit offenen Grenzen und Freizügigkeit. Zu meiner Entscheidung für die Wanderung nach Istanbul hatte auch das Gefühl beigetragen, dass das europäische Festland nun eine Erweiterung meines Zuhauses war, das sich jetzt vom Atlantik bis zum Bosporus erstreckte.

Der Fall des Eisernen Vorhangs hatte zahlreiche Veränderungen zur Folge, und eine der weniger erwarteten war die Tatsache, dass die großen fleischfressenden Arten, die in Osteuropa heimisch waren, ihren Lebensraum nun nach Westen ausweiten konnten, wo sie im zwanzigsten Jahrhundert praktisch nicht vorgekommen waren. Vor dem Fall der Mauer hatten nur wenige Großsäuger (darunter auch der Mensch) von Ost nach West gelangen können. Die Verminung von achthundert Kilometern der innerdeutschen Grenze seit Anfang der 1960er-Jahre hatte einen Landstreifen geschaffen, den ein Jäger aus der DDR einmal »Kadaverfelder« nannte, weil dadurch die dort heimischen Rotwildpopulationen signifikant dezimiert wurden. Unter dem Vorwand des Grenzschutzes und weil es teuer und gefährlich war, Minen zu ersetzen, erschossen militärische Jagdtrupps alles, was ihnen vors Visier kam. Von den Wachtürmen aus schossen sie zum Spaß auf Bären.

Als der Ostblock kollabierte, kam die Vision eines Europas der Freizügigkeit auch den Wölfen zugute. Sie richteten sich in aufgegebenen Militärbasen ein. Bereits 1979 hatte der Europarat die Berner Konvention unterzeichnet, die den ersten Schritt zum europaweiten Schutz wild lebender Tiere und Pflanzen darstellte. 1992, kurz nach der UN-Konferenz für Umwelt und Entwicklung in Rio de Janeiro, verabschiedete die Europäische Gemeinschaft die Fauna-Flora-Habitat-Richtlinie, die für das Gebiet des Staatenbundes, der ab 1993 Europäische Union heißen sollte, wirksamere Maßnahmen vorsah. Neben anderen großen Fleischfressern wird dort auch der Wolf als eine Art aufgeführt, die außergewöhnliche Bedeutung besitzt und des besonderen Schutzes bedarf.

Die EU kam dem Wolf auch in manch anderer Hinsicht zugute. Wissenschaftler konnten fortan ihr Wissen ungehindert über Grenzen hinweg austauschen. Die Kinder von Viehbauern verließen ihre Familien und strebten in die nun erreichbar gewordenen kulturellen Zentren wie London oder Berlin, und ihre Eltern verließen ihr angestammtes Land, vertrieben von den erbarmungslosen Gesetzen des freien Marktes und der EU-Agrarpolitik. Die zurückgelassenen Landstriche – brachfallende Anbauflächen, auf denen das Wild äste – waren ideale Lebensräume für den Wolf, der sich nun anschickte, verlorenes Gebiet wieder zu besiedeln. Die Lebensweise des Wolfs spiegelte schon immer auf ganz besondere Weise die Politik des Menschen wider. Viele der europäischen Wölfe haben russische Vorfahren, deren Populationen nach dem Zusammenbruch der Sowjetunion und dem Ende des staatlich geförderten Abschusses geradezu explodierten. Wie mir während meiner Wanderung auf Slavc' Spuren quer durch Europa klar wurde, gibt es kein anderes Tier, dessen Verhalten in so hohem Maß ein Echo auf dasjenige des Menschen darstellt.

Doch auch wenn Zäune niedergerissen werden, können Erinnerungen bestehen bleiben. Ähnlich wie jene japanischen Soldaten, die, als sie Jahrzehnte nach dem Zweiten Weltkrieg entdeckt wurden, noch immer eine Handvoll abgeschiedener Inseln im Pazifik verteidigten, bleibt das tschechische Rotwild seit dem Sturz des Kommunismus kategorisch auf seiner Seite der Grenze und das westdeutsche auf der anderen. Die Tiere geben dieses Verhalten an ihre Nachkommen weiter, die nie einen Krieg erlebt haben. Auch auf den Landkarten, die von anderen Arten gezeichnet werden, dauert der Kalte Krieg an.

Ich erwache in einem pechschwarzen Raum. Weiß erst nicht, wo ich bin.

Ich liege oben in einem Stockbett, in einem Zimmer voller Stockbetten, und versuche, mich zu orientieren. Ich bin in der Tuma-Hütte auf dem Slavnik. Es ist Mitte Februar 2022;

vor zwei Wochen hat Hubert mir die Wolfshöhle gezeigt, und die Hütte hat mittlerweile wieder geöffnet. Als ich die Fensterläden des Schlafraumes aufstoße, steht die Sonne schon hoch am Himmel. Der aufgeheizte Speisesaal im Erdgeschoss ist gesteckt voll. Männer mit sauber getrimmten Bärten und spezieller Wanderausrüstung frühstücken Strudel, Kaffee und Schnaps. Ich frage mich, wann sie wohl losgegangen sind, wenn sie zum Frühstück schon hier sind. An den Wänden hängen Schwarz-Weiß-Fotos vom Bau der Hütte; Männer mit nacktem Oberkörper sitzen auf Steinhaufen und grinsen in die Kamera. Es ist Sonntagvormittag, der erste schöne Sonntag des Jahres, und alle Welt ist zu einer Wanderung aufgebrochen.

Ich bin gestern hier angekommen. Nicolò Giraldi, ein Journalist, den ich in Triest kennengelernt habe, wo ich ein paar Tage verbracht habe, hat mich unten im Tal abgesetzt, dort, wo die asphaltierte Straße endet, und ich bin die Serpentinen hinaufgestiegen, die durch einen Eichenwald hier heraufführen. Ich war der einzige Gast und der erste der Saison. Ich kam mir vor wie ein Eindringling, als würde ich das Betreiberehepaar stören. Ich stellte meine Tasche ab und zog mich bis zum Abendessen zurück. Draußen lag das Licht des Tages in den letzten Zügen. Die Vögel flogen an ihre angestammten Plätze zurück, um zu schlafen, und ich hatte noch meine gesamte Reise vor mir. Der Sendemast neben der Hütte zeichnete sich unscharf vor dem rosafarbenen Himmel ab. Dieser Mast, der noch weit hinter der kroatischen Grenze zu sehen ist, markiert laut Hubert die Südgrenze des Territoriums von Slavc' Rudel. Die westliche Grenze stellt der Hang dar, den ich heraufgekommen bin und an dessen Fuß, fünfhundert Höhenmeter tiefer, sich die Ebene anschließt. Im Osten ist es die

Europastraße E61, die hier als Landstraße von Italien nach Kroatien führt. *Was für ein riesiges Gebiet.*

Die Region hier ist voller Grenzen. Müsste man einen Ort wählen, an dem die frühere Trennung von Osteuropa und Westeuropa besonders augenfällig wird, spräche vieles für diese Gegend. Die Wasserläufe östlich von hier münden ins 1100 Kilometer entfernte Schwarze Meer, jene westlich von hier fließen ins Adriatische Meer, das sechzehn Kilometer entfernt liegt und am Horizont zu erkennen ist. Von meinem Standort aus kann ich drei Länder sehen. Die Grenze zu Italien liegt elf Kilometer in nordwestlicher Richtung, die zu Kroatien zwei Kilometer im Süden. Die Istrische Halbinsel, die sich vor mir erstreckt, wird im Norden durch einen ausgedehnten Gebirgszug begrenzt und in den anderen Himmelsrichtungen vom Meer, weshalb dort jahrtausendelang ein Kommen und Gehen herrschte. Viele haben sie beansprucht: die Istrier, die Römer, die Goten, Venedig, die Habsburger, Napoleon, Österreich, Italien, Jugoslawien und die EU. Aber nicht nur Menschen fanden durch die der Landschaft innewohnende Logik hierher. Diese Gegend war auch eine Art Trichter für die großen Fleischfresser, jene anderen Spezies, die große Lebensräume brauchen und von dem inneren Drang getrieben werden, neues Terrain zu kolonisieren. Mindestens so lange wie der Mensch haben auch Populationen von Bären, Luchsen und Wölfen aus den Alpen, dem Dinarischen Gebirge und vom Balkan in dieser weiten, flachen Region zwischen zwei Welten sich geliebt, miteinander gekämpft und neue Stammbäume begründet.

Das Territorium von Slavc' Rudel erstreckte sich über 442 Quadratkilometer, eine durchschnittliche Größe. Hier von Durchschnitt zu sprechen, ist allerdings etwas gewagt, angesichts der Extreme in beiden Richtungen. Das Rudel vom McKinley River in Alaska, das aus zehn Tieren bestand, lebte auf einem Gebiet von 4335 Quadratkilometern, und ein anderes zehnköpfiges Rudel in Alaska durchstreifte innerhalb von sechs Wochen ganze 6272 Quadratkilometer. Am anderen Ende der Skala findet sich das Rudel vom Farm Lake im nordöstlichen Minnesota, das aus sechs Tieren bestand und dessen Territorium gerade einmal 33 Quadratkilometer groß war. Wie weit ein Rudel sein Territorium ausdehnt, hängt von mehreren Faktoren ab, etwa davon, ob andere Rudel in der Nähe leben und wie viel Nahrung zu finden ist. Europa ist derzeit voll von Wild, das seit Generationen nicht mehr in der Rolle des Beutetiers war, und es gibt große, noch nicht in Besitz genommene Gebiete, in denen der Wolf sich ausbreiten kann. Im Moment werden das Territorium eines Wolfs und seine Freiheit, wie es schon so häufig der Fall war, hauptsächlich durch den Menschen begrenzt.

Der Wolf interessiert sich kaum für den Menschen, doch wie bei jedem anderen Wildtier lässt seine Lebensweise nicht zu, dass er uns ignoriert. Die Lage seiner Territorien hängt von Elementen der menschlichen Lebenswelt ab, von Grenzzäunen, Autobahnen oder einer Gesetzesnovelle, und das nicht weniger als vom Verlauf von Flüssen oder von Gebirgszügen. Vermutlich hat Slavc' Mutter diese Stelle gewählt, weil sie in der Nähe von Grenzen liegt; da hier kaum Menschen anzutreffen sind, eignen sich solche Regionen besonders gut für die Aufzucht von Jungen. In anderen Gegenden des ehemaligen Jugoslawien sind ungeräumte Minenfelder mittlerweile Refugien für Wildtiere, die dort ihre Baue anlegen.

Hat ein Wolf sein Territorium einmal festgelegt, muss er nicht mehr ständig Konflikte mit anderen Rudeln austragen und kann seine Kraft ganz darauf richten, sich das zu beschaffen, was er zum Überleben braucht. »Territorialverhalten ist eine Sonderform des Konkurrenzkampfs«, schrieb der verstorbene Biologe Edward O. Wilson. »Das Tier muss nur einmal oder nur wenige Male Sieger bleiben.« Aber ein Territorium muss auch verteidigt werden, und daher muss es mehr Energie liefern, als ein Tier auf seinen Kontrollgängen verbraucht. Wölfe sind geübte Wanderer und können große Distanzen zurücklegen. »Ihre Lebensform ist das Laufen«, so Hubert. Tag für Tag müssen sie ihre Grenzen sichern und dort regelmäßig Duftmarken hinterlassen, durch Kot, Urin und Schweiß. Durch ihr Heulen, das bis zu sechzehn Kilometer weit reicht, zeigen sie ihre Gegenwart an – von hier oben aus könnte ein Wolf mit einem Artgenossen in Triest kommunizieren. Legt man die Bewegungsmuster von Wölfen, die einen Sender tragen, übereinander, dann erkennt man diese unsichtbaren Grenzen, denn die Tiere legen jeden Tag Dutzende Kilometer zurück und umreißen dabei ihr Gebiet, verlassen es jedoch nur selten.

Ein Überschreiten dieser Grenzen kann schwerwiegende Folgen haben. Zwar treffen benachbarte Rudel nur selten aufeinander, weil die Rudel klein und die Territorien weitläufig sind, aber die Folgen sind oft tödlich. Sie stoßen aufeinander, wenn sie verzweifelt sind, das heißt ausgehungert. Wölfe töten ihre Artgenossen am häufigsten in den Grenzregionen zwischen zwei Territorien. Daher hält sich Wild bevorzugt in dem Niemandsland zwischen Wolfsterritorien auf, so wie Wölfe das Niemandsland der Grenzregionen zwischen Staaten suchen. Beide genießen dort, wo ihre Fressfeinde rar sind, eine gewisse Sicherheit. Soweit Hubert weiß, hat Slavc das Territorium seiner Geburt erst verlassen, als er zu seiner Wanderung aufgebrochen ist. Und er ist nie zurückgekehrt.

Es wurde allmählich dunkler, aber ich ging dennoch von der Hütte aus den Berg hinab. Mitten im Gestrüpp stieß ich auf die Grenze zu Kroatien, die dort durch einen tiefen Einschnitt zwischen den Hügeln verläuft; parallel dazu erstreckte sich ein Kiesweg. Grenzverläufe sind auf allen Karten verzeichnet, wie wenig detailliert diese sonst auch sein mögen. Offenkundig sind Grenzen die erwähnenswertesten menschlichen Einrichtungen, obwohl sie oft arg mickrig daherkommen, wenn man vor ihnen steht. So weit ich sehen konnte, erstreckte sich hier, in die Tiefe des Zwielichts hinein, ein Zaun aus Klingendraht, der voneinander trennte, was die Menschen sich jeweils unter Kroatien und Slowenien vorstellen. Wie eine dieser Spielzeugmetallspiralen, die die Treppe hinunterlaufen können, nur in die Länge gezogen und dann in die Landschaft gelegt. Dornsträucher streckten ihre Zweige hindurch, und schmutziger Schnee hing in den Windungen. Der Zaun war aus galvanisiertem Stahl und würde rund hundert Jahre lang halten, und jetzt glänzte er so hell, als wäre er erst tags zuvor errichtet worden. Obenauf saß ein Spatz, fand seinen Platz in der Abenddämmerung.

Ende 2015 ließ die slowenische Regierung diesen Zaun in aller Eile hochziehen. In jenem Jahr waren über 1,3 Millionen Menschen nach Europa gekommen, um Asyl zu beantragen. Im Sommer hatte Ungarn entlang seiner Südgrenze einen Zaun gezogen, wodurch inmitten der sich laufend überstürzenden Ereignisse dieses chaotischen Jahres zahlreiche Migranten nach Slowenien umgeleitet wurden. Die Strecke wurde als »Balkanroute« bekannt; sie verlief von Griechenland durch die Länder des ehemaligen Jugoslawien nach Italien und erreichte hier auf diesem Höhenzug ihren Gipfel, bevor sie nach Triest hinabführte. Bekannt war sie auch für die illegalen, gewaltsamen Rückführungen über EU-Außengrenzen, die sogenannten Pushbacks, durch die Migranten wieder in die Länder gezwungen wurden, die sie bereits durchquert hatten, woraufhin sie ihr Glück erneut versuchen mussten. Ziel der Flüchtlinge war es, nach Westeuropa zu gelangen und dort Asyl zu beantragen. Ursprünglich sollte sich der Zaun über die ganze Länge der kroatisch-slowenischen Grenze erstrecken – also über 670 Kilometer –, aber nur 200 Kilometer wurden auf diese Weise gesichert. Auf jemanden, der es von Syrien hierher geschafft hat und jetzt kurz vor Italien steht, wirkt er nicht besonders einschüchternd, aber darum geht es natürlich nicht. Dieser Zaun ist eine klare Ansage, eine rote Linie.

Bis zum Zerfall Jugoslawiens im Jahr 1991 gab es hier keine Grenze. Kroatien und Slowenien waren beides Teilrepubliken der Sozialistischen Föderativen Republik, und Dialekte, Freundschaften, Ackerflächen und Familien kannten keine räumlichen Beschränkungen. Als Slowenien 2004 der EU beitrat, waren die Grenzen zu Italien und Österreich plötzlich offen – zu Ländern, die zur Zeit des Kommunismus beinahe wie andere Planeten erschienen –, aber um die Nachbarn in Kroatien zu besuchen, brauchte man auf einmal einen Reisepass. Und als hier plötzlich ein Zaun stand, war das noch befremdlicher. Selbst für jene, die die dahinterstehende Absicht unterstützten, kam es überraschend, ihre ehemaligen Nachbarn nun hinter einem Geflecht aus Stacheldraht zu sehen. Und der Zaun richtete noch weiteren Schaden an: Mehrere Wolfsrudel wurden auseinandergerissen, und die Grenzen ihrer Territorien verschoben sich von heute auf morgen, was unausweichlich zu Konflikten führte. Rotwild und Reiher verfingen sich in den Maschen, kämpften um ihr Leben und verendeten.

2022 gab es an den Grenzen des Schengenraums der EU auf einer Länge von 2048 Kilometern Grenzzäune, aufgeteilt in neunzehn einzelne Anlagen. Sie standen in Spanien und Litauen, Griechenland und Lettland, Estland und Bulgarien. Polen hatte kurz zuvor einen Zaun von 185 Kilometern Länge fertiggestellt, der Migranten aus Belarus abhalten sollte. Finnland errichtete zu dieser Zeit eine Anlage, um sich gegen Russland abzuschotten. Als 1993 die EU gegründet wurde, hatte es keine solchen Zäune gegeben. Sie galten damals als überholt, fast schon als mittelalterlich. Doch heute, da das 21. Jahrhundert rund zwei Jahrzehnte alt ist, glauben viele Staats- und Regierungschefs, die alten Methoden seien die besseren. Wenn die Politik versagt, werden Mauern errichtet.

Einige Wochen zuvor hatte ich in Ljubljana die größte Flüchtlingsunterkunft der Stadt besucht. In den Räumen im Erdgeschoss saßen Männer, eingehüllt in den Mief von Zigarettenrauch, spielten Karten und luden ihre Handys auf. An den Wänden waren Zeitungsausschnitte festgetackert, Flyer für Demonstrationen, die bald stattfinden würden, eine Liste mit Filmen, die die Leute sehen wollten: *Schlacht um Algier*, *Schindlers Liste*, *Police Academy 1–6*.

Zana Fabjan Blažič, eine Aktivistin, die oft in die Unterkunft kommt – kurze Ponyfrisur, Vintagekleid –, saß auf einem durchhängenden Sofa, borgte den Menschen ihr Handy und Zigaretten. »Slowenien bekommt unfassbar viel Geld für den Schutz der Grenzen«, sagte sie. »Das ist der beste Deal, den wir je geschlossen haben. Was können da ein paar Hundert Aktivisten ausrichten, die nach offenen Grenzen rufen? Nicht viel. Denn die verdienen *Milliarden* damit.«

Die Unterkunft wurde 2015 eröffnet und war seitdem keinen einzigen Tag geschlossen. Zana kommt seit den Anfängen hierher. Die Migranten stammen zum größten Teil aus Nord- und Westafrika – Marokko, Algerien, Nigeria – und haben es über die Balkanroute bis nach Slowenien geschafft. Manche haben dafür Wochen gebraucht, andere Jahre, haben die Winter in Lagern in der Türkei, in Serbien oder in Bosnien verbracht. Manche verlassen Ljubljana schon bald wieder, zu Fuß oder im Kofferraum eines Autos, versuchen, nach Italien, Deutschland oder England zu gelangen. Manche wollen hierbleiben, bemühen sich um Aufenthaltstitel, schleppen sich durch die Abfolge von Treffen mit Anwälten, Sprachkursen, Aufschüben und Berufungen. Warten, immer nur Warten. Mit dem Begriff der Migration verbinden wir Bewegung, doch in Wahrheit bedeutet Migration vor allem Warten.

»Wenn du etwas erreichen willst, musst du bereit sein, Langstrecke zu laufen«, sagte Zana, aufrecht auf dem Sofa sitzend, eine Zigarette in der Hand. »Dieses Jahr haben wir für drei Geflüchtete, die von Anfang an hier waren, eine Aufenthaltsgenehmigung erwirkt. Einen von ihnen haben wir zweimal aus einem Abschiebeflugzeug geholt.«

Für April 2022 waren in Slowenien Parlamentswahlen angesetzt, und den Umfragen zufolge sah alles nach einem Sieg des linksgerichteten *Gibanje Svoboda* (»Freiheitsbewegung«) aus. Ich fragte Zana, ob sie glaube, dass das etwas ändern würde.

»Jetzt sind die Rechtsextremen an der Regierung, und alle schimpfen auf die Regierung«, sagte sie und schüttelte den Kopf. »Nein. In Slowenien Asyl zu bekommen, war schon immer so gut wie unmöglich. Dieses Land wurde im Zeichen liberaler Ideen gegründet, der Ideen von Demokratie und Rechtsstaatlichkeit. Die Menschen können sich einfach nicht vorstellen, dass die Polizei Gewalt anwendet. Sie glauben auch nicht, dass an den Grenzen Gewalt angewendet wird.«

Als das Mittagessen zubereitet wurde, half ich mit. Die Köchin hieß Patience, stammte aus Kamerun, und wir sprachen Französisch miteinander. Sie war schon seit einigen Jahren hier. Ihre Tochter war in der Heimat. Während ich Gemüse schnippelte und sie kleine Teigbällchen frittierte, fragte ich sie, wie sie damit zurechtkam, dass sie von ihrer Tochter getrennt war. Wie sie es aushielt, jahrelang auf diese Bescheinigung oder jene Verhandlung zu warten.

»Liest du die Bibel?«, fragte sie zurück.

Dann erzählte sie mir von Josef, der in Kanaan zur Welt kam. Er war der elfte Sohn der Familie und der Liebling seines Vaters. Sie erzählte mir davon, wie Josef von seinen eifersüchtigen Brüdern an Händler verkauft wurde, die auf dem Weg nach Ägypten waren, und wie die Brüder ihren Vater täuschten, sodass er glaubte, Josef sei tot. Wie Josef in Ägypten in die Sklaverei verkauft wurde und wie die Ehefrau seines Herrn, als er ihren Verführungsversuchen widerstand, ihn der Vergewaltigung bezichtigte und ins Gefängnis werfen ließ. Wie er Jahre später aus dem Gefängnis freikam und Berater des Pharaos wurde, weil Gott ihm die Gabe geschenkt hatte, die Träume der Menschen zu deuten. Wie während der Hungersnot, die er anhand der Träume des Pharaos vorausgesagt und deretwegen er den Herrscher beschworen hatte, Ägypten darauf vorzubereiten, sein Vater und seine Brüder auf der Suche nach Nahrung aus Kanaan kamen, weil es in ihrem Land nichts mehr zu essen gab. Wie Josef sie vor dem Hungertod rettete und sie alle wieder vereint waren. Da umarmte sein Vater ihn und sagte: »Nun will ich gerne sterben, nachdem ich dein Angesicht geschaut habe und sehe, dass du noch lebst!«

Patience bedeutete diese Geschichte sehr viel, wie sie sagte.

Sie las sie jeden Abend vor dem Schlafengehen. Sie half ihr, zuversichtlich in die Zukunft zu blicken, wenn sie sonst kaum etwas hatte, das ihr Halt gab.

»*Et ils eurent des enfants, et des enfants, et des enfants*«, fügte sie hinzu. Am Ende dieser langen Reise, als der Schmerz und das Leid ein Ende hatten, war Josefs Familie wieder vereint. Und Josef fand eine Ehefrau, und sie bekamen Kinder, und sie bekamen Kinder, und mehr Kinder …

Oben auf dem Slavnik dämmerte es bereits. Den Zaun konnte ich jetzt kaum noch erkennen. Mit dem Licht war auch die Wärme verschwunden, und plötzlich war es bitterkalt. Ich ging zurück zur Hütte. Ich setzte mich auf den Balkon, trank billigen Rotwein und sah zu, wie die Sonne im Meer versank. An einem Mast flatterte die slowenische Flagge. In der Hütte loderte der Holzofen. Der Hüttenwirt, seine Frau und ich saßen zu dritt im leeren Speisesaal und bestritten den Abend, indem wir auf Italienisch radebrechten. Wir verzehrten üppige Portionen Gnocchi und Wildschwein und sahen im Fernsehen, wie die Ukraine zerstört wurde. Bald nach dem Abendessen gingen die beiden ins Bett und baten mich, alles auszuschalten, wenn ich mich schlafen legte. Ich blieb noch eine Weile auf, saß neben dem Holzofen und las ein Buch über Wölfe.

Ich war noch nie ein Frühaufsteher. Als ich mit dem Frühstück fertig bin, hat sich die Tuma-Hütte schon wieder geleert. Ich bezahle das Zimmer, schultere meinen Rucksack und trete vor die Tür. Es ist eiskalt, der Himmel wolkenlos. Über weit entfernten Bergen, die weiß vom Schnee sind, hängt ein etwas ungestalter, fahler, fast voller Mond. Der Wind tobt, rollt von den weiter im Landesinneren gelegenen Gipfeln herab, reißt den Rauch, der aus dem Kamin aufsteigt, mit sich und schleudert ihn nach Westen. Gestern Abend hat mir der Wirt erzählt, dass der Wind früher Kinder mit sich gerissen und bis zum Meer getragen hat. Ich hatte das für einen Scherz gehalten, aber jetzt bin ich mir da nicht mehr so sicher. Ich stapfe in seiner Bahn vom Gipfel des Slavnik hinab, einen Kiesweg entlang, der als Zufahrt zur Hütte und dem Sendemast dient. Endlich bin ich unterwegs, nach Norden, auf den Spuren des Wolfs.

Der Himmel ist von kaltem, hartem Blau. Das Gras hat die Farbe von Löwen. Außer ein paar kümmerlichen Büschen wächst hier nur dieses struppige Gras, das den ganzen Winter unter dem Schnee verborgen war, dann freigelegt wurde und jetzt vom Wind knochentrocken geblasen wird. Die ganze Gegend erzittert unter seinem Peitschen. Der Weg führt über eine karge Fläche, die sich immer stärker neigt, das Weideland wogt hinab in Richtung der Baumgrenze, wo braune, kahle Buchen und dicke, dunkle Kiefern stehen. Viele Kilometer entfernt schneiden Schiffe durch den Golf von Triest. Ich fühle mich vom Wind gekräftigt, durch sein Tosen zum Leben erweckt, bin selbst ganz Wind.

Ich habe alle 635 Standorte, die Slavc während seiner viermonatigen Wanderung übermittelt hat, als Wegpunkte auf meinem Handy gespeichert. Zu Hause habe ich mehrere Abende damit verbracht, mithilfe eines Lineals und einer Lupe all diese Standorte akribisch auf sämtliche Karten zu übertragen, die in meinem Rucksack stecken. Die Markierungen führen jetzt mehr oder weniger den Weg entlang, den ich gehe, verlieren nach und nach an Höhe, bewegen sich hinab und nach Osten, ins offene Gelände. Unverwüstliche, zehn Jahre alte Pfotenabdrücke, deren Alter nicht an der Schärfe ihrer Konturen abzulesen ist, sondern an einem Zeitstempel auf einem Display:

*UTC_DATE: 19.12.2011*
*UTC_TIME: 03:52:19*
*POINT_X: 420 142,287145*
*POINT_Y: 48940,419665*

Ich habe vor, Slavc auf dem Pfad, den er sich selbst gesucht hat, quer durch Europa zu folgen, indem ich mich an den Koordinaten orientiere, die er in der Landschaft verteilt hat. Dennoch werde ich auf diese Weise seine Wanderung nur ungefähr nachvollziehen können. Zwischen jedem Wegpunkt liegen 190 Minuten, während derer er überallhin gegangen sein kann – anders als der Teufel bewegen sich Wölfe nicht strikt geradeaus. Sie können stundenlang mit acht Kilometern pro Stunde gehen, ohne ihren Rhythmus zu verändern oder ins Schwitzen zu geraten, und oftmals legen sie dabei weite Strecken zurück. Zeichnet man anhand der Koordinaten eine Linie, hat der Wolf ungefähr 1200 Kilometer bewältigt, aber Hubert schätzt, dass es auch zwei- oder dreimal so viel gewesen sein könnten.

Im Großen und Ganzen bilden die Koordinaten in etwa einen Bogen, der von Slowenien nach Italien führt. Doch wenn man den exakten Verlauf betrachtet, erscheint Slavc weniger zielstrebig. Er läuft Umwege, gerät in Sackgassen oder macht abrupt kehrt. Beim Übertragen der Koordinaten auf meine Karten hatte ich nach und nach die Gründe hierfür erkannt: Mal wich er einer Stadt aus, mal einer Autobahn. Jener Winter war außerordentlich schneereich, und immer wieder stieß Slavc in die Berge vor und musste umkehren, bevor er eine Passhöhe fand. Wenn er üppige Beute machte, blieb er tagelang an einem Ort, trieb sich dort in der Nähe herum, bis er sich satt gefressen hatte und nur noch Knochen übrig waren. Würde ich ihm buchstäblich auf Schritt und Tritt folgen, würde mich das weitaus mehr Zeit kosten, als ich habe. Auch widerstrebt es mir, auf seinen Spuren steile Hänge hinaufzusteigen oder mich durch undurchdringliches Gestrüpp zu kämpfen, wenn in der Nähe ein Weg verläuft. Am sinnvollsten erscheint es mir, seine Route mit etwas Spielraum abzugehen, mich also so weit wie möglich daran zu halten, aber alles zu vermeiden, was zu versponnen oder zu gefährlich wäre.

Mein Ziel besteht schließlich nicht darin, ihn zu imitieren, sondern den Kontinent aus seiner Perspektive zu sehen, indem ich seine Wanderung wiederaufleben lasse. Slavc wurde intensiv erforscht, doch noch niemand hat so eine Reise unternommen. Es ist erstaunlich, dass ein Wildtier so in nackte Daten gepresst werden kann, und ich will ihm nun wieder Leben einhauchen. Wie wird es sich anfühlen, wenn ich mich von den Entscheidungen, die ein Tier getroffen hat, über meinen Kontinent führen lasse? Was werde ich entdecken, wenn ich die Welt, und sei es auch noch so unbeholfen, durch die Augen eines Wolfs sehe?

Wie auch immer ich es angehe, vor mir liegen mehrere Monate Fußmarsch. In jede Richtung verliert sich der Blick über kahle, braune Hügel hinweg in einem fernen, blassblauen Dunst. Die Gegend hier ist wunderschön, das Licht kräftig, das Land weit. Nach einer Weile führt der Pfad in den Buchenwald. Dürre, blattlose Bäume kämpfen hier um Lebensraum, der unablässig blasende Wind hat sie zu bizarren Gestalten geformt, wodurch sie weitaus älter aussehen, als sie sind. Vorhin, als mir der Wind um die Ohren sauste, war ich ganz aufgewühlt, jetzt, im Schutz der Bäume, verlangsame ich meine Schritte und sehe mich um. Eine Amsel raschelt durch das Laub. Ich schaue auf die Karte. Slavc' nächste Wegmarke liegt ein wenig östlich, abseits des Wegs.

Trotz der Regeln, die ich mir gegeben habe, will ich zumindest am Anfang meiner Wanderung die Füße exakt dorthin setzen, wo auch Slavc gestanden hat. Ich verlasse den Weg und merke sofort, dass das keine gute Idee war. Wie mir jetzt wieder klar wird, bin ich kein Wolf. Ich stolpere durch dorniges Gestrüpp, in der einen Hand den Kompass meines Großvaters, in der anderen mein Handy, auf dem Google Earth offen ist. Meine Isomatte, die am Rucksack festgeschnallt ist, hängt schon bald in Fetzen. Hartnäckig gehe ich nach Nordwesten. Nach einer Weile ist es genau so schwer umzudrehen wie weiterzugehen. Fast stürze ich von einem kleinen Felsvorsprung, dessen Kante von einem Haufen letztjährigen Laubs verdeckt wird. Der pulsierende blaue Punkt auf dem Display – also ich selbst – nähert sich dem grünen Fadenkreuz, das die Wegmarke kennzeichnet. Ich balanciere einen umgestürzten Baum entlang, quetsche mich durch einen kleinen Bestand eng miteinander verflochtener Jungbäume und krabble unter einem herabgefallenen Ast hindurch. Dann richte ich mich auf und schaue auf mein Handy. Hier ist es.

Ich stehe so genau wie möglich (also plus/minus fünf Meter, die übliche Fehlertoleranz bei GPS-Daten) an der Stelle, an der Slavc am 19. Dezember 2011 um 3:52 Uhr stand. War seitdem ein anderes Lebewesen hier? Vor mir auf dem Boden liegt eine hellblaue OP-Maske, die vermutlich der Wind angeweht hat. Ein primelgelber Schmetterling flattert vorüber. Er ist früh dran. Ich stehe regungslos da und warte auf eine Art Vereinigung mit Slavc' Geist, mit dem Geist dieses Tieres, das mich hierhergeführt hat und mich nun aus mehreren Hundert Kilometern Entfernung wie einen Faden aufwickelt. Ich glaube, seit meinem letzten Haustier habe ich keinem Tier mehr so viel gezielte Aufmerksamkeit geschenkt. Vielleicht ist es dieses Gefühl, dem Wissenschaftler wie Hubert verfallen sind, diese Gelegenheit, den Schleier beiseitezuziehen, die Kluft zu überwinden und in das Leben eines anderen Geschöpfs einzutreten.

Als ich lange genug dort gestanden und über Slavc nachgedacht habe, sehe ich mich um. Mir wird klar, dass ich keine Ahnung habe, wie ich zurück zu dem Weg kommen soll. Slavc ist von hier aus nach Osten gegangen, die Hügelkette hinab, und ich beschließe, seiner Spur zu folgen, und kämpfe mich weiter durch das Unterholz. Ich rutsche Abhänge hinab, die von Jungbäumen überwuchert sind. Ich bin erst ein paar Stunden unterwegs, und schon werfe ich meine Pläne hochkant über Bord. An manchen Stellen sind die Bäume so eng miteinander verflochten, dass ich das Gefühl habe, durch eine Hecke zu gehen. Gerade als ich mich frage, warum ein Wolf trotz allem eine solche Route hätte einschlagen sollen, erkenne ich, dass hier ein Pfad verläuft. Er ist dermaßen überwuchert, dass ich erst glaube, ich würde ihn mir nur einbilden, doch als ich ihn an einer Stelle ganz deutlich sehen kann, gibt es keinen Zweifel mehr, und ich frage mich, ob ich ihn schon die ganze Zeit entlanggehe. Mit jedem Schritt nimmt er mehr den Charakter eines Wegs an, zeichnet sich in seiner ganzen Breite ab, verläuft in sanften Serpentinen, die Ränder sind mit Steinen befestigt. Er ist in etwa so breit wie ein Fuhrwerk, und vermutlich wurden hier einst Vieh und landwirtschaftliche Erzeugnisse von den Bergen in die unterhalb gelegenen Dörfer gebracht, bis er irgendwann aufgegeben wurde.

Der letzte Ziegenhirte, der in diesem Gebiet tätig war, ist voriges Jahr im Alter von zweiundachtzig Jahren gestorben. Mit ihm verschwanden die letzte Viehherde sowie Jahrhunderte menschlichen Durchhaltevermögens von diesen Hügeln. Ein Stück weiter den Weg hinab komme ich an seinem Hof vorbei, einer Ansammlung verfallener Hütten sowie einer Scheune mit nagelneuem Dach. Hubert hat mir erzählt, dass der Mann eine Zeitlang im Adriatischen Meer gefischt hatte, aber mit den anderen Fischern nicht klargekommen und deshalb hierhergezogen war, wo er sich mit niemand anderem zanken konnte als mit seinen Ziegen. Die Ausgleichszahlungen für die Tiere, die ihm der Wolf gerissen hat, hat er nie angenommen, weil er dadurch eine Beziehung zum Staat eingegangen wäre, die er nicht brauchte oder nicht wollte. Jetzt steht in den leeren Räumen aus Beton kaputtes landwirtschaftliches Gerät, daneben vom Rost zerfressene Farbdosen und Futtersäcke, über die sich die Ratten hergemacht haben. In einer Ecke liegt auf dem Boden ein Schwarz-Weiß-Foto mit dreizehn jungen Frauen, die aus der Vergangenheit herausblicken, vielleicht aus den Achtzigern. Die Aufnahme ist der einzige Gegenstand im Raum, der nicht ausschließlich funktional ist. In dem Wohnwagen, der auf dem Gelände steht, liegt noch ein zerknitterter Schlafsack, der die Gestalt des mittlerweile Verstorbenen erahnen lässt. In einer Tasse eine neue Zahnbürste; eine halb aufgegessene Tüte Chips; ein billiger Mantel an einer Stange, an der sonst nur leere Kleiderbügel hängen. Und auf den Weiden, wo früher die Tiere Gras und junge Bäume gefressen haben, auf den Wiesen, wo der Ziegenhirte das Heu gemacht hat, kehrt nun, gekrümmt im Angesicht des entsetzlichen Winds, das Gestrüpp zurück.

Das Terrain verändert sich rasch. Nur ein Höhenzug trennt

mich jetzt noch vom Mittelmeer, und schon herrscht ein anderes Klima. Wenn man zu Fuß unterwegs ist, bemerkt man solche Dinge eher. Es ist ein Grad wärmer, und unter die Buchen mischen sich Schwarzkiefern, die Hügel sind flacher und weniger abweisend. Einem Tier, das nicht weiß, was es jenseits des Territoriums seines Rudels erwartet, muss das wie eine andere Welt erscheinen. Als das Gelände flacher wird, erreiche ich erneut eine Stelle, an der auch Slavc gestanden hatte, und schaue über Ackerflächen auf das Dorf Tublje. Heuballen sprenkeln die Wiesen. Als Slavc hier war, hatte er vermutlich schon einmal Menschen gesehen, aber noch nie einen Ort wie diesen. Ich muss an die Stelle im *Dschungelbuch* denken, als Mogli zum ersten Mal die Siedlung der Menschen sieht. Beide wurden von Wölfen großgezogen.

Den Rest jenes Tages blieb Slavc im Wald, offenkundig aus Vorsicht. Die nächsten GPS-Punkte liegen nahe beieinander; er muss auf und ab gegangen sein. Nie zuvor war er so weit weg von seinem Zuhause gewesen; nie zuvor war er so lange allein gewesen. Es war ein Montag, sechs Tage vor Weihnachten. Die Kinder waren wegen der Schulferien zu Hause, es gab Schneeballschlachten, Hunde bellten, und die Weihnachtsdekoration wurde angebracht. Unbekannte Gerüche, unbekannte Geräusche. Er wartete, bis die Nacht hereingebrochen war. Dann ging er weiter.

Die zahlreichen Verhaltensweisen, die junge Wölfe an den Tag legen, wenn sie ihr Rudel verlassen – was in der Fachsprache »Abwanderung« heißt –, lesen sich wie eine Aufzählung menschlicher Sehnsüchte. »Abwanderung vom Geburtsrudel, aber Verbleib im Territorium des Rudels«, »Abwanderung und Gründung eines neuen Rudels, in Nachbarschaft zum Geburtsrudel«, »Abwandern und Herumstreifen in den Populationen der Region, auf der Suche nach einer Gelegenheit, sich zu paaren und Junge hervorzubringen«, »Abwandern, sich paaren und trennen, in regelmäßiger Wiederholung«, und schließlich »Abwanderung unidirektional [also stets in eine bestimmte Richtung] und über weite Strecken hinweg«.

»Ein Wolfsrudel kann als eine Art ›Abwanderungs-Pumpe‹ betrachtet werden, die aus Beutetieren Jungwölfe macht und sie in weitem Umkreis über das Land verteilt«, schreiben die Biologen David Mech und Luigi Boitani. Wölfe wandern aus denselben Gründen ab wie alle Tierarten, die sich in anderen Gegenden neuen Lebensraum suchen: weil die größer werdenden Familienverbände irgendwann mehr Ressourcen brauchen, als am Ursprungsort verfügbar sind. Dabei bleiben ein paar Jungwölfe zurück und helfen bei der Aufzucht der Jungen, andere dagegen (Männchen wie Weibchen) machen sich auf den Weg – allein. Dies steht vermutlich im Widerspruch zu ihrem Bedürfnis nach dem Vertrauten, doch sind sie den Stürmen ihrer pubertären Instinkte hilflos ausgeliefert. Dieser Drang hat dafür gesorgt, dass sich der Wolf Europa so schnell und so effektiv zurückerobert hat. Wenn die Jungtiere nicht aus eigenem Antrieb losziehen, vertreiben die Eltern sie für gewöhnlich, sobald die Heranwachsenden mehr von ihnen fordern, als sie zu geben bereit sind.

Das Abwandern ist für die Spezies von großem Nutzen, weil sich dadurch ihre Gene verbreiten, aber für das einzelne Tier endet diese Unternehmung oft tödlich. Landläufigen Vorstellungen zufolge ist der Wolf ein Typ wie Clint Eastwood: unerschrocken, sich selbst genug und menschenfeindlich. In Wahrheit hat ein Wolf nichts Geringeres getan, als seine Familie zu verlassen, und er sucht die drei Dinge, die wir alle suchen: ausreichend Nahrung, ausreichend Land zum Überleben und einen Partner. Ein einsamer Wolf will kein einsamer Wolf bleiben – er hat einfach noch nicht das gefunden, was er sucht. Ich denke an meine Wanderung nach Istanbul. Ich hatte immer geglaubt, mich hätten die Bücher, die ich gelesen hatte, und das Verlangen nach Selbsterkenntnis dazu gedrängt; jetzt frage ich mich, ob ich nicht einfach nur ein Tier war, das von gewissen Urinstinkten dazu getrieben wurde, über den Planeten zu stromern.

Für einen Wolf gibt es keinen gefährlicheren Lebensabschnitt als diesen. Jungtiere sind noch unerfahren darin, allein zu jagen, und weil als Beute nur Dachse und Hasen infrage kommen, können sie leicht verhungern. Sie müssen sich in einer Welt zurechtfinden, die von der erbarmungslosen Infrastruktur des Menschen geprägt ist, von Bahnstrecken und Autobahnen, und sie müssen Territorien von anderen, ihnen feindlich gesinnten Rudeln durchqueren. Taucht ein Wolf irgendwo zum ersten Mal auf, wird er mit höherer Wahrscheinlichkeit erschossen als später, wenn die Menschen bereits versuchen, mit ihm auszukommen.

Doch selbst wenn ein sicheres neues Territorium gefunden ist, stellt das keine Erfolgsgarantie dar. Etliche Wölfe erreichen neue Regionen, verenden dann jedoch, bevor sie sich fortpflanzen können. Der Wolf Takaya etwa, der in Kanada lebte, schwamm zu einer unbewohnten Inselgruppe vor der Küste von British Columbia, lebte dort sieben Jahre lang, bis er aufgab und zurück ans Festland schwamm, wo er erschossen wurde. 2012 wurde im dänischen Nationalpark Thy ein einsamer toter Wolf gefunden, der erste in Dänemark seit 199 Jahren. Durch eine DNA-Analyse fand man heraus, dass er 800 Kilometer weiter südöstlich zur Welt gekommen war, in Sachsen. 2022 wanderte M237, ein junges Männchen, 1927 Kilometer weit von der Schweiz nach Ungarn – die längste je erfasste Wanderung eines Wolfs in Europa –, bevor er verschwand. Taucher fanden sein Halsband mit dem GPS-Sender auf dem Grund eines Flusses, und zwei Männer wurden verhaftet; angeblich hatte einer ihrer neunjährigen Söhne auf den Abzug gedrückt. Die Ermittlungen laufen noch. Liest man von diesen Abwanderungen, so verspürt man eine gewisse Ehrfurcht, nicht nur angesichts der Entschlossenheit dieser Tiere, sondern auch, weil ihr Leben so oft geradezu tragisch endete. Slavc verdient nicht nur Bewunderung, weil er eine so weite Strecke zurückgelegt hat, sondern auch, weil er Erfolg hatte.

All das erzählte mir Hubert, nachdem ich ihn gefragt hatte, was Slavc antrieb. Doch ich wollte noch mehr wissen. So etwas kann Spaß machen – Wissenschaftler zu löchern, bis sie an die Grenzen ihres Wissens kommen, und zu versuchen, sie zu knacken.

»Hat es mit Slavc irgendetwas Besonderes auf sich?«, fragte ich. »Gab es etwas, das ihm ermöglicht hat, diese Wanderung anzutreten?«

»Du willst es aber ganz genau wissen!«, erwiderte Hubert.

»Vielleicht bestimmte Charaktereigenschaften?«

Hubert lächelte. »Zugegeben, das interessiert mich auch brennend. Woher kommt dieser Drang, immer weiter zu gehen, immer weiter? Woran liegt es, dass er eine bestimmte Richtung verfolgt? Er sucht einen neuen Lebensraum. Potenzielle Partnerinnen. So ein Verhalten ist sicher zu großen Teilen genetisch bestimmt. Aber weil es sich von Tier zu Tier teilweise massiv unterscheidet, müssen da auch noch andere Faktoren im Spiel sein. Umwelteinflüsse etwa. Und ja, auch die Eigenschaften des jeweiligen Individuums.«

Das jeweilige Individuum. Wir sind es nicht gewöhnt, Wildtiere als eigenständige Wesen zu betrachten, sie als Persönlichkeit und nicht als Sache zu sehen. Als Jane Goodall anfing, mit Schimpansen zu arbeiten, wurde sie diffamiert, weil sie den Tieren Namen und damit eine je eigene Identität gab. Und Hubert ist der Ansicht, dass bestimmte Erfahrungen, die Slavc während des Heranwachsens gemacht hat, einen gewissen Einfluss hatten; vielleicht nicht unbedingt auf seinen Erfolg, mit Sicherheit aber auf seinen Willen, es zu versuchen. Obwohl seine Geburtshöhle abgeschieden lag, kam er in anderen Teilen des Territoriums womöglich in Kontakt mit Wanderern und Waldarbeitern und konnte ihre Eigenarten kennenlernen. Das Territorium seines Rudels wurde von einer eingezäunten Autobahn durchschnitten, die er oft über- oder unterquerte. Dadurch sammelte er Erfahrungen, die ihm später halfen, die zahlreichen Straßen und Bahnstrecken zu bewältigen, auf die er bei seiner Wanderung stieß. Vermutlich war er geschickt darin, Durchschlüpfe in Zäunen zu finden, und vertraut mit Lärm. Weil er an die Auswüchse der menschlichen Lebenswelt gewöhnt war, hatte er vielleicht bessere Chancen als ein Wolf, der in der Wildnis aufgewachsen ist.

Eine Studie, die 2022 in der Zeitschrift *Communications Biology* erschien, stellt eine andere Sichtweise auf diese Frage vor. *Toxoplasma gondii* ist ein Parasit, der sich hauptsächlich im Magen von Katzen fortpflanzt. Man kann ihn in den Ausscheidungen von Katzen nachweisen, und wenn ein Nagetier sich damit infiziert, hat das den verblüffenden Effekt, dass das Tier die Angst vor Katzen verliert – eine Art Gedankenkontrolle. Das Nagetier scheut vor dem Urin von Katzen nicht mehr zurück, sondern strebt vielmehr zu ihm hin. Möglicherweise fühlt es sich von Pheromonen der Katze angezogen. Also nähert sich die Maus der Katze, die Katze frisst die Maus, und *T. gondii* macht sich erneut an die Fortpflanzung.

Auch manche Wölfe in Nordamerika tragen *T. gondii* in sich, vermutlich weil sie den Kot von Pumas gefressen haben, wie Hunde es normalerweise tun. Für den Parasiten bedeutet der Wolf die Endstation, denn Katzen – auch Pumas – fressen keine Wölfe. Doch die erwähnte Studie beschreibt, dass der Parasit das Verhalten von Wölfen signifikant verändern und sie risikofreudiger machen kann. Die Wahrscheinlichkeit, dass ein infizierter Wolf abwandert, ist elfmal so hoch wie bei einem nicht infizierten, und dass er der Anführer eines Rudels wird, ist sogar sechsundvierzigmal so wahrscheinlich.

»Diese Erkenntnisse sind vermutlich nur die Spitze des Eisbergs bei der Frage, welche Bedeutung dieser Parasit für die Entwicklung naturbelassener Ökosysteme hat«, sagte Eben Gering, Biologe an der Nova Southeastern University, dem Magazin *Science*. Von *T. gondii* sind zahlreiche Arten befallen – Vögel, Nutzvieh, Seeotter – sowie etwa ein Drittel aller Menschen, die ihn sich oft im Kontakt mit Haustieren zuziehen und in der Schwangerschaft auch an das Ungeborene weitergeben. Wie er sich auf den Menschen auswirkt, ist nicht bekannt; eine Studie stellte allerdings fest, ein Befall sei »ein eindeutiger Vorbote unternehmerischer Tatkraft«. *The Wolf of Wall Street*, gewissermaßen. Wir können in einem einsamen Wolf ein mutiges, nicht vorbelastetes Tier sehen. Wir können ihn aber auch als Chauffeur von *T. gondii* sehen, den es dazu treibt, seinen parasitären Passagier auf der Suche nach einem Katzenmagen in den Sonnenuntergang zu fahren.

Und welche Rolle spielt der Charakter des jeweiligen Tiers? Menschen, die Wölfe erforschen, schreiben ihnen oft bestimmte Eigenschaften zu – schüchtern oder verspielt, wagemutig oder geradezu tollkühn –, wie wir sie ohne zu zögern auch auf Hunde projizieren. Ob es nun an einem Parasiten oder an seiner Persönlichkeit lag – was ist falsch daran zu sagen, dass Slavc so war, wie er nun einmal war? Zwei seiner Geschwister kamen jung ums Leben, und wir wissen nicht, was aus den anderen geworden ist. Aber Slavc vereinte offenbar die richtige Mischung aus Veranlagung und Erziehung in sich, die ihm ermöglichte, sich auf ein solches Abenteuer zu begeben.

Dann brauchte er nur noch Glück.

In der ersten Nacht schlug Slavc ein hohes Tempo an. Er war so schnell, dass Hubert, der zu Hause zusah, wie die Punkte auf seinem Computer aufleuchteten, annehmen musste, er sei erschossen worden. Wie sonst hätte er noch in derselben Nacht, um 5:12 Uhr, in Vipava sein können, einem Ort, der Luftlinie siebenundzwanzig Kilometer von dort entfernt liegt, wo ich jetzt stehe? Hubert und sein Team machten sich sofort auf den Weg. Sie rechneten damit, Slavc im Kofferraum des Autos eines Jägers zu finden. Der letzte Standort lag neben einem Haus am Ortsrand, in einem Hof hinter einem grauen Tor. Doch als sie dort ankamen und überlegten, wie sie weiter vorgehen sollten, blinkte der nächste Punkt auf: drei Kilometer westlich, in den Weinbergen. Sie waren Slavc drei Stunden und zehn Minuten hinterher, und er war wieder unterwegs.

Ich brauche, in meinem Tempo auf zwei Beinen, drei Tage bis Vipava. Die Straße, die aus Tublje hinausführt, verläuft durch stille Wälder und über leere Wiesen. Hin und wieder fährt ein Auto an mir vorüber, und die Fahrer beäugen mich misstrauisch. Ich bin weit und breit der einzige Fußgänger. An allen Kreuzungen stehen Bildstöcke, schwermütige Marienfiguren, geschmückt mit verwelkten Blumen oder solchen aus Plastik. Die Dörfer sind klein, die Häuser mit roten Ziegeln gedeckt, es riecht nach Holzfeuer und Kuhdung. Kahle Feigenbäume, kahle Kirschbäume, kleine, wachsame Katzen. In einem Vorgarten spielt ein Junge Badminton mit sich selbst.

Die Landschaft ist sanft und lieblich, der Weg geleitet mich voran. Dann, bei den Höhlen von Škocjan, stürzt das Terrain plötzlich ab, ein gewaltiger Riss verläuft durch den Stoff, aus dem die Erde ist. Dutzende Meter unter mir, am Fuß der Felswand, verschwindet ein Fluss von intensivem Blau, die Reka, in einer riesigen Höhle. Für die Römer war das hier einer der Eingänge zum Hades. Ein Großteil dieses Höhlensystems ist noch unerforscht, und möglicherweise führt es tatsächlich in die Hölle. Dort unten, im nachtschwarzen Dunkel, lebt der Grottenolm, ein im Wasser lebender Schwanzlurch, der keine Hautpigmente besitzt, Kiemenbüschel auf dem Hinterkopf trägt, dessen funktionslose Augen unter der Haut liegen und der zehn Jahre ohne Nahrung auskommt. Früher hielt man diese Tiere für Babydrachen. Von der Reka weiß man, dass sie von hier aus dreiundvierzig Kilometer weit unterirdisch fließt, durch Höhlen, von denen manche größer als eine Kathedrale sind, und in Italien südöstlich von Monfalcone, nur zwei Kilometer von der Küste entfernt, wieder an die Oberfläche kommt. Die Nacht verbringe ich in einem Wäldchen oberhalb der Klippe, zu meinen Füßen eine ganze Welt. Am nächsten Morgen wache ich durchgefroren auf, koche Kaffee, trample herum, um die Durchblutung in meinen Füßen anzuregen, und marschiere weiter.

Es ist lange her, dass ich eine ausgedehnte Wanderung unternommen habe, aber das Gefühl kehrt allmählich zurück. Nach ein paar Tagen kommt es einem vor, als sei der Körper genau dafür geschaffen. Meine Beine sind kräftiger geworden, der Rücken tut nicht mehr weh. Ich bekomme das verkrustete Lächeln und den leicht irren Blick von einem, der mehrere Nächte im Freien geschlafen hat. Slavc' Route führt mich über einen Segelflugplatz, eine weite, baumlose Fläche mit Gras, das die Farbe der Prärie hat. Kühe liegen wiederkäuend auf der Landebahn. Ich klettere über Stacheldrahtzäune und flitze über eine eingleisige Bahnstrecke, und schon bin ich wieder in einem Waldstück. Eine seltsame Gegend für eine Fußwanderung. In dem Dorf Razdrto ist alles schmutzig weiß vom Staub eines nahe gelegenen Steinbruchs, und ich hinterlasse auf dem Gehweg gespenstische Fußabdrücke. Seit zwei Tagen habe ich nun schon den Höhenzug des Nanos vor mir, und hier in Razdrto beginnt der Weg, der hinaufführt.

Es ist grässlich windig, sodass ich keinen klaren Gedanken fassen kann. Der Weg verläuft im Zickzack durch kleine Gruppen verkümmerter Bäume, schlängelt sich über Geröllfelder. An besonders ausgesetzten Stellen sind Drahtseile am Fels angebracht; mit tauben, geschwollenen Händen klammere ich mich an ihnen fest. Wenn ich mich umdrehe, sehe ich die ganze Strecke, die ich zurückgelegt habe, bis zum Slavnik und dem Sendemast auf seinem Gipfel. Die Sonne taumelt wie ein sinkendes Schiff, der Himmel leuchtet in prächtigem Pink. Am Wegrand stehen Bildstöcke, solche, die Gott geweiht sind, und solche, die den Teufel darstellen. Der Aufstieg dauert mehrere Stunden, und als ich den Gipfel erreiche, ist es schon fast dunkel. Seit 2012 lebt hier oben ein neues Wolfsrudel. Ich schlage mein Zelt vor der Hütte auf, die um diese Jahreszeit noch geschlossen ist. Zu trinken habe ich nur geschmolzenen Schnee. Sämtliche Wolken haben sich verzogen, der Himmel starrt vor Sternen. Das Zelt zerrt an den Spannseilen, und die Träume, die ich in dieser Nacht habe, sind wirr und verstörend. Am Morgen ist der Boden so stark gefroren, dass die Heringe knicken, als ich sie herausziehe.

Wir steigen den Nanos wieder hinab, Slavc und ich, gehen an der Burgruine von Vipava vorüber und in den Ort. Kurz darauf stehe ich vor dem grauen Tor, zu dem die GPS-Signale Hubert geführt haben, und stelle mir auf der anderen Seite Slavc vor, wie er durch einen Obstgarten schleicht oder in Mülltonnen herumschnüffelt. Neben der Straße fließt ein kleiner Fluss mit glasklarem Wasser, und in einem von elektrischen Kerzen erhellten Alkoven steht ein ländliches Diorama: ein frommer Schäfer, umringt von Schafen, Tauben und Rotwild und garantiert keinem einzigen Wolf. Ich folge dem breiten Tal nach Norden. Das Vipava-Tal ist eine Weingegend, kilometerweit stehen Reihe um Reihe die nackten Rebstöcke wie verdorrte Arme. Reiher gleiten über die Felder. Ich verbringe eine Nacht in einer verlassenen Scheune und gehe dann weiter Richtung Ajdovščina. Kleine Dörfer mit großen Kirchen, roten Dachziegeln und Fensterläden, verfallenden Gassen und Holzbalkonen. In Ajdovščina schlagen wir wieder den Weg in Richtung Berge ein.

Diese Gegend ist ein Sieb. Nirgendwo Wasser, nur Hunderte Meter unter meinen Füßen. Mein Körper ist vom Wind ganz vertrocknet und ausgewrungen. Eichelhäher krächzen. Der Karst ist so durstig, wie ich es bin; das Gebüsch ist so trocken wie Zunder und zerkratzt die Haut, wenn man es streift. An den Buchen hängt noch das Laub vom letzten Jahr und zischelt im Wind. Ich gehe am Fuß des Höhenzuges entlang und erreiche irgendwann eine Ansammlung von Häusern und Scheunen. Nur an einem der Gebäude sind die Fensterläden nicht geschlossen. Über der Tür hängt ein Brett, in das die

Worte *Lovsko Društvo* eingeritzt sind, »Jagdverein«. Auf dem Treppenabsatz vor dem Haus steht eine Betonmischmaschine und dreht sich. Ich klopfe an.

Ein großer Mann öffnet mir. Er trägt eine Hose in Tarnfarben und eine dunkelgrüne Wollmütze, die schon ganz ausgeleiert ist und ihm lose auf dem Kopf sitzt. Er sieht mich an, als hätte er mit allem gerechnet, nur nicht mit einem Menschen. Ich halte meine Wasserflasche hoch. »*Vodo, prosim?*«

Er schüttelt den Kopf und grinst. Dann nimmt er mich beim Arm, führt mich in die Küche und hievt eine Fünfliterflasche von der Arbeitsfläche. »Wein«, sagt er auf Englisch. Es ist früher Vormittag, und ich habe noch nichts gegessen. Er öffnet die Schränke und sucht nach Trinkgefäßen. »Bitte«, sagt er und deutet auf den Tisch mit der Plastiktischdecke, den einzigen im Raum. Er findet ein Glas und schenkt es so voll, dass es nur wegen der Oberflächenspannung der Flüssigkeit nicht überläuft. Ich beuge mich vor und schlürfe ein wenig davon. Mein Gastgeber sieht mir zufrieden zu, so wie man einem Haustier zusieht, dem man gerade Futter hingestellt hat.

»Es ist windig«, sage ich, als ich den Kopf wieder hebe.

»Das ist noch gar nichts«, entgegnet er. »Manchmal weht der Wind mit dreihundert Stundenkilometern. Wind großes Problem.« Die *burja*, die von den Berggipfeln im Landesinneren zum Meer hinab bläst, hat schon Lastwagen von der Autobahn geweht. Sie kann ganze Berghänge von Bäumen befreien.

»Hier ist alles sehr trocken«, sage ich.

»Wasser großes Problem«, bestätigt er und schenkt mir Wein nach.

Englisch hat er gelernt, als er in den Achtzigerjahren im Irak gearbeitet hat. Als ich mein zweites Glas Wein geleert habe, zeigt er mir den Raum hinter der Küche. Im Halbdunkel stehen, hufeisenförmig angeordnet, Tische aus massivem Holz. Ein Regal, auf dem ein ausgestopfter Auerhahn thront, daneben eine ausgestopfte Bärin mit ihrem Jungen. Hier wird getrunken, und man erzählt sich Geschichten. An den Wänden hängen, aufgereiht wie Garderobenhaken, Hunderte Rehgeweihe. Immer das Geweih und ein Teil des Stirnknochens, als wären die Tiere skalpiert worden. Auf den Knochen stehen jeweils das Datum und der Ort ihres Todes.

Zwischen den Geweihen hängen Fotos der Jäger, des ganzen Jagdvereins. Die »Familie«, wie der Mann sie nennt, hat siebenundvierzig Mitglieder. Der Älteste ist dreiundneunzig. Der Jüngste, der Sohn meines Gastgebers, ist siebenundzwanzig. Doch die meisten sind älter als sechzig, und das, so sagt er, sei ein großes Problem. Die Jagd kommt aus der Mode. Er meint, den Kindern würde eingeredet, dass es falsch sei, Tiere zu töten. Videospiele sind billiger. Aber die Jagd, so erklärt er, ist für die Landwirte von höchster Bedeutung, weil sie die Populationen von Rotwild und Wildschweinen in Grenzen hält, beides Arten, die Ackerflächen verwüsten können. Lange Zeit waren die Jäger ihre einzigen Feinde. Ich frage mich, ob sich die Jäger durch die Ankunft des Wolfs, der in fast jeder Hinsicht ein erfolgreicheres Raubtier ist als sie, kastriert fühlen.

»Luchse sind ein Problem«, fährt mein Gastgeber fort. »Wir töten zehn Luchse im Jahr. Kein Problem. Großes Geheimnis.« Er lächelt. »Zweihundert Wölfe hier.« Zumindest das ist gewaltig übertrieben. In ganz Slowenien gibt es keine zweihundert Wölfe. »Wir töten drei oder vier im Jahr«, sagt der Mann. »Wolf großes Problem.«

Er zieht einen Finger quer über den Hals – die internationale Geste für Mord. Ich mache die internationale Geste für

Handschellen und sehe ihn fragend an. Er macht die internationale Geste für *Psst*.

Hubert hatte mir erzählt, dass es in Österreich, wohin Slavc unterwegs war, Probleme mit Wilderei gebe, man in Slowenien die Sache aber besser im Griff habe. Um in einem slowenischen Jagdverein Mitglied zu werden, muss man einen einjährigen Kurs absolvieren und eine Prüfung ablegen. Die Jägerfamilie hier ist ein buntes Völkchen mit Vertretern aus dem gesamten politischen Spektrum, ein Überrest des jugoslawischen Sozialismus, der das Ideal verfolgte, dass Natur und Umwelt vom Volk in Ordnung gehalten werden. Auf jeden Jäger, der für den Abschuss von Wölfen ist, kommt einer, der sich für ihre Rückkehr ausspricht. Das Verhalten der anderen zu beobachten, so Hubert, führt zu wirksamerer Kontrolle als Maßnahmen der öffentlichen Hand. Ich bin erst ein paar Tage unterwegs, und schon höre ich, ohne groß nachgefragt zu haben, dass die Jäger sich verschwören, um dieses Problem loszuwerden.

Ich folge meinem Gastgeber zurück in die Küche und setze mich wieder. Offenkundig will er mich etwas fragen. »Ist es jetzt anders«, sagt er, »wo ihr nicht mehr in der EU seid?«

Alle Menschen, denen ich in diesen Tagen begegne, wollen über dieses Thema sprechen. Ich sehne mich nach der Übersichtlichkeit jener Zeit, als ich in meinen Zwanzigern war und David Beckham das einzige Thema. Ich erzähle davon, wie schwer es für meine schwedische Partnerin war, ihren anerkannten Status in einem Großbritannien nach dem Brexit zu behalten. Ich sage ihm, dass es mich traurig macht, dass die nächste Generation nicht wie ich die Möglichkeit haben wird, in Europa zu leben, zu arbeiten, sich zu verlieben. Ich sage ihm, dass ich meine Wanderung jetzt nicht mehr in einem

Stück machen kann, weil ich mich nicht länger als neunzig Tage in der EU aufhalten darf.

»Wart's ab«, entgegnet er. »Du wirst sehen, das Leben ist besser, wenn man draußen ist.«

Ich sage, dass ich hoffe, er liegt damit richtig, und dass wir jetzt erst mal abwarten müssen.

»Es geht euch besser«, fährt er fort. »Ihr habt jetzt weniger Flüchtlinge. Mehr Geld. Mehr Arbeit. Das ist besser für euch. Ich will dir eine Geschichte erzählen.«

Er schenkt mein Glas noch einmal voll.

»Als ich zehn oder elf Jahre alt war«, sagt er, »bin ich oft zu dem Fluss in der Nähe unseres Hauses gefahren, mit meinem kleinen Fahrrad, allein. In dem Fluss gab es diese Fische, die sich unter den Steinen verstecken. Heute werden überall amerikanische Fische eingesetzt, weil die gut fürs Fliegenfischen und für die Politik sind. Aber diese Fische damals, die konnte man am Bauch kitzeln und dann ans Ufer werfen. Ich habe immer zwei Stück gefangen. Hab sie dann in ein Blatt eingewickelt. Ein bisschen Salz und Pfeffer. Dann hab ich in der Erde ein Feuer gemacht. Ein alter Mann hat mir erzählt, wie das geht, aber ich habe es selbst herausgefunden. Ein Loch an einem Ende, ein anderes auf der anderen Seite, damit der Rauch durchzieht und den Fisch räuchert. Da lässt man ihn vier, fünf Stunden drin. Dann bin ich zurückgekommen und hab die Fische gegessen. Ganz allein. Nicht, weil ich Hunger hatte, verstehst du? Nur weil es Spaß gemacht hat.«

Er lächelt mich an. Dann schüttelt er den Kopf. »Neulich war ich mit meinem Sohn dort. Er ist jetzt Mitte zwanzig. Ich steig in den Fluss. Keine Fische. Ich versuche, so einen amerikanischen Fisch zu kitzeln. Aber einen amerikanischen Fisch kannst du nicht kitzeln. Zwei Tage haben wir am Fluss verbracht. Was soll man zwei Tage lang machen, wenn man nicht angeln kann, verdammt noch mal? Wir haben nur Karten gespielt. Keine Fische mehr.«

»Was ist mit den Fischen passiert?«, frage ich ihn.

Er zuckt mit den Schultern. »Woher soll ich das wissen? Aber ich sag dir was: Unter Tito gab's noch Fische.«

Ich verstehe nicht genau, worauf er mit seiner Geschichte hinauswill. »Es ist traurig, wenn sich die Dinge verändern«, sage ich vage.

Er nickt. »Alles verändert sich. Das kannst du in deinem Buch schreiben. Alles verändert sich.« Er steht auf. Er muss Zement mischen. »Okay«, sagt er. »Bye-bye.«

Damit ist klar, dass ich wieder gehen soll. Ich stolpere in die Helligkeit des Vormittags hinaus. Bis Cerkno, dem nächsten Ort, den Slavc passiert hat, sind es noch etliche Tagesmärsche. Der Wind heult, vor mir erheben sich die Berge, und die Wolken rollen heran. Ich gehe los, einen sacht ansteigenden Weg hinan, beschwingt von der Lockerheit, die einen durchströmt, wenn man viel zu früh viel zu viel getrunken hat.

# 3

*L'inverno no el la mai magnà el loo. –*
*Den Winter hat der Wolf noch nie gefressen.*

Sprichwort aus dem Veneto

Die COVID-Regularien wurden erst vor wenigen Tagen gelockert, und die *laufarija*, der Karneval in Cerkno, ist in letzter Minute genehmigt worden. Durch die Menge wogt ein Gefühl der Befreiung. Auf dem kleinen Stadtplatz drängen sich mindestens tausend Menschen, Schulter an Schulter stehen sie vor einer Bühne, die über Nacht aufgebaut wurde. Von den Balkonen der umliegenden Häuser aus sehen Familien zu, und Feiernde strömen aus den Lokalen. In Ptuj, wo das *kurentovanje* stattfindet, der größte Karneval Sloweniens, konnte so kurzfristig nichts organisiert werden, weshalb nun Menschen aus dem ganzen Land nach Cerkno gekommen sind. Zwei Jahre lang waren sie zu Hause eingeschlossen – da lassen sie sich das hier nicht entgehen.

Überall sieht man die unterschiedlichsten ausgefallenen Kostüme. Es gibt Hippies in Batikkleidern, grell geschminkte Clowns und ein Paar, das sich als Hasen verkleidet hat. Es gibt Trump-Masken, Hüte, die ein Pint Guinness darstellen, etliche Versionen von Spiderman und Batman. Es gibt einen teuflisch aussehenden Wolf mit Fangzähnen und Hörnern aus Klebeband. Eine Frau geht als Milchkarton, ihr Mann als Schokoriegel. Es gibt Dinosaurier, Hexen und Cowboys. Unfassbar viele Harry Potters. Auf den Hügeln rund um den Ort liegt Schnee, ein kalter Wind bläst das Tal herauf, und die Leute zittern in ihren Superheldenkostümen aus Elastan.

Musik setzt ein. Wir drehen uns um. Aus einer Seitenstraße kommt ein Spielmannszug mit jungen Frauen, die Flöte spielen, einer Blechbläserabteilung, Akkordeonisten und Trommlern. Um sie herum streichen drei hochgewachsene, dämonische Gestalten, die Holzmasken mit blauen, eingefallenen Augen tragen. Aus ihren roten Mündern ragen hinter roten Lippen kreuz und quer grabsteinartige Zähne hervor, und sie tragen lange, lockere Kleidung, die mit weißen Troddeln behangen ist, sodass sie wie Wischmopps aussehen, denen man Leben eingehaucht hat. Das sind die *terjasti*, die Fädenmänner, die Ahnen. Sie schieben sich durch die Menge, bahnen sich ihren Weg, indem sie mit Haselnussgerten peitschen, und schaffen Platz für die Kapelle. Kinder kreischen vor Schreck. Sie sind mit diesen Gestalten aufgewachsen, die so manchem Albtraum Nahrung geben. Und hinter der Musik kommt, im Gänsemarsch, die Familie der *laufarji*.

Der Bäcker geht voran. Er trägt eine mürrisch dreinblickende Maske mit buschigen Augenbrauen und Schnurrbart sowie die für seinen Beruf typische weiße Kleidung mit Haube. In der Hand hat er einen langen Schieber, wie man ihn verwendet, um Brotlaibe aus dem Ofen zu holen, und auf der Schaufel stehen die Worte *Smrt Pustu* – »Tod dem Pust«. Hinter dem Bäcker geht der Narbige; seine Maske ist mit Pusteln übersät, und er spielt auf einem alten Akkordeon. Normalerweise wischt er sich die Nase mit der Hand ab und reicht diese dann den Zuschauern zum Handschlag, aber dieses Jahr wäre das ein bisschen zu gewagt. Die nächsten in der Reihe sind der Alte Mann und die Alte Frau, und dann kommt der Pust höchstpersönlich, mit großer Hakennase und zwei kleinen, gebogenen Stoßzähnen. Aus seinem Kopf wachsen zwei große Hörner. Er steckt in einem weiten, zotteligen Mantel aus Moos, trägt einen zotteligen Hut und zottelige Hosen. Eine prächtige Erscheinung. Auf der Schulter schleppt er eine junge, etwa vier Meter lange Fichte. Ihn drückt eine schwere Last, sowohl körperlich als auch seelisch, und jetzt trottet er durch die geteilte Menge zur Bühne, seinem Schicksal entgegen.

Hinter ihm kommen die anderen: der Bruder des Pust, *ta smrekov* (»der Fichtling«), in einem Kostüm aus Fichtenzweigen; der Efeumann, der in zehntausend Efeublätter gehüllt ist, wodurch er fast wie ein Reptil aussieht; ein Mädchen, über und über mit Gänseblümchen bedeckt. Dieses Treiben hat etwas ausgesprochen Heidnisches, als wäre der Waldboden zum Leben erwacht und hätte sich erhoben. Andere Figuren tragen die Trachten von Berufen, die hier früher ausgeübt wurden: ein Schäfer, gekleidet in Schafswolle, das Gesicht glänzend von der Bergsonne, eine tönende Kuhglocke auf dem Rücken; der Gastwirt mit einer Flasche; eine in Stroh gekleidete Gestalt; der reiche Bauer mit Säcken voller Kartoffeln. Der Vornehme Herr und seine Gattin gehen Arm in Arm, ein wenig auf Distanz zu den anderen. Ein angetrunkenes Ehepaar reicht sich eine Flasche hin und her, und die beiden gehen mit einem Nudelholz aufeinander los. Eine Frau beugt sich unter der Last ihres betrunkenen Mannes, den sie in einem Korb trägt. Aber es gibt auch furchterregendere Figuren: der in Tierfelle gehüllte *ta divji* (»der Wilde«), dem das verfilzte Haar das halbe Gesicht verdeckt und dessen Hände vor Angst zittern; der *lámant*, der eine Maske aus Ziegenleder trägt. Und die Prozession nimmt kein Ende.

Ich bin vor zwei Tagen nach Cerkno gekommen. Slavc war vor elf Jahren hier, an Heiligabend. Ich habe ein Zimmer im Hotel Cerkno bezogen, einem unfassbar großen Gebäude in der Mitte des Ortes. Wie man mir sagte, hat es seine besten Zeiten hinter sich. Wenn ich beim Abendessen saß, standen die Kellner – in Anzugwesten, das schüttere Haar seitlich gescheitelt – in den schummrigen Ecken des weitläufigen und ansonsten leeren Speisesaals und führten das Regiment über ein Buffet mit Schnitzel, Bratkartoffeln und Butterspinat. Das Schwimmbad und die Sauna hatte ich ganz für mich. Ich saß allein im Whirlpool, und während meine Fußsohlen weich wurden, sah ich durch die raumhohen Fenster hinaus auf die Berge, die den Ort umrahmen. Der Bau des Hotels sowie eines Großteils des Ortes wurde von der Firma ETA finanziert, dem weltweit größten Hersteller von Herdplatten, der in Cerkno seinen Sitz hat und dort eine Fabrik betreibt. Vor dem Ende des Kommunismus flossen die Firmengewinne in die Gemeindekasse. Die ETA hatte Handballclubs und Skivereine gesponsert. Sie hatte die Blasmusikkapelle des Ortes unterstützt. Die Arbeiter konnten jedes Jahr eine Woche an Sloweniens schmalem Küstenstreifen Urlaub machen.

Mittlerweile haben sich alle Figuren des Umzugs auf der Bühne versammelt. Der Pust steht am vorderen Bühnenrand, ihm gegenüber fünf schwarz gekleidete Männer.

»Nun denn, Pust«, beginnt einer der Männer. Er trägt einen Wintermantel und einen Doktorhut und hat sich einen üppigen Bart angeklebt. »Du größter aller Narren. Zu guter Letzt bist du der Justiz nun doch ins Netz gegangen. Dieses Jahr hast du geglaubt, du könntest entkommen, nicht wahr?«

Die *laufarji* drohen dem Pust mit den Fäusten, verspotten und verhöhnen ihn. Die zwei Betrunkenen feiern schon und taumeln durch die Zuschauermenge.

»Sieh dich um, wie viele Menschen sich hier versammelt haben«, fährt der Ankläger fort. »Bald wird die ganze Welt erfahren, was für ein Schurke du bist. Aber damit du nicht glaubst, du würdest grundlos bestraft, werde ich dir nun alles nennen, was gegen dich vorliegt. Als Erstes wollen wir uns ansehen, für welches Wetter du im vergangenen Jahr gesorgt hast.«

Dann wird die Anklageschrift verlesen, bis das entrollte Papier den Boden erreicht. »Letztes Jahr hat es unmittelbar nach dem Karneval geregnet. Es hat so viele Monate geregnet, dass die Bauern ihre Wiesen nicht mähen konnten und die Tiere im Winter Hunger litten. Noch nie haben wir so einen Regen erlebt. Weißt du denn nicht, dass die Alten von der feuchten Luft Rheuma bekommen? Und die Kinder haben sich den ganzen Winter über gelangweilt. Was noch? Oben in Gorenji Novaki gibt es so viel Wild, dass die Wiesen ganz kahl gefressen sind. Und wenn wir schon dabei sind – was ist mit Agata los, der Verkäuferin in der Metzgerei? Sie ist so träge, dass man eine ganze Stunde warten muss, bis sie einem eine Scheibe Wurst abgeschnitten hat. Die Bar *Metulj* ist immer so überfüllt, dass der Besitzer erst dann zum Schlafen kommt, wenn er im Hinterzimmer ohnmächtig wird.« Die Leute johlen und knuffen jene, deren Namen erwähnt werden. »An der Tankstelle bekamen wir ohne Impfnachweis kein Benzin mehr – das war deine Schuld, Pust.«

Und so geht es weiter. Irgendwann will der Pust gehen. »Nicht so hastig«, blafft ihn der Ankläger an. »Wir sind noch nicht fertig mit dir.«

Das Containerschiff, das im Suezkanal feststeckte, sodass es in Cerkno kein Erntegarn mehr gab: der Pust. Maskenvorschriften: der Pust. Korruption im Landwirtschaftsministerium: der Pust. Putin: der Pust. Das letzte Jahr war kein gutes Jahr. Der Anwalt des Pust versucht, ihn zu verteidigen, hat aber nicht den Hauch einer Chance. Die *laufarji* jubeln angesichts der bevorstehenden Verurteilung des Angeklagten. Es gibt keinen anderen Weg, um die Ordnung im Dorf wiederherzustellen. Keinen anderen Weg, um den Frühling zurückzubringen. Sie springen im selben Rhythmus in die Höhe, sodass die Bühnenbretter sich biegen und knarzen; zwischen den Beinen der Zuschauer laufen Kinder herum und jagen einander, berauscht von Zuckerwatte. Das Sonnenlicht wird schwächer.

»Du hast nun also gehört, was du diesen armen Menschen angetan hast, Pust.« Jetzt spricht der Richter und sieht den Pust über seine Brille hinweg an. »Wir haben genug von deinen Schandtaten. Der Winter muss enden. Du hast nicht weniger verdient als die härteste Strafe der strengsten Gesetze der *laufarji*: den Tod durch den Holzhammer. Berufung ist nicht zugelassen.«

Die *terjasti* fesseln den Pust und bugsieren ihn unsanft von der Bühne. Der Ankläger rollt seine Schrift wieder ein. Die Hinrichtung wurde für Dienstag festgesetzt, heute in zwei Tagen. Schon bald wird der Winter besiegt sein. Die *laufarji* fangen an zu tanzen. Die Menschen streben wieder in die Lokale.

Wenn man in Cerkno das Gespräch auf das Thema Wölfe bringt, wird man früher oder später zu Ivan Mavri geschickt. Also rufe ich ihn an, und an einem der nächsten Tage holt er mich morgens in der Hotellobby ab und wir fahren auf einer extrem steilen Straße eines der Täler hoch, die von der Stadt wegführen. »Ich war in Berlin«, sagt er auf Englisch durch das Krachen der Gangschaltung. »Ich war in Paris. Ich war in Mailand. *Fuck them.* Im Slowenischen gibt es ein Sprichwort, das sich nicht so direkt übersetzen lässt, aber es bedeutet ungefähr: Ich finde, bei mir zu Hause ist es am besten.« Genauer gesagt: Dort *war* es am besten. Nun ist der Wolf in dieses Land eingedrungen, und Ivan kann sich keine größere Katastrophe vorstellen. Er führt einen persönlichen Kreuzzug, und sein Ziel ist die Ausrottung des Wolfs.

Ivan ist dreiundfünfzig Jahre alt. Seine Wangen sind mit grauen Bartstoppeln gesprenkelt. Er trägt ein blau kariertes Hemd, hat ein zerfurchtes Gesicht und ständig eine verspiegelte Sonnenbrille in den Haaren stecken. Wir fahren weiter hinauf, und irgendwann weitet sich die Gegend, und eine ausgedehnte sanfte Hügellandschaft liegt vor uns. An der windabgewandten Seite der Berge haben sich Schneewehen gehalten. Ein Bauernhof, ein paar Wiesen, ein Wäldchen, nach einer Weile wieder ein Bauernhof. Wir fahren durch die flächenmäßig größte Gemeinde Sloweniens; sie ist größer als Ljubljana und hat vierhundert Einwohner. Nirgendwo macht die Gegend den Eindruck, besonders wild oder besonders zahm zu sein.

Ivan hat lange als Ingenieur bei der ETA gearbeitet. Heute unterrichtet er, und am Nachmittag betreibt er Landwirtschaft. Die kleinen Landwirtschaftsbetriebe hier bringen nicht genug für einen modernen Lebensstil ein, weshalb die Leute in die Täler zur Arbeit fahren, um ihr Einkommen aufzubessern; aber das eigene Land nicht zu bewirtschaften, ist für sie unvorstellbar. Ivans Generation hat die Landarbeit im Blut.

»Man muss ein bisschen verrückt sein, und man muss hier geboren sein«, erklärt er. »In der Stadt gehen die Leute am Nachmittag in eine Bar. Oder ins Fitnessstudio. Hier kommen die Leute nach Hause und arbeiten. Sie sorgen dafür, dass dieses Land schön bleibt.«

Die Gegend ist wirklich wunderschön. Mein Auge verweilt hier gerne, wie beim Blick auf ein Gemälde von Constable. Es wirkt fast, als seien die Elemente mit einem ausgeprägten Selbstbewusstsein angeordnet worden, als solle die Landschaft einer bestimmten Ästhetik gehorchen. Ein Obstgarten, übersät mit Schneeglöckchen. Eine ungenutzte Scheune, durch deren Dach ein einzelner Birkenzweig gebrochen ist, der jetzt knospt. Wäsche, die an einem Holzbalkon hängt. Rauch, der kräuselnd aus einem Schornstein steigt. Ein alter Traktor, von Ackerwinden überwuchert. Ein betagter Hund in einem Fleckchen schwachen Sonnenlichts. Eine Art Pioniergeist liegt in der Luft, als würden sich die Menschen den Raum hier behutsam erschließen. Man nimmt sich nicht mehr Platz, als man braucht, aber man wird auch nicht zurückgedrängt. Und ist auf Constables Bildern je ein Wolf zu sehen? Ivan glaubt das nicht.

Als wir eine Passhöhe erreicht haben, hält Ivan an und lässt das Fenster herunter, damit ich den Ort intensiver wahrnehmen kann. Die Luft ist kalt und klar. »Die Touristen halten hier an und machen Fotos«, sagt Ivan und weist mit einer ausladenden Geste auf die umliegende Landschaft, als wolle er mich auffordern, in ihr Platz zu nehmen. »Sie bleiben nicht irgendwo im Wald stehen. Sondern *hier*. Sie sagen: ›Ach, was ist Slowenien schön!‹ Natürlich ist es schön! *Weil wir hart arbeiten*, verdammt noch mal!«

Ich blicke über Bauernhöfe, Wälder und Wiesen. Eine

Kirche, noch eine Kirche. Greifvögel steigen in der Thermik nach oben. Am anderen Ende des Tales kriecht ein Auto eine Serpentinenstraße hinauf.

»Wir sind die grüne Perle Europas, und das wollen wir auch bleiben«, sagt Ivan. »Aber nicht die wilde Perle. Sondern die grüne, kultivierte Perle. Wir sind nicht der Yellowstone Park.« Ivan spricht nie vom Wolf, sondern immer nur von der Bestie. »Hier kann sich die Bestie nicht bewegen, ohne auf Straßen oder Wohnhäuser zu treffen.«

Ich versuche, mir vorzustellen, wie ein Wolf von einem Weiler zum nächsten durch das Tal schleicht und eine ganze Herde reißt, wie in *Fenster zum Hof*, nur auf dem Land, aber es ist schwer, sich Gewalt an einem Ort wie diesem vorzustellen.

2019 hat sich hier ein Rudel gebildet, vielleicht das erste seit 200 Jahren. Einige Jahre zuvor war Slavc durch die Gegend gekommen, und 1975 ließ sich ein einsamer wandernder Wolf blicken, wurde aber auf der Stelle erschossen. Damals waren die Dinge noch einfacher. Doch die Wölfe, die im Mai 2019 kamen, sind geblieben. Nach ihrem ersten Wurf waren sie mindestens zu sechst. Während wir weiterfahren, zeigt Ivan mir die Stellen. Dort hat ein Wolf zwei Pferde angegriffen. Dort links einen Esel. In diesem Dorf hier kam ein Wolf aus dem Wald und spielte mit dem Hund eines Bauern, bevor er dessen Schafe gefressen hat. Dort wurde einmal um elf Uhr vormittags ein Wolf vor einer Schule gesehen. Ivan stellt mir einen jungen Bauern vor, der kurz vor Weihnachten zwanzig Schafe verloren hat. Dann einen anderen, der ein Dutzend verloren hat. »Wir müssen sie umbringen«, sagt dieser Bauer. »Alle. Ohne Ausnahme.«

Ivan spricht mit der Leidenschaft eines Mannes, der seine Berufung gefunden hat. »Die Leute gehen weg«, erzählt er.

»Die Dörfer leeren sich und überaltern. Das Letzte, was wir hier brauchen, ist dieses Biest. Mir geht es nicht um ein einzelnes Schaf oder einen Esel. Sondern um die hundert Schafe, die in dieser Gegend gar nicht erst leben werden, weil die Leute Angst haben, sie zu verlieren. Wenn die Biester hier angesiedelt werden, dann verschwinden die kleinen Bauernhöfe, und die Leute gehen weg. Und dann gibt es nur noch Wälder.«

Es wird ein langer Tag, der auf die Stimmung schlägt. So schön die Gegend auch ist, das Leben hier ist beschwerlich, und der Wolf hat alles nur noch beschwerlicher gemacht. Zu fragen, ob man hier auf dem Land Wölfe braucht, ist in etwa so wie die Frage, ob Slowenien den Krieg vermisst. In jenem ersten Jahr hat Ivan entsetzt mitangesehen, wie das Vieh auf den Höfen von der »Bestie« abgeschlachtet wurde, und schon bald wurde ihm klar, dass niemand den Leuten hier zu Hilfe kommen würde. Er berief eine Versammlung ein. Die daraus hervorgegangene Petition, in der gefordert wurde, große Fleischfresser aus dem Westen Sloweniens zu entfernen, haben in der ersten Woche zweitausend Menschen unterschrieben, fast die Hälfte der Einwohner der Gegend. Einer von Ivans wichtigsten Helfern während der ersten Monate der Kampagne war Marko Gasser. Er ist die letzte Station auf unserer Tour.

Markos Hof liegt am Ende eines kleinen Tals. Wir parken vor einer Ansammlung von Wohnhäusern und Scheunen, von denen manche drei, vier Etagen haben, verputzte Steinhäuser, die mit Holzschindeln gedeckt sind. Marko kommt heraus; er geht mit der leichtfüßigen Anmut von jemandem, dem alles gehört, was in seinem Blickfeld liegt. In seinen Zwanzigern hat er in Ljubljana gelebt und war in der Politik tätig, was man sich heute kaum noch vorstellen kann. Er trägt ein Karohemd, Jeans und einen grünen Filzhut, in dessen Band eine Feder steckt – das Inbild eines Bergbauern, auch wenn er ein paar Jahrzehnte jünger ist als die meisten anderen Bergbauern. Er ist Mitte vierzig und hat hier auf diesem Hügel, wo seine Frau zur Welt gekommen ist, einen Bauernhof aufgebaut und vier Kinder großgezogen.

Wir setzen uns in der Stube an den Tisch. Markos Frau Vanja bewirtet uns mit Eiern, Pasteten und Salami vom eigenen Hof. Dazu gibt es warmes Brot und selbst gemachte Butter. Vom Ofen, einem großen, würfelförmigen Kasten alter Machart, der eine ganze Seite des Raumes einnimmt, wummert die Hitze herüber. Das Feuer, das in ihm lodert, heizt das gesamte Haus. Das Brot wird darin gebacken, und wenn man Decken darauflegt, dient er als Bett. »Hier ist die Zeit stehen geblieben«, flüstert Ivan mir zu, hörbar begeistert. Alles hier scheint von der Vergangenheit geprägt. Jesusbilder hängen an den Wänden, daneben Schwarz-Weiß-Fotos von Vorfahren, elegant gekleidete junge Paare, die mit dunklen Augen in die Kamera blicken. In einer Ecke steht ein Radio, so groß wie ein Fernseher. Vanja stellt jedem von uns ein Bier hin.

Um von der Landwirtschaft leben zu können, muss man erfinderisch sein. Vanja erzählt mir, dass sie einen Handel für Melkgeschirr betreiben. Sie verkaufen Holz aus ihrem Wald, und dann haben sie noch die Schafe. Vanjas Familie lebt seit Generationen hier, und sie und Marko sind entschlossen, alles einigermaßen hinzukriegen, doch leicht ist das nie. »Es ist ein Verbrechen, dass solche Familien nicht unterstützt werden«, meint Ivan. »Verdammt noch mal.«

Im ersten Jahr, nachdem die Wölfe gekommen waren, haben sie hundertzwanzig Schafe verloren. Viermal haben die Wölfe angegriffen, immer in der Nacht. Die Kinder waren danach völlig verstört, erzählt Marko, aber wenn ich ihn so ansehe, scheint mir, er spricht vor allem von sich selbst. »Der Wolf ist Eigentum des Staates«, sagt er. »Aber der Staat sagt, *ich* bin schuld, weil ich meine Schafe nicht schütze. Sie sagen, ich soll höhere Zäune bauen. Sie sagen, ich soll mir Hunde anschaffen. Jedes Jahr gibt es neue Vorschriften.«

Wenn ein Tierarzt bestätigt, dass ein gerissenes Tier das Opfer eines Wolfs ist und ein Angriff eines Wildhundes ausgeschlossen werden kann, zahlt der Staat eine Entschädigung. Jedes Jahr werden in Europa als Ausgleich für die 30 000 bis 40 000 Nutztiere, die gerissen werden, rund acht Millionen Euro ausgezahlt. Aber die Auszahlung kann Monate dauern, und die Bauern haben nur dann einen Anspruch darauf, wenn sie Maßnahmen getroffen haben, um ihr Vieh zu schützen. Weil sich kaum jemand einen Schäfer leisten kann, bedeutet das: Zäune. Seit drei Sommern hat Marko seine Schafe nicht mehr auf die höher gelegenen Weiden gebracht, weil er nicht ausreichend Helfer oder nicht genug Zeit hatte, um einen Zaun zu bauen. Wölfe bedeuten mehr Arbeit. Eine eingezäunte Schafherde muss immer wieder von einem Gehege zum nächsten gebracht werden. Wenn man den Kot nicht hinausschaufelt, sammelt er sich an. Zaunpfähle und Drähte müssen instand gehalten werden. Bei Elektrozäunen muss die Batterie geladen und regelmäßig die Spannung überprüft werden. Und seitdem der Wolf zurück ist, verhalten sich die Schafe anders. Sie sind ungestümer, schreckhafter. Es gibt mehr Fehlgeburten.

»Die Leute aus Ljubljana erklären uns, wie Landwirte und Wölfe miteinander leben sollen«, sagt Ivan. »Sie sagen, sie sind Umweltschützer, und dass ihnen die Natur am Herzen liegt. Aber ihre Arbeit machen sie am Computer. Die Leute, denen die Natur wirklich am Herzen liegt, die leben *hier*.« Er streckt die Hände von sich. »Experten! Alles Arschlöcher.«

Ich würde gerne länger mit Vanja sprechen, aber sie räumt den Tisch ab, und ich folge den beiden anderen hinaus. Marko geht voraus, eine enge Treppe hinauf zum Dachboden des Hauses. Der ganze Raum ist voll mit Holzpflügen, Holzschlitten, Holzskiern, Schneeschuhen aus Holz und Spinnrädern aus Holz. Ein Kinderwagen aus Holz, alte Kettensägen, Äxte, Hobel, Drehbänke. Ein Museum des Landlebens, versteckt unter dem Dach eines Hauses am Ende eines Tales. Griffe, blank poliert von den Händen, die sie jahrhundertelang benutzt haben.

Ivan deutet auf das Rad eines Fuhrwerks, das im Dampf gebogen und mit einem Eisenband beschlagen wurde. Die Speichen strahlen von der Mitte in alle Richtungen aus, zweckmäßig und schön. »Das hat Markos Vater gemacht«, sagt Ivan. »Er ist vier Jahre zur Schule gegangen. Ich vierzehn.« Er legt eine Hand auf die Nabe. »Wir Menschen sind schwach geworden«, sagt er. »Wir sind fett geworden. Früher waren die Leute noch echte Menschen, in jeder Hinsicht. Sie hatten sieben, acht, neun Kinder. Das Leben war nicht leicht, aber die Art, wie sie gelebt haben, war gut.«

»Mein Großvater hatte so große Hände, dass er sein Gewehr anpassen lassen musste, damit er den Finger durch den Abzugbügel stecken konnte«, sagt Marko wie zur Bestätigung.

»Die Menschen waren sehr gläubig«, fährt Ivan fort. »Sie arbeiteten zusammen, weil sie mussten. In den letzten dreißig Jahren ist uns dieser Zusammenhalt verloren gegangen. So wie die alte Lebensweise.«

Mir kommen wieder die Worte in den Sinn, die ich vor ein paar Tagen gehört habe, als mir in Cerkno die Inhaberin eines Lokals ihren kleinen Dachboden zeigte, der ebenfalls mit alten Gerätschaften vollgestopft war. »Heute wollen die

Leute, dass alles schon gestern fertig ist«, sagte sie. »Früher musste man bis morgen warten. Das war in gewisser Hinsicht mühsam. Heute ist es in anderer Hinsicht mühsam. Damals war das Leben körperlich anstrengend. Heute ist es anstrengend für die Seele.«

Als wir vor das Haus treten, hat sich der Wind gelegt. Die Landschaft steht irgendwie schief. Knorrige Birnbäume sprenkeln die Wiesen, dazwischen stehen *kozolci*, Holzgerüste, auf denen das Gras getrocknet wird. Sie sehen aus wie Sprossenleitern aus Pfählen, werden von kleinen, schindelgedeckten Dächern geschützt und scheinen direkt aus dem Boden zu wachsen. Markos Sohn ist mitgekommen; er ist etwa zehn Jahre alt, trägt einen Strohhut und eine Brille mit eckigen Gläsern, geht vornübergebeugt und hat wie wir anderen die Hände in den Taschen vergraben. Ich frage mich, ob er gern hier lebt – und wie das wohl in Zukunft sein wird.

Die Wiesen hier sind zu steil und zu klein, um sie mit der Hand zu mähen. Daher grasen hier die Schafe und sorgen dafür, dass sich keine Bäume ausbreiten. Die Krokusse blühen alle auf einmal, die Wiesen sind zu gleichen Teilen grün, gelb und lila. In einem Monat wird hier Wiesenklee wachsen, Wiesen-Labkraut, Vergissmeinnicht, Löwenzahn, Butterblumen, Wicken, Augentrost, Taubnessel, Margeriten, Orchideen und Dutzende weitere Arten. Schmetterlinge werden sie bevölkern, Heuschrecken werden zirpen, Insekten herumkrabbeln. Diese Kalkmagerwiesen gehören zu den artenreichsten Lebensräumen, die es in Europa gibt. Wenn sie zu Wald werden, so Marko, wird mit ihnen all dieses Leben verloren gehen.

Marko bringt uns zu der Stelle, wo er mittlerweile seine Herde für die Nacht einpferchen muss. Der Metallzaun ist hoch und hässlich und sieht überhaupt nicht so aus, als würde er direkt aus dem Boden wachsen. Bezahlt hat ihn die EU, aber darum geht es nicht. »Sie müssen am Abend nach Hause kommen, wie Kinder«, sagt Marko über seine Schafe. »Das widerspricht ihrer Lebensweise. Im Sommer ist es heiß, dann wollen Tiere nachts fressen.«

»Die Touristen werden sagen: ›Was hast du denn da für einen riesigen Zaun?‹«, sagt Ivan. »Das hat nichts mit der slowenischen Kultur zu tun. Das hat nichts mit *Tradition* zu tun.«

Marko und Ivan lassen den Blick über die Schafe schweifen, der Junge steht neben ihnen und tut es ihnen gleich. Die Tiere riechen nach Erde und Wolle, ein angenehmer Geruch. Diese Lebensweise wirkt, als sei sie absolut im Einklang mit dem Rhythmus der Welt, und ich muss gestehen, dass ich als Tourist hier bin, weil ich genau das suche. Es ist nicht zu übersehen, wie verheerend die Risse durch den Wolf gewesen sein müssen. Sich für den Wolf einzusetzen, ist leicht, aber wenn man an einem Ort wie diesem steht, ist nicht mehr ganz klar, wer hier zu Unrecht verfolgt wird.

Doch in den Jahren seit 2019 war es nicht immer so schlimm. Am Ende jenes ersten grausamen Sommers waren die meisten Wölfe wieder verschwunden. Drei von ihnen hatte man zusammen mit 120 Bären in einer landesweiten Notfallaktion getötet. Und die, die übrig geblieben waren, wurden seitdem kaum gesichtet.

»Wohin sind sie verschwunden?«, frage ich. Es dauert, bis eine Antwort kommt.

»Sagen wir so: Der Wald hat viele Geheimnisse«, sagt Ivan. Dann sehen sich die beiden Männer an und lachen.

Am Dienstagmittag versammeln sich die *laufarji* erneut. Die Sonne ist herausgekommen, und so auch die Schneeglöckchen. Eine einzelne Kohlmeise singt, und es fühlt sich wirklich so an, als wäre der Winter bald besiegt. Wir folgen dem Zug der Karnevalsgestalten, die sich zwischen den Autos herumtreiben und ungeduldige Fahrer provozieren. Der Betrunkene kutschiert seine Frau in einer Schubkarre. Die Alte Frau fegt die Straße. Etwas außerhalb des Ortes queren wir auf einer Brücke einen Bach und erreichen eine bestimmte Stelle inmitten der Felder. Hier wird, wie jedes Jahr, der Holzhammer gesucht, der *bot*, den der Richter zum Werkzeug für die Hinrichtung des Pust bestimmt hat. Im Museum von Cerkno sind Schwarz-Weiß-Fotografien zu sehen, die zeigen, wie die Familie der *laufarji* in tiefem Schnee danach gräbt, aber der Winter stirbt in mehr als einer Hinsicht. Heute ist es geradezu warm, als sie über das Feld streifen und mit den verschiedensten Gerätschaften, mit Heugabeln oder mit Brotschiebern, in der Erde buddeln. Der Narbige spielt auf seinem Akkordeon einen Walzer, wie man ihn auf Jahrmärkten hört. Der Vornehme Herr und die Dame sehen aus einer gewissen Entfernung zu. Der Wilde zittert.

Schließlich ist es wie jedes Jahr der Alte Mann, der den *bot* findet, unter einem Steinhaufen, in dem er mit seinem Stock herumgestochert hat. Allgemeiner Jubel. Der Hammer ist etwa einen Meter lang und sieht aus wie ein Werkzeug, das ein Holzfäller zum Spalten von Baumstämmen verwendet. Der Walzer wird schneller, und die Gesellschaft bewegt sich tanzend zum Bach, wo der Dreck von dem Hammer abgewaschen wird. Dann tragen sie ihn in ihren nach oben gereckten Händen zurück in den Ort, wo nun der letzte Akt im Dasein des Pust folgt.

Einige Stunden später klopfe ich an die Tür der *Laufar kamanda*, des Kommandozentrums der *laufarji*. Miha Bavcon öffnet mir und bittet mich herein. Er ist ein junger Bursche, trägt eine Brille und kurze Hosen und führt mich durch die geheimnisvolle Welt der *laufarji*. Im Umkleideraum hängen an Haken die Kostüme, darunter stehen die zugehörigen Schuhe, darüber liegen die Requisiten und die Masken. Sie alle wirken schon wie alte Freunde. In der Luft liegt die muffige Aufgeregtheit einer Theatergarderobe. Die Aschenbecher quellen über, und die Regale biegen sich unter Flaschen von Alkoholika. Miha deutet auf ein gerahmtes Foto in ehemals leuchtenden, nun jedoch verblassten Farben, das neben einer barbusigen Miss Februar hängt. Es zeigt vierzehn *laufarji*, die im Schnee posieren.

»Als ich ein Kind war, hat mir mein Großvater bei sich zu Hause dieses Bild gezeigt«, sagt Miha auf Englisch. »Er hat gesagt: ›Schau, Miha, einer von denen bin ich. Wenn du alt genug bist, um bei der *laufarija* mitzumachen, sage ich dir, welcher davon ich bin.‹«

Der kleine Miha betrachtete das Foto und rätselte, welche der Gestalten sein Großvater wohl war. Der Schäfer? Oder sogar der Pust? Wer bei der *laufarija* nicht mitmachte, wusste nicht, wer wer war. Selbst die eigene Mutter sollte einen nicht erkennen. Sämtliche Rituale wurden geheim gehalten »und nur mündlich weitergegeben«. Väter und ältere Brüder verschwanden Nacht für Nacht, sammelten Moos und Fichten und fertigten die Kostüme an. Sie verwendeten noch viele der alten Wörter des lokalen Dialekts. Es herrschte eine bestimmte Hierarchie. Es hieß, wenn man die Maske nicht zu Mitternacht des letzten Karnevalstags abnahm, würde man sein Leben lang so bleiben wie die Figur. Das alles war äußerst verlockend für den Jungen. Sobald er vierzehn Jahre alt war und es ihm erlaubt war, trat Miha der Familie der *laufarji* bei.

Heute weiß er, welche Figur sein Großvater war, aber er verrät es mir natürlich nicht.

Miha ist jetzt zweiundzwanzig. Er schenkt mir ein wenig Schnaps ein, und wir stoßen auf den Karneval an. »Man wächst hier damit auf«, sagt er. »Diese Leidenschaft kann man nicht künstlich erzeugen. Mein älterer Bruder hat bei der *laufarija* mitgemacht, und auch schon mein Vater und mein Großvater. Und auch mich hat die Tradition angezogen. Es ist, als wäre man damit auf die Welt gekommen.«

Die Ursprünge dieses Karnevalsbrauchs sind nicht weniger mysteriös. Möglicherweise haben ihn deutsche Einwanderer mitgebracht, die im 13. Jahrhundert hierherkamen, um in den nahe gelegenen Quecksilberminen zu arbeiten. Vielleicht stammt er aber auch aus der Gegend und wurde im Lauf der Zeit stetig erweitert, um die dunkelsten Monate des Jahres zu überstehen, zu Zeiten, in denen ein strenger Winter ein Todesurteil bedeuten konnte. Als die jungen Männer aus Cerkno zum Ersten Weltkrieg eingezogen wurden, kam der Brauch zum Erliegen, und einige Jahre darauf verboten die italienischen Besatzer den Karneval ohne Wenn und Aber, weil sie darin einen Ausdruck lokaler Kultur sahen, so wie auch slowenische Schulen und Sportvereine geschlossen und die slowenische Sprache verboten wurde. Am 18. März 1944 traf eine Bombe das Haus, in dem die Masken und Kostüme eingemottet worden waren, und alles ging in Flammen auf.

Als Cerkno nach dem Zweiten Weltkrieg etwas suchte, das dem Ort eine Identität stiften könnte, besann man sich auf die *laufarija*. Man befragte die alten Einwohner zu ihren Erinnerungen, und in Zusammenarbeit mit einem ortsansässigen Handwerker, der die Masken anfertigte, wurden vierzehn der Figuren wieder zum Leben erweckt. Seitdem fügte man immer wieder welche hinzu, und heute sind es fünfundzwanzig. (Manchmal gab es auch welche, die nur zeitweilig dabei waren, wie etwa der Serbische Soldat während der Balkankriege.)

»Das hier ist nicht unser Eigentum«, sagt Miha mit ausladender Geste. »Es gehört dem ganzen Ort. Wir *laufarji* tragen die Masken nur.«

Die *laufarji* sind die Hüter der Tradition, sie bewahren die Rituale und sorgen dafür, dass der Karneval von Cerkno nicht kommerzialisiert wird (so kann man etwa keine Repliken der Masken kaufen), sich aber auch weiterentwickelt, sodass er ein lebendiger Brauch bleibt. Angeblich hat auch einmal eine Frau eine Figur verkörpert, aber niemand außerhalb des Zirkels weiß das genau. Mich überrascht, dass die Triebkraft hinter dieser Tradition junge Leute sind und dass in diesem jahrhundertealten Kulturgut etwas steckt, das einen Ort und die Gemeinschaft seiner Einwohner zusammenhält. Ich frage Miha, ob er sein ganzes Leben in Cerkno verbringen will.

»Ich glaube schon«, antwortet er. Hier leben viele Menschen noch in Großfamilien, in denen die Großeltern auf ihre Enkel und den Hof aufpassen, während die Eltern zur Arbeit gehen. Wenn man das Leben im Ort heute betrachtet, wirkt es sehr intakt. »In Ljubljana sind die Leute während der Pandemie von der Arbeit direkt nach Hause gegangen«, sagt Miha. »Wir hier konnten in den Wald gehen. Wir konnten Spaziergänge machen. Hier hat man ein Stück Natur für sich selbst. Da ist es ganz still, und man kann wilde Tiere sehen. Nicht so wie im Zoo, sondern in freier Wildbahn. Ich gehe gern jagen. Ich mag die Berge. Und am Abend treffen wir uns im Wirtshaus und plaudern miteinander. Ich kann mir nicht vorstellen, irgendwo anders als in diesem Tal zu leben. Ich hoffe, es wird so sein. Ich tue mein Bestes.«

In den 1930er-Jahren wanderten zwei Familien aus Cerkno nach Australien aus. Im Süden des Landes kauften sie zwei benachbarte Farmen und lebten anschließend über Generationen hinweg Seite an Seite, die einzigen Slowenen im Umkreis von Hunderten von Kilometern. Vor zehn Jahren kamen die Enkel zu Besuch nach Cerkno. Sie sprachen einen Dialekt, der hier schon vor langer Zeit verschwunden war. Das Heimatmuseum machte Sprachaufnahmen von ihnen, ein kurzer Blick in eine andere Zeit. Manchmal muss man eben weit reisen, wenn man von der Welt nicht überrollt werden will.

Ich fahre mit Ivan und seinem Sohn ins Tal von Zakojca, das in der Nähe von Cerkno liegt. Ivan hat gesagt, er will mir dort ein paar Dinge zeigen, damit ich das alles besser verstehe. Die Vögel zwitschern, und der Morgenhimmel ist wolkenlos. Ivans Sohn ist zwölf Jahre alt und sein letztes Kind, das noch zu Hause wohnt. Die anderen sind alle nach Ljubljana gegangen. Eine Tochter studiert Pharmakologie, die andere Chemie. Grausame Ironie des Schicksals: Der Freund der Tochter, die Chemie studiert, studiert Biologie – an der Fakultät für Biotechnologie, an der auch Hubert Potočnik arbeitet. Wenn er bei Ivans Familie zu Besuch ist, diskutieren Ivan und er oft über Wölfe. »Die kennen Hunderte Fischarten, haben aber ansonsten keine Ahnung!«, sagt Ivan. »Sie studieren fünfzehn Jahre lang und kapieren einfach nicht, dass Tiere ein Problem für unsere ländlichen Gegenden sind.« Er versucht, seine Gefühle anschaulicher auszudrücken: »Mit dem werde ich sicher nicht in Urlaub fahren.«

Am Ende eines Wegs bleiben wir vor einem Bauernhof stehen. Viel Landwirtschaft wird hier nicht betrieben. In dem Haus lebt ein Mann, mit dem Ivan zur Schule gegangen ist. Damals haben sie ihn »Mäuschen« genannt. Im Hof steht ein Haufen schrottreifer russischer Autos, und Ivan deutet auf sie wie auf alte Freunde, erinnert sich an Spritztouren als Teenager. Ein Hund bellt, und Mäuschen ruft wütend etwas von seinem Balkon herab, bis er merkt, wer ihn da besuchen will. Er kommt herunter und begrüßt uns. Sein Atem riecht nach Schnaps. Er steht vor der Haustür, zündet sich eine Zigarette an und streicht sich mit Daumen und Zeigefinger in einer raschen Geste den Schnauzbart glatt. Der Hund humpelt im Hof herum. Seine Hinterbeine sind ruiniert. Ivan und Mäuschen sprechen über den Weg, der auf der anderen Seite von dem Anwesen wegführt. Sie sprechen über die Wölfe. Ich versuche, sie mir als Kinder vorzustellen, die noch alles vor sich haben.

Das Buchenlaub des letzten Jahres türmt sich teilweise kniehoch. Ivans Sohn geht voraus und schlägt mit einer Gerte gegen die Steinchen auf dem Boden, sodass sie den Weg hinabschießen. Man braucht nicht viel Fantasie, um sich hier Wölfe vorzustellen. Der Weg wurde in den Hang gegraben und folgt seinem Auf und Ab; allerdings ist schon viel Boden erodiert, und der Weg ist unter dem Laub kaum noch zu sehen. Vorsichtig gehe ich an seinem Rand entlang. Ivan erzählt, dass er hier vor ein paar Monaten auf eine Gruppe von Männern getroffen ist, alle in voller Ausrüstung und mit Seilen über den Schultern. »Wenn sie dieses ganze Zeug brauchen, um diesen Weg entlangzugehen, sollten sie nicht hierherkommen«, sagt er. Ich tue mein Bestes, um so zu wirken, als könnte ich das Gleichgewicht problemlos halten.

Für mein unerfahrenes Auge wirkt dieser Wald alt, aber Ivan

deutet jetzt auf Baumstümpfe. Wenn die Menschen eine Gegend verlassen, bleiben Baumstümpfe zurück. Auf einer Lichtung bleiben wir stehen, und Ivan holt ein Foto hervor, eine Schwarz-Weiß-Aufnahme aus derselben Perspektive, die wir jetzt haben, mit Blick hinüber zum Gipfel des Berges Kojca. Vor mir liegt ein geschlossenes Waldstück, das Foto hingegen zeigt einen Flickenteppich aus Gehöften und Feldern. Dieser Ort ernährte einst über tausend Menschen. Erst kommt der Ahorn zurück, dann die Birke, dann die Buche. Entgegen der globalen Entwicklung erlebt Slowenien eine rasante Aufforstung; in den letzten sechzig Jahren haben sich dreißig Prozent des Landes in Wald zurückverwandelt. Es gibt hier hohe, prächtige Bäume, aber Ivan sieht nur eine schwächelnde Wirtschaft und eine ungenutzte Ressource, die eigentlich für die Arbeitsplätze sorgen sollte, die die Gemeinschaft der Menschen hier zusammenhalten könnten.

Während wir durch den knochentrockenen Wald gehen, spreche ich Ivan auf den Klimawandel an. Sind Bäume unter diesem Gesichtspunkt nicht besonders wichtig? Er wirft mir einen Blick zu, den ich nun allmählich kenne. »Jedes Jahr sammeln mein Sohn und ich auf der Straße zum Skihang den Müll ein«, sagt er. »Wir werfen kein Plastik in die Natur. Ich habe Solarpaneele und ein Elektroauto. Ich bin nicht dumm. Aber wenn dieser Planet sich wirklich um zwei Grad aufheizen würde, wenn das Ende wirklich so nah wäre, wie alle sagen, würden sie dann nicht etwas unternehmen? Würden sie Elektroautos nicht billiger machen? Aber das machen sie nicht.«

Ivan wischt Erde von der Felswand, die neben dem Weg verläuft, und in den Stein geritzte Namen kommen zum Vorschein, daneben Datumsangaben, teilweise jahrhundertealt.

Wenn eine Leiche zum Begräbnis aus dem Tal getragen wurde, vermerkten die Sargträger hier den Namen des Verstorbenen. Wenn man im Winter starb, konnte die Leiche erst im Frühjahr abtransportiert werden und wurde bis dahin in einem Keller auf Eis gelagert.

»Wir wollen immer alles in Schwarz und Weiß einteilen«, sagt Ivan. »Hier war es ganz einfach. Das Richtige war das, was dein Überleben gesichert hat. Das Falsche war das, was dich umgebracht hat.«

Vermutlich kann man alles romantisieren. Ich frage mich, wie viele von denen, deren Namen auf diesem Stein verzeichnet sind, das Falsche getan haben.

In dem Bach, der unterhalb des Wegs fließt, rostet eine Wasserturbine aus dem Jahr 1895 vor sich hin. Das Zakojca-Tal war eine der ersten Gegenden Sloweniens, die Strom hatten. Wir kommen an Häuserruinen vorbei, in denen dicke, nicht isolierte Kabel wie lose Fäden aus den Decken hängen. In den oberen Stockwerken aufgerissene Matratzen mit Strohfüllung, die nach Mäusekot stinken. An einem Haken ein Ranzen aus Leder und ein schlichter Kittel. Werkzeug aus Holz, das seine Besitzer überdauert hat. Wir schließen die Tür hinter uns und gehen weiter, lassen diese Orte wieder in Frieden. Das Haus, das Ivan mir zeigen will, liegt noch ein Stück weiter das Tal entlang. Es ist das Haus, in dem seine Großmutter zur Welt gekommen ist.

1970 schrieb die Zeitschrift *Planinski vestnik* (»Der Berg-Bote«) über dieses Haus und seine Bewohner: »Das alte Ehepaar hat mit dem Leben abgeschlossen und zählt seine Tage [...] Grabesstille herrscht im Haus und seiner Umgebung [...] Während alle, die im Schatten der Kojca leben, sagen, dass diese alten Einsiedler wegziehen werden, wissen sie selbst nichts davon. Sie wissen nicht, wann, wohin und wie. In den Augen der Propheten ist ein Leben hier offenkundig nicht möglich.« Dem Artikel war ein Foto beigefügt, das das Haus inmitten einer kurz gemähten Wiese zeigte. Der Weg, auf dem wir jetzt gehen, ist ein gut erkennbarer Pfad, der über die Felder zu dem Haus führt.

Heute sprießt ein rund zwölf Meter hoher Ahorn aus der Vordertreppe zum Haus von Ivans Großmutter, und sämtliche Gebäude werden vom Wald verschluckt. Als die Moderne in Cerkno Einzug hielt, wurde es unmöglich, Dienstboten und Tagelöhner für die Arbeit hier draußen zu finden. Früher verlangten sie von der Welt kaum mehr als Salz, Tabak und eine Grabstätte, doch heute liegen die Dinge anders. Wer will schon, dass der eigene Leichnam einen ganzen Winter lang auf Eis liegt? Im Ort eröffnete die Fabrik der ETA. Die Bauern legten ihr Werkzeug beiseite, und der Wald schlich sich heran. Die, die zurückblieben, schafften die Arbeit nicht mehr. In der *laufarija* wurde die Figur des Wilden eingeführt, der erst kurz zuvor aus den neu wachsenden Wäldern aufgetaucht war, als die alte Lebensweise erstickt wurde, zutiefst erschrocken angesichts der Zivilisation. Tausend Menschen machten Platz für hunderttausend Bäume.

Hinter dem Eingang, dessen Tür schon vor Langem ausgehängt wurde, steht ein Butterfass. Ivan erzählt, dass einmal ein Tourist, der hier herumschnüffelte, ein Foto davon auf Facebook gepostet und gefragt hat, was das sei. Durch die Launen des Internets war Ivan auf den Post gestoßen. »Das geht den überhaupt nichts an«, sagt er.

Ich setze mich in dem Raum, der früher die Stube war, auf den Boden und lehne mich an den alten Ofen. In die Wände sind die Namen der Mitglieder von Ivans Familie geritzt; das stammt noch aus der Zeit, als sie hier gelebt haben. In den Ecken haben sich Laubhaufen und zerdrückte Bierdosen angesammelt.

»Warum geht ihn das nichts an?«, frage ich.

»Weil er keine Ahnung hat, wovon er redet«, blafft Ivan. Er streicht mit dem Finger durch den Staub. »Hier sind so viele Geschichten. So viele Seelen. Jede dieser Seelen hinterlässt etwas.« Er legt eine Hand auf die Brust. Er spricht jetzt wie zu sich selbst. »Die Großmutter saß dort, der Großvater hier. Der Sohn sagte: ›Ich ziehe in den Krieg. Um dieses Land zu schützen.‹ Die Mutter segnete ihn. Der Vater … Ich weiß nicht, was der Vater gemacht hat. Hat ihn gesegnet oder verflucht. Und dann war er weg.« Mit der Hand streicht er über das weiche Holz der Bank, die den Ofen säumt. »Schau hier, diese Holzbank. Wie viele Kinder sind hier herumgelaufen? Wie viel Lachen, wie viele Tränen. Wie viele Ehen wurden hier arrangiert? Wie viele Menschen sind hier gestorben? Aber die Welt dreht sich weiter. Die Sonne geht unter und wieder auf.«

Er lächelt und wendet sich ab. »Ich werde alt«, sagt er. »Ich werde sentimental.« Er tritt hinaus, zurück ins Licht, und lässt mich allein.

Wie schnell die Dinge doch zerbrechen können, denke ich, und dabei hätten die Dinge, die damals gebaut wurden, von Dauer sein sollen. Man sitzt hier und wartet auf den Tod, darauf, in einem Sarg aus dem Tal getragen zu werden. Der Tisch abgewischt. Ein Name in den Fels geritzt. Die Tür geschlossen, zum letzten Mal.

Ivan führt uns auf den schmalen Grat eines Hügels, wo auf beiden Seiten der Fels tief abstürzt. Wir sind jetzt über den Baumkronen. Früher haben sich hier an Sonntagen die Familien versammelt. Ich stelle mir vor, wie sie ihre Gesänge dem Horizont entgegenschmettern. Wir setzen uns hin, und Ivan holt dicke Stullen hervor, aus selbst gebackenem Brot, bestrichen mit selbst gemachter Butter, belegt mit selbst gemachter Salami. Ich lehne mich an den breiten, kühlen Stamm einer Fichte. Vier Fichten stehen hier in einer Reihe, strecken sich weit hinauf zum Himmel. Anders als die kahlen Buchen sind sie voller Nadeln und wirken völlig fehl am Platz. Sie sind hundert Jahre alt, erklärt Ivan, und wurden zum Gedenken an die Menschen gepflanzt, die hier draußen gestorben sind. Sie sind alles, was von jenen übrig ist, die hier früher ein hartes, erfülltes Leben geführt haben.

»Ich streite mich immer wieder mit meiner Tochter«, sagt Ivan, den Mund voll Salami. »Sie regt sich dann immer furchtbar auf. Sie ist nie meiner Meinung. Nie. Ich erkläre ihr, dass das Ende des Neoliberalismus in Europa gekommen ist. Ich sage ihr, dass wir das hier schon immer so gemacht haben. Und jetzt kommt ihr aus der Stadt daher und wollt uns erzählen, wie wir leben sollen. Ihr meint, hier sollen Wölfe leben? Was für ein Unsinn! Dreifacher Unsinn!«

Natürlich ging es mit der Gegend schon bergab, bevor die Biester zurückkamen. Vor dem Zweiten Weltkrieg lebten etwa drei Viertel der Bevölkerung Sloweniens auf dem Land. Heute ist es nur noch weniger als die Hälfte. Jedes Jahr schließen siebenhundert landwirtschaftliche Betriebe. Der Siegeszug des Kapitalismus hatte viele Folgen, und eine davon ist das Sterben der kleinen Bauern. Wenn man heute durch die Dörfer geht, sieht man hauptsächlich Menschen, die längst im Ruhestand sein müssten, aber auf ihren Feldern Kartoffeln pflanzen oder sich um ihre Bienenstöcke kümmern. Sie stecken in diesem Leben fest und können nicht damit aufhören. Das Land wartet buchstäblich darauf, dass sie sterben, damit es sich sein Terrain zurückerobern kann.

Ich verstehe Ivans Sehnsucht nach einer Zeit, in der alles einfacher war. Auch ich kenne diese Sehnsucht, dieses verzehrende Verlangen nach etwas, das ich nicht einmal selbst erlebt habe. Und es ist leichter, einen Wolf zu erschießen als den Spätkapitalismus oder die gemeinsame Agrarpolitik der EU. Es verleiht einem zumindest das Gefühl, etwas zu kontrollieren. Als Sinnbild der Renaturierung hat der Wolf zahlreiche Herzen erobert, aber diese Sichtweise steht im Widerspruch zu den Wünschen derer, die wollen, dass ländliche Gegenden wieder besiedelt werden. Ich esse mein belegtes Brot und blicke hinauf in die Baumwipfel. Ich verstehe die Traurigkeit, wenn man mitansehen muss, wie die eigenen Wurzeln verdorren. Doch wenn ich an meine eigene Heimatlosigkeit denke, verspüre ich vor allem Neid auf jene, die zumindest wissen, woher sie stammen. Diese Bäume, diese Stümpfe, diese in die Wände geritzten Namen. Zumindest etwas zu haben, das man seinen Kindern zeigen kann.

»Es gibt viele interessante junge Leute, die hierbleiben wollen«, sagt Ivan. »Die Städte sind nicht mehr so attraktiv wie früher. Das Leben dort ist gefährlich. Während der Pandemie waren wir frei. Die Chancen, dass wir das Landleben hier bewahren können, stehen gut. Ich weiß genau, was wir tun müssen. Aber ich weiß auch, was wir *nicht* tun *dürfen*. Und für die Biester ist hier kein Platz.«

Dienstagabend, es dämmert, der letzte Abend des Karnevals. Die *laufarji* stehen auf der Bühne, davor hat sich eine Menschenmenge versammelt. Eine Dorfgemeinschaft betrachtet die andere, blickt auf ein archetypisches Bild ihrer selbst, bereit für die Katharsis. Der Pust wird vorgeführt, der *lámant* drückt ihm eine Mistgabel in den Rücken. Aus irgendeinem Grund trägt er eine Maske. Noch einmal liest der Ankläger die lange Liste der zahlreichen Verbrechen des Pust vor. Tagsüber ist es zwar wärmer geworden, aber nach Einbruch der Dunkelheit fallen die Temperaturen noch immer stark, und die herumstehenden Männer trinken und rauchen, um sich warm zu halten. Ich frage mich, ob irgendjemand das Geschehen besser versteht als ich, aber dann frage ich mich, ob das überhaupt wichtig ist. Denn hinter den Kalendern mit barbusigen Frauen, dem Bier und den teenagerhaften Heldentaten geht etwas Archaisches vor sich.

Die erste Geschichte eines Sündenbocks wird im 3. Buch Mose erzählt: »Und Aaron soll seine beiden Hände auf den Kopf des lebendigen Bockes stützen und über ihm alle Schuld der Kinder Israels und alle ihre Übertretungen in allen ihren Sünden bekennen [...] Und der Bock soll alle ihre Schuld, die auf ihm liegt, in ein abgeschiedenes Land tragen; und er schicke den Bock in die Wüste.« Jedes Jahr an Jom Kippur, dem Tag der Sühne, lud der Hohepriester einem Bock die Sünden seines Volkes auf und verdammte ihn dazu, in der Wüste herumzuirren. Dann konnten die Israeliten mit reinem Gewissen wieder nach Lust und Laune sündigen.

Im alten Griechenland hieß der Sündenbock *pharmakós* (vom altgriechischen Wort *phármakon* = Heilmittel) und war in der Regel ein Mensch. In Athen wurden während Dürreperioden jeweils die hässlichsten Menschen geopfert. In Leukas wurde während des Festes zu Ehren von Apollo ein Verbrecher die Klippen hinab ins Meer gestürzt. In Abdera jagte ein Steine werfender Mob einen Bettler aus der Stadt – nachdem man ihm ein Festmahl gegönnt hatte. In Massalia, dem heutigen Marseille, wurde der Sündenbock sogar ein ganzes Jahr lang verköstigt, bevor man ihn in die Verbannung schickte. All diese Sündenböcke waren Menschen vom Rand der Gesellschaft, und wenn sie fortgingen, nahmen sie die Sünden aller anderen mit sich. Unser Wort »Tragödie« leitet sich vom altgriechischen *tragodía* ab, was so viel bedeutet wie »Gesang des Bockes«. Die rituelle Verbannung eines Sündenbocks wird bisweilen als der Ursprung des Theaters angesehen.

Ich sehe dem Stück zu, das vor meinen Augen aufgeführt wird. Der Pust steht eingeschüchtert vor dem Richter, und niemand kann ihm jetzt mehr helfen. Den unterdrückten kollektiven Hass auf einen einzigen Menschen zu leiten, ist ein weit verbreitetes, ja grundlegendes Mittel, um wieder Harmonie herzustellen. Der französische Philosoph René Girard beschreibt in seinem Buch *Der Sündenbock*, wie das alte Muster »jeder gegen jeden« von der kollektiven Feindschaft »alle gegen einen« abgelöst wird. Eine solche Verschiebung kann in einer Gesellschaft, deren Bedürfnisse die Politik nicht mehr ernst nimmt, wieder Frieden stiften, und eine Zeitlang kann dieser Frieden auch Bestand haben. Wie Girard beschreibt, werden dem Sündenbock oft mystische Kräfte zugesprochen. Daher gewährten die Griechen ihm vor seiner Verbannung ein Festmahl. Daher stehen diese Figuren für so viel mehr, als sie sind, seien sie nun Märtyrer oder Flüchtlinge, der Pust oder ein Wolf.

»*Laufarji*«, sagt der Richter, »hiermit übergebe ich euch den Pust. Vollstreckt nun das Urteil.«

Die Erregung in der Menge hat ihren Höhepunkt erreicht. Lange mussten die Menschen auf diesen Augenblick warten, einen langen Winter und zwei lange Jahre voller Lockdowns. Jetzt breitet sich Stille aus. Die *laufarji* stampfen mit den Füßen auf und klatschen in die Hände. Die *terjasti* peitschen mit ihren Gerten auf den Boden, bis sie brechen. Der Alte Mann stemmt den *bot* in die Höhe und lässt ihn dann auf den gehörnten und moosigen Kopf des Pust herabsausen.

Der Pust bricht zusammen und fällt auf einen bereitstehenden Karren. Hüpfend und tänzelnd schieben die drei *terjasti* den Karren von der Bühne und durch die engen Straßen, gefolgt von johlenden Kindern.

Der Narbige setzt auf seinem Akkordeon zu einer munteren Polka an. Die *laufarji* tanzen mit unbeholfenen Schritten, fassen sich an den Händen und drehen Pirouetten. Doch dann wird die Musik langsamer, wechselt in eine Molltonart und wird zu einem schrecklichen, traurigen Klagelied. Plötzlich wälzen sich die Gestalten voller Gram auf der Bühne herum und schlagen sich auf die Brust. Der Betrunkene sieht dem Treiben wie gelähmt zu und starrt hin und wieder in seine Flasche. Manchmal ist es schwer, wenn man das bekommt, was man wollte.

Ich denke an Slavc und all die anderen Wölfe, die im Hinterland unserer Vorstellungskraft herumwandern. Wäre nicht alles ganz einfach, wenn die Ausrottung des Wolfs die Harmonie in der menschlichen Gesellschaft wiederherstellen könnte? Wenn wir dadurch die Welt da draußen fernhalten könnten? Doch das Rad der Fortuna dreht sich in seinem jährlichen Zyklus weiter, und wieder wird ein Winter kommen. Wenn man einen Wolf erschießt, kommen mehrere nach. Und vielleicht war ja doch nicht alles die Schuld des Pust.

Es ist spät geworden. Die Menschen werden noch weiterfeiern, aber für mich ist es Zeit, ins Hotel zurückzukehren. Morgen früh setze ich meine Wanderung fort.

# 4

Не все, что похоже на волка, является волком. –
*Nicht alles, was wie ein Wolf aussieht, ist auch ein Wolf.*

Russisches Sprichwort

Östlich von Cerkno fällt die Landschaft zu einer Ebene hin ab. Slavc kam zügig voran, verlor an Höhe, angezogen vom immer flacher werdenden Terrain.

Um zwei Uhr morgens am ersten Weihnachtsfeiertag des Jahres 2011 trabte Slavc in der Nähe von Škofja Loka hinunter ins Laibacher Becken. Ich folge seinen Spuren und trete in die weite Ebene. Vor mir erstrecken sich Felder, die erst kürzlich gepflügt wurden und jetzt auf die Aussaat warten. Das hier sind nicht mehr die Ausläufer der Alpen, sondern das ist das landwirtschaftliche und wirtschaftliche Zentrum des Landes. In einiger Entfernung Städte und Kirchturmspitzen. Wenn ich mich um die eigene Achse drehe, sehe ich in jeder Himmelsrichtung in der Ferne Berge, blau und wolkenverhangen, die Gipfel noch schneebedeckt. Ich schultere meinen Rucksack und mache mich daran, die Ebene zu durchqueren.

Straßen, kleine Kreisverkehre, noch mehr Straßen. Ein ständiger Fluss von Autos. An jenem Weihnachtsmorgen war es hier mit Sicherheit ruhiger. Ich stelle mir Slavc vor, wie er mit gesenktem Kopf durch diese ihm fremde Welt läuft, in die

Richtung, in der die Sonne aufgehen wird. Ich beneide ihn um seinen leichtfüßigen, raschen Gang. An der Landstraße Geschäfte, vor denen Traktoren stehen. Andere verkaufen gebrauchte Škodas, Viehfutter oder Terrakottatöpfe. Turmfalken hängen wie Kreuze über dem Verkehr in der Luft. Auf den Feldern stehen hier und da kleine Baumgruppen, und ich sehe vor mir, wie Slavc von einer zur nächsten eilt, im Wissen, dass es bald hell werden wird. In den Ackerfurchen stehen Gänse, die erst kürzlich hier gelandet sind. Ganze Reihen von Kirschbäumen, die erste Blüten treiben.

Das Wandern in diesen Tagen ist eine Freude; überall ist die Hoffnung auf die baldige Ankunft des Frühlings zu spüren. Gestern Abend habe ich in einem halb fertigen Haus am Rand von Škofja Loka Schutz vor einem Regenguss gesucht und meinen Schlafsack auf dem Betonboden ausgerollt. Aber jetzt haben sich die Wolken verzogen, und der Himmel ist von atemberaubendem, ja schwindelerregendem Blau. Wenn man zu Fuß unterwegs ist, nimmt man das Wetter so wahr, wie Tiere es tun. Der Winter ist nun endgültig besiegt, und der Tag ist voller Verheißungen. Wärme strömt durch meinen Körper, und meine Beine fühlen sich kräftig an. In dem Dorf Mavčiče kaufe ich Brot und Käse, dann setze ich meinen Weg fort. Neben der Straße kommt mir ein einsamer Hund entgegen und trabt weiter, dorthin, wo ich herkomme.

Bei Sonnenaufgang hatte Slavc ein großes Waldstück erreicht, durch das die Autobahn A2 (hier die Europastraße E61) verläuft. Nach der offenen Ebene, die keinen Schutz bot, muss sich dieser Wald wie ein Segen angefühlt haben. Er blieb drei Tage hier. Auch ich übernachte hier. Während in ganz Slowenien die Kinder aufwachten und ihre Geschenke auspackten, hat Slavc erst einen Fuchs gerissen, dann noch einen, und sich satt gefressen. Das war das erste Mal, dass er etwas zu sich nahm, seitdem er eine Woche zuvor sein Zuhause verlassen hatte. Unter der Autobahn verläuft eine Unterführung, die die beiden Teile des Waldstücks miteinander verbindet, und zahlreiche GPS-Daten zeigen an, dass er hier hin und her gewandert ist. Nachdem er weitergezogen war, hat Hubert die Stelle untersucht und dabei die Wirbelsäulen der Füchse gefunden, gänzlich abgenagt. Ich nehme denselben Tunnel wie Slavc, bleibe in der Mitte stehen und lausche im Halbdunkel dem gedämpften Verkehrslärm. Es klingt so, wie wenn man sich eine Muschel ans Ohr hält. An den Wänden Graffiti, im Waldboden Spuren von Füchsen. Hier an dieser Stelle stand Slavc, genau hier.

Und dann zog er wieder seines Wegs. Er wartete bis Mitternacht und ging dann los. Am 28. Dezember um 3:11 Uhr stand er vor dem Maschendrahtzaun, der den Flughafen von Ljubljana nördlich der Stadt umschließt. Ich gehe auf demselben Weg um die Startbahn herum. Hinter dem Zaun fährt der Wagen eines Sicherheitsdienstes vorüber, bleibt aber nicht stehen. Ich stelle mir vor, mit welchem Grauen Slavc diese Artefakte betrachtet hat, diese Metallvögel, die mit höllischem Lärm in den Himmel steigen und die Luft zerreißen.

Es steht mir nicht zu, Mutmaßungen über seine Gedanken anzustellen. Aber der nächste GPS-Punkt liegt ein gutes Stück weiter im Norden, nicht weit von der Grenze zu Österreich, oben auf dem Westhang des Grintovec, des höchsten Berges der Steiner Alpen. Slavc hat in diesen drei Stunden eine unfassbar weite Strecke zurückgelegt, durch Täler, über Straßen, auf dem Weg zurück in das Zufluchtsgebiet, das die Berge für ihn darstellten. Als liefe er vor etwas davon. Als folgte ich einer Route, die seine Angst gezeichnet hat.

Ich brauche für diese Strecke zwei Tage. Ich komme durch Zgornji Brnik, Cerklje na Gorenskem und Grad. Wie Slavc suche ich meine Schlafplätze im Wald, damit mein Zelt nicht entdeckt wird. Und irgendwann führt mein Weg wieder bergauf, erst auf die Ausläufer des Gebirges, dann in die Berge hinein. In kleinen Ortschaften rangeln alte Scheunen aus Holz mit Gebäuden aus Beton und Wellblech um Platz. Ein alter Mann in einem Imkeranzug wirft mir, ohne zu grüßen, einen Blick zu. Der Rauch aus seinem Smoker steigt im grellen Licht träge nach oben. Jeder der Bienenstöcke trägt eine kleine Malerei mit einer ländlichen Szene, mitunter krude und verstörend: ein Jäger, der einen riesigen Wolf erschießt, ein Affe, der Banjo spielt, ein Bär, der eine Frau begattet. Während ich mir diese Darstellungen ansehe, fährt ein Radfahrer vorüber, er strampelt wie verrückt mit seinen in Elastan gepackten Beinen, und ich frage mich, was der Imker wohl von uns hält, die wir immer irgendwo anders sein wollen.

Als aus den Bergen wieder Hügel werden, komme ich erneut durch Wälder. Noch nie habe ich solche Wälder wie hier in Slowenien gesehen. Nicht in Europa, nicht mit Bäumen, die mir vertraut sind. Der Wald gehört hier zur nationalen Identität. W. H. Auden hat einmal gesagt, eine Kultur sei nur so gut wie ihre Wälder. Slowenien, das am stärksten bewaldete europäische Land außerhalb Skandinaviens, beherzigt diese Devise. Sechzig Prozent seiner Fläche bestehen aus Wald, Tendenz steigend. Es erinnert mich an das Amazonasbecken, nur dass hier Buchen und Eichen wachsen. Die Stämme ragen hoch über mir auf, das Laub ist frisch, leuchtet und verbreitet ein frühlingsgrünes Licht, wie Buntglasfenster. Während ich weiter bergan steige, öffnet sich immer wieder die weite Aussicht auf noch stärker bewaldete Hügel, und dahinter auf noch mehr Hügel. Wie Slavc habe ich als Kind in Buchenwäldern gespielt und spüre daher eine starke Verbundenheit mit ihnen. Das hier sind Märchenwälder, Wälder von Holzfällern und Wölfen. Ich steige Hänge hinauf, die geradezu Treppen aus Buchenwurzeln sind, der Pfad verführt mich dazu, immer weiter zu gehen, er ist ganz glatt an den Stellen, wo das Laub des letzten Jahres von Tieren und Menschen festgetreten wurde. Auf einem Gipfel entdecke ich einen Baumstamm, in den ein kleines Schränkchen gemeißelt ist. Darin stehen zwei Schnapsgläser und eine Flasche selbst gebrannter Grappa, wie von einem wohlwollenden Kobold dort platziert. Ich trinke auf meine Leistung und setze meinen Weg fort.

Auf einer kleinen Lichtung komme ich an einem verfallenen Haus vorbei. Der Bärlauch sprießt bereits, sein Geruch liegt in der Luft. Auf einem Schild steht auf Slowenisch: »Bis 17. April 1944 lebten hier rechtschaffene Menschen, die den Partisanen Unterschlupf gewährten.« Ich frage mich, was danach geschehen ist. In einem Büschel Primeln brennt eine elektrische Kerze. Ich setze mich, lehne mich an die Wand, dort, wo sie von der Sonne ganz warm ist, und höre den Vögeln zu, die jetzt anders singen, nachdem sie mich bemerkt haben. Alles ist ganz einfach: essen, schlafen, gehen. Ich empfinde einen tiefen Frieden in mir.

Ich gehe weiter. Es wird spät. Irgendwann halte ich an, streife umher und suche eine flache Stelle, an der ich mein Zelt aufbauen kann. Als es endlich steht, macht sich unter den Baumkronen bereits die Dämmerung breit. Ich stelle den Brenner an und koche meine übliche Mahlzeit: eine Dose Sardinen, Tomaten, Couscous und Grünzeug, das ich unterwegs gesammelt habe. Rasch bricht die Nacht herein, und der Wald hallt von allen möglichen Geräuschen wider. Irgendetwas wühlt auf dem Boden im Laub herum. Der kühle Ruf einer Eule. Und dann, während ich esse, viermal ein lautes Bellen. Hätte ich ein Fell, mir würden sich die Haare aufstellen. Auf eine nächtliche Begegnung mit Hunden kann ich gut verzichten; das habe ich während meiner letzten Wanderungen gelernt. Aber Hunde, so vermute ich, würden sich nicht so tief in den Wald hineinwagen. Ich kann mir das nicht erklären. Und dann wieder das Bellen.

Das ist kein Hund. Das Bellen ist heiser, wie das Krächzen eines Raben, aber mit einem tropischen Singsang, als würde man einen Papagei erwürgen. Und jetzt erkenne ich es, denn ich habe es schon einmal gehört.

Es war vor ein paar Wochen. Ich war gerade in Slowenien angekommen, und Jaka Črtalič, der jüngste aus Huberts Team, hatte mich in die Wälder südlich von Ljubljana mitgenommen, wo er seine Luchsfallen überprüfen wollte. Die Fallen waren leer. Das war nichts Ungewöhnliches. Wir waren durch die Hügel gefahren, und ich hatte einen Arm aus dem Fenster von Jakas Toyota hängen lassen, in der Hand eine Telemetrie-Antenne, um die Signale der Luchse aufzufangen, aber das Gerät war still geblieben.

Am Nachmittag fuhren wir an die Stelle, an der sich laut Computer in den Tagen zuvor immer wieder zwei Luchse aufgehalten hatten. Vermutlich hatten sie Beute gemacht und kamen nun regelmäßig an den Ort zurück, um zu fressen. Wir parkten den Wagen und kraxelten einen Hang hinab, auf dem das Buchenlaub so dick lag, dass es sich anfühlte, als würden wir eine Sanddüne hinabrutschen. Wir trennten uns und suchten eine Stunde lang auf wenigen Hundert Quadratmetern den Waldboden ab, als ermittelten wir in einem Mordfall. Irgendwann wurde Jaka fündig, auch wenn es nur

Überreste waren. Es lag versteckt in einer Ansammlung von Jungbäumen, ein paar Meter von einem Wildpfad entfernt, und roch nicht wirklich nach Tod; es war ein sehr kalter Tag, und es war nicht mehr viel Fleisch übrig, das hätte verwesen können. Nur die Hufe und die Vorderläufe, noch mit Fell, als trüge das Reh Abendhandschuhe. Die Wirbelsäule, der Schädel, Büschel von verfilztem Haar. Der Magen und die Eingeweide, die der Luchs nicht anrührt, damit sie keinen Geruch abgeben, der Aasfresser anlocken würde. Das war es.

»Sie haben ihm das Gesicht weggefressen«, sagte Jaka. »Das müssen Füchse gewesen sein. Sie haben ihm ganz schön zugesetzt.«

Dann schilderte er mir, wie es vermutlich dazu gekommen war. Wahrscheinlich war das Reh auf dem Wildpfad unterwegs gewesen, und der Luchs hatte hier gewartet. Es gab Spuren, die auf einen Kampf schließen ließen, darauf, dass der Luchs seine Beute den Hang hinaufgezerrt hatte. Wahrscheinlich war es schnell gegangen: ein Biss in den Hals, nur kurz, bis das Reh erstickte. Ein Luchs ist effizienter als ein Wolf. Das waren alles nur Vermutungen, aber wer ein Tier so gut kennt wie Jaka, darf derlei Annahmen machen. Jaka steckte den Unterkiefer und ein Schienbein in einen Plastikbeutel. Anhand der Zähne lässt sich das Alter eines Tiers bestimmen, und das Mark des Schienbeins erlaubt Rückschlüsse auf seinen körperlichen Zustand. In den Räumen der Biotechnischen Fakultät stehen zahlreiche Kühlschränke, die alle mit Tod gefüllt sind.

Und dann hörten wir es. Das gleiche unterdrückte Bellen, weit entfernt, aber klar vernehmbar. Jaka hob einen Zeigefinger und lächelte. Irgendwo hier waren sie, seine Luchse. Das zu wissen, genügte.

So, wie jetzt auch hier irgendwo Luchse sind. Ich fühle mich zurückversetzt in die zahlreichen Nächte, die ich in Alaska im Zelt verbracht habe. Ich spähte mit hellwachen Sinnen hinaus ins Zwielicht, und jedes Rascheln war bedeutungsschwanger. Meine Instinkte wurden dabei so geschärft, dass ich sie nach der Rückkehr nach Hause – obwohl ich sie nun kaum noch brauchte – nur schwer wieder unterdrücken konnte. Ich will nicht leugnen, dass es wohltuend war, wieder einmal mit mir selbst zufrieden zu sein. Natürlich ist Camping entspannter, wenn man nicht direkt nach dem Essen abspülen oder die Dosen ausbrennen muss, um Geruchsbildung zu vermeiden, oder die Lebensmittel an einer Schnur in den Bäumen aufhängen muss.

Aber Komfort kann tödlich sein, so wie fleischfressende Tiere, nicht wahr? Und wenn ich zu Hause war, fehlte mir auch etwas. Meine Sehnsucht nach Alaska fühlte sich wie Heimweh an. Es zog mich mit aller Macht zurück in dieses Land, von dem unsere Natur nur ein schwacher Widerhall ist. Doch wenn ich hier nun Luchse höre, ahne ich, dass diese Wälder größer sind, als ich je zu hoffen gewagt habe, und voll von unentdeckten Möglichkeiten. Und das mitten in Europa! Dieses Gefühl hat nichts mit Angst zu tun, und wenn, dann nur zum Teil, denn wie Jaka mir gesagt hat, gibt es nichts, wovor ich mich fürchten müsste. Aber auf meine Sinne wirken gerade andere Reize ein. Ich werde mir meiner Verletzlichkeit bewusst, meiner eigenen stofflichen, körperlichen Natur. Ich verstehe die Probleme, die Kontroversen und die Angst vor großen Fleischfressern. Vor allem jedoch bin ich, während ich hier sitze, tief bewegt. Davon, dass sich hier große Leben abspielen, die nicht das meine sind. Davon, dass wir uns heute Nacht diesen Wald teilen, alle Teile von etwas Größerem sind. Und die Antwort auf die Frage, was der entscheidende Punkt bei der Rückkehr der Wölfe ist, liegt, glaube ich, genau darin. In diesem Gefühl, das ich jetzt, in diesem Moment, verspüre.

In der Nacht regnet es. Als ich am Morgen aufwache und den Reißverschluss des Zelts öffne, sehe ich einen reingewaschenen Wald. Auf den Buchen liegt schwer der Regen, und weiter unten rauscht der angeschwollene Bach. Ich setze Wasser auf und koche Kaffee, dann packe ich meine Sachen und gehe weiter. Österreich ist nicht mehr weit. Ich habe Slavc' Geburtsland fast ganz durchquert, und die hohen Gipfel, die nun vor mir liegen, vielleicht einen Tagesmarsch entfernt, markieren die Grenze.

Bald erreiche ich den Weiler Kokra, rechtzeitig für das vereinbarte Treffen mit Stane Bergant, an den Ivan mich vermittelt hat. Als ich auf die Karte schaue, stelle ich fest, dass das Haus, zu dem ich kommen soll, einige Hundert Meter über mir liegt. Ich schlage einen erbarmungslos steilen Weg ein, der durch den Wald führt. Ich gehe vornübergebeugt und keuche unter der Last meines Rucksacks. Als ich auf einen Weg treffe, der den Hang quert, gehe ich in Richtung Norden. Auf meiner Karte ist nur ein einziger Weg verzeichnet, was der Wirklichkeit aber ganz und gar nicht entspricht. Ich stoße auf Sackgassen, Wege, die eine Kehrtwende machen oder in Erdrutschen enden. Mir ist heiß, ich bin spät dran und habe die Orientierung verloren. Ein Treffen zu vereinbaren, wenn man eine Reise zu Fuß unternimmt, hat etwas Lächerliches. Als ich meinen Instinkten folge, glaube ich, einen ausgetretenen Pfad ausfindig zu machen, der in die Richtung verläuft, in die ich muss. Er ist so dicht von jungen Bäumen überwuchert, dass er kaum noch zu erahnen ist. Er quert ein trockenes Flussbett, in dem ein Stück weiter oben in der Schlucht eine verfallene Staumauer aus Stein liegt. Dann gelange ich auf eine kleine Anhöhe, von der aus ich die Ansammlung von Stanes Hütten sehen kann, die im wiederauflebenden Wald eine Enklave bilden, davor sein alter Mitsubishi Allrad.

Ich treffe Stane im Garten an. Widerwillig zeigt er sich beeindruckt, dass ich es hier herauf geschafft habe. Ich frage mich, ob seine Einladung eine Art Eignungstest für den Burschen aus der Stadt, den Schriftsteller, sein sollte. Stane ist ein Bär von einem Mann, mit großen Bärentatzen. Er hält meine Hand so fest, als hätte er darauf einen rechtmäßigen Besitzanspruch. Auf meine Hand, und auf alles, was man von hier aus sehen kann. Der Triglav, Sloweniens höchster Berg, steht im Westen hinter einem Dunstschleier verborgen, über seinem Gipfel Kumuluswolken.

Stane ist im Tal von Kokra zur Welt gekommen, unten, wo es so gut wie kein horizontales Stück Land gibt. Wer hier aufwächst, lernt das Bergsteigen von Kindesbeinen an. Stane und seine Frau Marija sind schon überall in Slowenien und auf der Welt in den Bergen gewandert. Sie haben Berge erklommen, die ähnlich wuchtig wie Stane waren. Er stand schon auf dem Kilimandscharo und auf dem Matterhorn, hoch aufragend über deren Gipfel. Er interessiert sich für den genauen Verlauf meiner Route, für die höchsten Stellen, die ich erreiche, die Pässe, die ich überquere. Mittlerweile geht er gebeugt und hat einen Bauch, atmet schwer durch die Nase und trägt Hörgeräte in seinen großen Ohren. Sein Englisch ist gut, er spricht mit Begeisterung. Hubert hat mir gesagt, er sei einer von Sloweniens prominentesten Kämpfern gegen fleischfressende Tiere.

Er mustert mich von Kopf bis Fuß. »Du musst dich erst mal umziehen«, sagt er dann. »Und wenn du möchtest, hast du hier eine ausgezeichnete Möglichkeit zum Duschen.«

Er führt mich ins Haus und erklärt mir, wie die Solaranlage zur Warmwasserbereitung funktioniert. Kurz darauf stehe ich unter kochend heißem Wasser und schabe mir den Dreck von der Haut. Anschließend bringt Stane mich durch den Gemüsegarten zu meiner Gästehütte; um weiter nach Österreich zu gehen, ist es schon zu spät, sagt er. In dem Raum stehen ein weiches Bett und eine Leselampe. Ich bin ganz außer mir vor Dankbarkeit. »Ich glaube, hier wirst du sehr gut schlafen«, sagt Stane.

Er lässt mich allein, ich ziehe mir die gute Kleidung an, die ich für solche Anlässe aufgehoben habe, und gehe in die Stube. Marija steht am Herd und ist mit Töpfen und Pfannen beschäftigt. Religiöse Darstellungen und Kritzeleien, die die Enkelkinder mit Filzstift gemalt haben, schmücken die Wände. Alles hier ist aus Holz, wie im Rest des Landes. Marija sagt mir, ich soll am Tisch Platz nehmen, vor einem Teller mit selbst gemachten Würsten. Stane setzt sich neben mich und schlägt ein Fotoalbum auf.

Die Fotos sind sepiafarben, das Licht spiegelt sich in der Linse. Die Bilder stammen aus der Zeit, als das Haus Stanes Onkel gehörte. Stane war damals noch ein Junge und kam regelmäßig hier herauf, um seinem Onkel Salz für dessen Schafe zu bringen. Das waren gute Zeiten, die Schafe brauchten kaum Zuwendung; nur zusammentreiben musste man sie am Ende der Saison. Dann ein Foto von dem Haus, aufgenommen nach dem Tod des Onkels: Bäume sprießen durch das Dach. Das nächste zeigt einen Haufen Männer aus dem Dorf, die rittlings auf frei liegenden Dachbalken sitzen und ins Sonnenlicht der Berge lächeln, rauchen und das Haus Brett für Brett wieder aufbauen. »Ich konnte nicht zulassen, dass all die Erinnerungen und all die Geschichten verloren gehen«, sagt Stane.

Auf der nächsten Seite ist eine Gruppe von Menschen im Wald zu sehen. Die Männer tragen die für slowenische Jäger typischen karierten Hemden und grünen Filzhüte, die Frauen Kopftücher und bis oben hin zugeknöpfte Mäntel, als wären sie auf dem Weg zum Markt. Der tote Bär, der zwischen ihnen auf dem Boden liegt, ist so riesig, dass er unwirklich scheint. Die meisten der Männer stehen vornübergeneigt und stützen sich mit der Hand auf den gebeugten Knien ab, wie eine Freizeitfußballmannschaft. »Das hier ist mein Vater«, sagt Stane. Den Bären hatten sie mit einer toten Kuh seines Onkels angelockt. Sie hatten ein Problem, und sie haben es behoben.

Marija serviert Buchweizengrütze und einen Eintopf mit Knödeln und setzt sich zum Essen zu uns. Sie hört zu, allein Stane redet. Das Anwesen seines Onkels zu bewahren, sagt er, bedeutet für ihn nicht nur, die Gebäude wieder zu errichten, sondern auch, Tiere zu halten, um die Weideflächen – die »Kulturlandschaft«, wie er es nennt – zu schützen. Und Tiere, das heißt für ihn: Pferde. Stane liebt seine Pferde, das ist nicht zu übersehen. Er zeigt mir Fotos von ihnen; es sind Haflinger, eine österreichische Rasse. Wunderschöne Tiere, kastanienbraun, mit flachsblonder Mähne und Schweif, gedrungen und kräftig. Vierzig Jahre lang hat er sie gezüchtet, und jetzt, da seine Enkeltöchter das Reiten lernen, hofft er, dass sie die Zucht übernehmen. Im Winter sind die Pferde in Kokra eingestallt, aber wenn das Wetter besser wird, werden sie hier heraufgebracht. Sie können umherstreifen, frisches Gras und junge Bäume fressen, frei sein.

Vor einigen Jahren saß Stane eines Nachmittags hier am Tisch in der Stube, als plötzlich die Pferde im Hof auftauchten. Das war ungewöhnlich. Normalerweise kamen sie nur nach Hause, wenn das Wetter umschlug. Sie waren unruhig und bockten; offenkundig hatte irgendetwas sie verschreckt, und die beste Zuchtstute fehlte. Vermutlich wusste er da schon, was geschehen war. Zu viert zogen sie los, um nachzusehen. Schon bald fanden die Männer die Stute, auf ihr der Bär, der sie mit einem Bein zu Boden drückte und ihr mit nur einer Kralle den Bauch aufschlitzte, als öffne er einen Reißverschluss. Sie verscheuchten den Bären und brachten die Stute, deren Haut zerfetzt war und der die Innereien halb heraushingen, zurück zum Hof. Große Fleischfresser tun sich selbst keinen Gefallen, wenn sie ihre Beute auf so groteske Weise zurichten. Für die Stute kam jede Hilfe zu spät. Stane holte den Schlachter, und noch am selben Abend machten sie ihrem Leiden ein Ende.

Weil das Tier geschlachtet worden war, ohne dass ein Vertreter der Behörden es zuvor begutachtet hatte, erhielt Stane keine Entschädigung, aber diesen Verlust hätte ohnehin keine Summe der Welt ausgleichen können. »Tiere zu züchten, ist eine Sache von vielen Generationen«, erklärt er mir. »Wenn so etwas passiert, verlierst du nicht nur ein Tier. Der gesamte Zuchtprozess erleidet dadurch Schaden. *Alles* erleidet dadurch Schaden.«

Er zeigt mir eine Präsentation mit dem Titel »Das Sterben des ländlichen Raums«. Sie gehört zu einem Vortrag, den er 2018 in Brüssel gehalten hat; damals reichte er bei der EU eine Petition ein, die von einundfünfzig NGOs unterzeichnet worden war, die ein Viertel des Landes repräsentierten. Die Petition forderte eine Verringerung der Bestände von Wildtieren und fleischfressenden Tieren. Sie beklagte, dass die »unausgewogenen europäischen Regelungen [...] soziale Konflikte, das Misstrauen gegenüber den Institutionen der EU und [...] die Euroskepsis« förderten.

»Die EU verfolgt eine Strategie der grünen Landwirtschaft«, sagt Stane. »Unser Betrieb arbeitet biologisch. Dahinter stehe ich.« Um als Biobetrieb zertifiziert zu werden, muss er die Tiere mindestens sechs Monate im Jahr draußen halten. »Aber auf der anderen Seite verfolgt die EU die Strategie, die Verbreitung großer Fleischfresser zu fördern. Das widerspricht sich. Wenn die EU will, dass die Bauern ihre Tiere aus den Ställen holen, kann sie nicht gleichzeitig dafür sorgen, dass es mehr Wölfe gibt. Sie kann nicht behaupten, die grüne Landwirtschaft zu fördern, und gleichzeitig Weidetiere zu Beutetieren machen.« Der Petition gelang es letztlich nicht, die politischen Entscheidungen zu beeinflussen, die auf europäischer Ebene getroffen wurden.

Bevor Slowenien der EU beitrat, konnte das Land die Populationen wild lebender Tiere, auch der großen Fleischfresser, selbstständig regulieren. Stane sagt, dass damals beide Seiten in Frieden miteinander lebten (auch wenn man die Wölfe nicht um ihre Meinung fragen konnte). Als die Europäische Kommission 1992 beschloss, fleischfressende Tiere besser zu schützen, gab es in den damaligen Mitgliedsstaaten (die allesamt zum politischen Westen gehörten) kaum noch Exemplare solcher Arten. Doch als 2004 zehn hauptsächlich osteuropäische Länder dazustießen, darunter auch Slowenien, waren auf einmal große Populationen von Bären und Wölfen da, die diese Gegenden nie verlassen hatten. In diesen Ländern, so Stane, waren die Bestände an großen Fleischfressern nie gefährdet gewesen, auch wenn viele Wissenschaftler das behaupten. Er ist nicht der Meinung, dass sie jetzt Regularien unterworfen werden sollten, die sich eine Gruppe westlicher Länder ausgedacht hat, die ihre eigenen Wolfsbestände fast ausgerottet haben.

»Wir kommen uns vor wie die Indianer in Amerika, als die Europäer kamen«, sagt Stane. »Sie hatten ihre Bräuche und ihre Tiere, und dann kamen die Europäer und haben ihnen ihr Land geraubt. Wir halten dieses Land hier am Leben. Wenn es hier keine Landwirtschaft mehr gibt, verlassen die jungen Leute das Tal. Und Orte wie dieser hier sterben.« Diese Worte könnten auch von Ivan stammen; viele Menschen in der Region teilen diese Ansicht.

Die Projekte zum Erhalt der großen Fleischfresser werden hauptsächlich durch LIFE finanziert (L'Instrument Financier pour l'Environment), ein EU-Programm speziell für Umwelt- und Klimaschutzprojekte. Das erklärte Ziel des bis 2024 laufenden Projekts LIFE WolfAlps bestand in der »Verbesserung der Koexistenz von Wolf und Mensch«. Sein Budget lag bei zwölf Millionen Euro, durchgeführt wurde es von vier Alpenländern in Zusammenarbeit mit mehreren Universitäten, Museen, Nationalparks und anderen Institutionen.

»Diese Jobs bei der EU sind *traumhaft*«, sagt Stane. »Du läufst ein bisschen in der Natur herum. Du machst ein paar Fotos von Wolfsspuren. Sammelst ein bisschen Scheiße ein. Die analysierst du dann – welcher Wolf mit welchem verwandt ist, und so. Sie kriegen Autos gestellt, Kleidung, Schuhe. Und bekommen eine Menge Geld. Natürlich kämpfen die für den Wolf, denn ohne Wolf haben sie keine Zukunft.«

Er schüttelt den Kopf über diese Absurdität. »*Hunderte* von Tierarten sind gefährdet«, fährt er fort. »Viele der Fische in unseren Flüssen. Aber für kein anderes Tier interessieren sich die Fachleute, die Politik und die Öffentlichkeit so sehr wie für den Wolf. Und warum? Wegen der Aura, die ihn umgibt. Mit einem Schmetterling verdienst du kein Geld.«

Stane betont, dass er nicht für die gänzliche Ausrottung von Bären und Wölfen ist. Er will nur nicht, dass sie hier in seiner Nähe leben.

»Wie könnte eine Lösung dann aussehen?«, frage ich ihn.

»Wir müssten die Bestände an Wölfen und Bären auf den Umfang von 2004 reduzieren«, antwortet Stane. »Und dann die Populationen so kontrollieren, wie wir das vor dem EU-Beitritt gemacht haben. Ganz einfach.«

Nun, ganz so einfach ist es nicht. Den Schätzungen von LIFE WolfAlps zufolge lebten in Slowenien in den Achtzigerjahren »nur noch wenige Tiere« (die Prämien für erlegte Wölfe waren erst 1973 abgeschafft worden). 2010, als die Erfassung begann, waren es zwischen vierunddreißig und zweiundvierzig, was bedeutet, dass 2004 der Bestand irgendwo zwischen »wenige« und zweiundvierzig lag. Ist das eine Zahl, die anzustreben sinnvoll wäre? Heute leben in Slowenien 135 Wölfe, und Platz wäre für sehr viel mehr. Die Tatsache, dass wir uns nur schwer eine Welt vorstellen können, die anders ist als die, in der wir aufgewachsen sind (die Wissenschaft spricht hier vom »Shifting Baseline Syndrome«), trägt wesentlich dazu bei, dass wir all das Schreckliche ausblenden, was wir in der Natur angerichtet haben, aber sie kann auch dazu führen, dass wir bei der Erhaltung der Natur extrem konservative Ziele verfolgen. Es ist leichter, davon auszugehen, dass die älteren Generationen, wenn sie davon erzählen, wie reich die Natur früher war, in falscher Nostalgie schwelgen, denn die Alternative – ihnen zu glauben – ist unerträglich. Wir haben schon vor 50 000 Jahren damit angefangen, die Großfauna unseres Planeten auszulöschen. Das meiste davon ist bereits seit so langer Zeit verschwunden, dass wir uns nicht mehr vorstellen können, wie die Erde einmal ausgesehen hat. Den Zustand von 2004 als Richtschnur zu nehmen, wenn man die Ökosysteme unseres Planeten wiederherstellen will, ist alles andere als ambitioniert.

Obwohl der Wolf in zahlreiche Regionen Europas zurückgekehrt ist, ist sein Verbreitungsgebiet heute nur etwa halb so groß wie im Jahr 1800. Bei sechs der neun Wolfsrudel in der EU mit grenzüberschreitenden Territorien wird der Erhaltungszustand noch nicht als »günstig« eingestuft. Historische Bestände können nur ungefähr geschätzt werden, aber vor zweihundert Jahren gab es in Schweden noch so viele Wölfe, dass jedes Jahr zwischen 500 und 700 erlegt wurden. Dieses Jahr hat das schwedische Parlament beschlossen, die landesweite Population auf 250 Tiere zu begrenzen, während der Jägerverband sich weiterhin für eine Obergrenze von 150 einsetzt. Schätzungen zufolge lebten im Jahr 1800 allein in Frankreich zwischen 10 000 und 15 000 Wölfe. Heute sind es ungefähr 800, und selbst das sind in den Augen der Bauernverbände noch ungefähr 800 zu viel. In Europa lebt mittlerweile nur noch ein Viertel der Bevölkerung auf dem Land, und europaweit wird bis 2030 ländlicher Raum von der Größe Italiens von der Bevölkerung verlassen worden sein, weshalb Wölfe mehr Lebensraum als je zuvor haben dürften. Doch selbst Umweltschützer können sich eine so gewaltige Menge kaum vorstellen.

Marija bringt uns türkischen Kaffee, selbst gemachten Kuchen und Honigschnaps. Stane blättert durch seine Präsentation, die auch drastische Bilder von ausgeweidetem, halb totem Vieh enthält. Eine Seite zeigt eine Skala, die angibt, wer für und wer gegen den Wolf ist. An einem Ende, bezeichnet mit »Dagegen«, stehen »Bauern und Landbevölkerung«, am anderen »Fachleute und Institutionen, die aus Steuermitteln finanzierte Projekte durchführen«. Stane deutet auf »Romantische Naturschützer«, die nahe am Ende des »Dafür«-Spektrums stehen.

»Ich glaube, du bist irgendwo hier«, sagt er. »Etwas anderes nehme ich dir nicht ab.«

Ich versuche, ihn vom Gegenteil zu überzeugen. Dabei lasse ich unerwähnt, wie ich mich gefühlt habe, als ich letzte Nacht im Wald den Luchs gehört habe. Stane sieht mich mit einem schwachen Lächeln an und wartet, bis ich meinen Vortrag über Unparteilichkeit beendet habe.

»Eine Frage noch, damit ich dich besser verstehe«, sagt er dann und beugt sich vor. Das Schnapsglas verschwindet fast in seiner Hand. »An was für einem Ort lebst du?«

»Na ja, im Moment in der Stadt«, antworte ich.

»In der Stadt«, wiederholt er, beinahe triumphierend.

»Es ist eine kleine Stadt«, sage ich kleinlaut. Aber Stane hat meinen schwachen Punkt getroffen.

»Und weißt du, was die Behörden machen, wenn Ratten in der Stadt sind?«, fragt er.

»Letztes Jahr habe ich in Schottland am Meer gelebt«, murmele ich.

»Die Ratten stören die Menschen in den Städten«, fährt er fort. »Also bringen die Behörden zweimal im Jahr überall eine Menge Gift aus. Ein *grässliches* Gift. Die Ratten sterben, weil ihre inneren Organe ausbluten. Das ist ein sehr grausamer Tod. Aber die Leute in den Städten kümmert das nicht. Sie wollen ohne dieses Raubtier leben.«

»Okay«, sage ich. »Ich verstehe, was du meinst.«

»Der Wolf ist für uns auch ein Raubtier. Aber wir dürfen

kein normales Leben führen. Dürfen ihn nicht umbringen. In der Stadt werden an Mäusen, Ratten und Tauben regelrechte Massaker verübt. Aber dann wollen sie die Wölfe schützen und die Bären. Aber nicht in ihren Städten. Sie wollen sie *hier* schützen.« Er drückt einen seiner gewaltigen Finger auf die Tischplatte. »Sie glauben, sie haben das Recht, diese Tiere hierher zu bringen. Niemand fragt uns, ob wir das wollen. Sie fragen Leute wie dich, die in den Städten leben. Sie wissen nicht dasselbe wie wir hier, und sie empfinden nicht dasselbe. Und dann kommen sie mit diesen umfangreichen Studien daher und behaupten, die Leute wollen den Wolf. Aber das sind Leute wie du, nicht wie wir.«

»Ich bin nicht hier, um für den Wolf zu sprechen«, sage ich. »Ich bin hier, um zuzuhören. Ich will für keine Seite Stellung beziehen.«

»Aber glaubst du nicht, dass du mit deiner Wanderung dafür sorgst, dass der Wolf mehr Leuten ans Herz wächst?«

»Wenn wir den Wolf bedingungslos schützen, vernichten wir ihn dadurch«, sagte Stane später zu mir. Wir waren mit dem Abendessen fertig und unterhielten uns noch immer. Marija hatte uns allein gelassen. Ich war gern in Stanes Gesellschaft, ich mochte es, wie er gegen mich stichelte und mich piesackte. »Jäger und Bauern haben die Wolfsbestände jahrhundertelang kontrolliert«, fuhr er fort. »Nur deshalb *gibt* es überhaupt noch Wölfe. Die Leute sind fasziniert von der Aura des Wolfs, aber mittlerweile verhalten sich die Tiere wie Hunde. Sie laufen durch die Dörfer, völlig ohne Scheu. Wölfe paaren sich mit Hunden. Wir müssen den Wolf in seiner Natur bewahren, die sich im Lauf von Jahrtausenden entwickelt hat. Und nicht zusehen, wie er sich mit *Hunden* paart.«

Natürlich hat der Mensch die Natur schon immer manipuliert. Wir können gar nicht anders. Vor zweitausend Jahren berichtete Plinius davon, dass die Germanen, um kräftigere Hunde zu erhalten, die Weibchen festbanden, damit Wölfe auf der Wanderschaft sie begatten konnten. Die Indigenen in Alaska kreuzten Tiere, um ihre Schlittenhunde aufzupeppen. Männer, die sich selbst für einen Typen halten, der einen Wolf als Haustier hat, besitzen meistens ein Tier, das mit einem Hund gekreuzt wurde, um das Wölfische zu tilgen. Einer Schätzung zufolge leben allein in den USA 300000 solcher Hybriden in Gefangenschaft.

Anders als etwa Maulesel sind Kreuzungen aus Wolf und Hund fortpflanzungsfähig. Dasselbe gilt für Katzen; in Schottland sind die echten Wildkatzen so gut wie ausgestorben, weil sie sich mit verwilderten Hauskatzen gepaart haben und ihr Genpool durch streunende Haustiere verwässert wurde. Die Gefahr, die dem Wolf droht, ist nicht weniger real. Wenn ein Rudel an einem Ort bleibt, bringt es in der Regel die Hunde in seinem Territorium um (die blutverschmierte Leine vor der Hundehütte, die eines der Kinder am nächsten Morgen findet, ist ein PR-Desaster für den Wolf), aber wenn es sich ein neues Gebiet erobert, liegen die Dinge anders. Kehrt der Wolf in ein Gebiet zurück, aus dem er verschwunden war, gibt es dort anfangs nur wenige potenzielle Partner, aber mit Sicherheit Hunde. Als in den Neunzigerjahren die Menschen vor den Balkankriegen flohen, ließen sie ihre Hunde zurück. Die Wölfe haben die verlassenen Gegenden wieder besiedelt, wobei ihnen das herrschende Chaos zugutekam. Dreißig Jahre später leben in Dalmatien mehrere Rudel mit etlichen Hunden im Stammbaum.

Ehrlich gesagt gefällt mir die Vorstellung, dass ein Hund

gemeinsam mit einem Wolf durchbrennt. Das fühlt sich nach Freiheit an, wie in einer Geschichte von Jack London. In Wahrheit ist das aber, als würde ein Mensch mit einem Schimpansen abhauen – ein äußerst starkes Tabu und wirklich eine erschreckende Vorstellung. Auch für die Wölfe ist es schrecklich. »Wenn die Hybridisierung einmal eingesetzt hat, kannst du nichts mehr tun, gar nichts mehr«, hatte Hubert mir erklärt. »Dann müssen wir sie erschießen. Wenn man für den Fortbestand des Wolfs sorgen will, bleibt einem nichts anderes übrig.«

Doch mittlerweile genießen die Wölfe so umfassenden Schutz, dass sich selbst das Töten von Kreuzungen als unmöglich erweisen kann. Erschwert wird es durch die emotionale Argumentation der Menschen am romantischen Ende von Stanes Skala, für die alles, was einem Wolf auch nur ähnlich sieht, sakrosankt ist. Seitdem der Wolf zurück in Italien ist, wird dort der Nachwuchs von Kreuzungen sterilisiert, doch nur ein einziges Rudel zu sterilisieren, kann fast eine Million Euro kosten. Wenn die Behörden sie nicht sterilisieren, versuchen sie, die Tiere zu fangen und in Zoos zu stecken, weil ein Tier einzusperren moralisch weniger vertrackt ist, als es zu erschießen. Doch wenn ein Wolf aus der Wildnis in Gefangenschaft gehalten wird, kann das schwerwiegende Folgen für seine Psyche haben. »Man sieht ihnen an, wie sie leiden«, sagt Hubert. »Und das nur, weil unsere Gesellschaft nicht bereit ist, einzelne Todesfälle zu akzeptieren. Die Menschen quälen sich mit der Vorstellung, dass ein einzelner Wolf erschossen wird, aber wenn Wölfe sich mit Hunden kreuzen, verlieren wir möglicherweise die ganze Gattung.«

Derzeit sind die Schwierigkeiten noch überschaubar. In Slowenien gibt es nur ein Rudel mit Kreuzungen, aber im

Apennin, wo die Wölfe bis in die Vororte der Städte vordringen, wird das Problem drängender. 2019 wurde im Rahmen einer Studie festgestellt, dass in den Schweizer Alpen weniger als zwei Prozent der Wölfe einen signifikanten Hundeanteil haben, während dieser Wert in Ländern mit mehr herumstreunenden Hunden, etwa in Georgien oder Griechenland, bis zu zehn Prozent erreichen kann. »Nunmehr liegen wissenschaftliche Erkenntnisse vor, anhand derer die öffentliche Debatte objektiv geführt werden kann«, schließen die Autoren der Schweizer Studie voller Zuversicht. Doch die Gegner des Wolfs, denen ich auf meiner Wanderung begegne, behaupten immer wieder, Europa werde von Kreuzungen geradezu überrannt. »Schau dir bloß sein Gesicht an«, sagen sie und zeigen mir auf ihren Handys Videos. »Schau dir an, wie er sich verhält. Das ist kein echter österreichischer Wolf.« Menschen, die Wölfe hassen, können sich plötzlich wahnsinnig darüber aufregen, dass die Reinheit der Rasse verwässert wird. »›Schwärme‹ von Wolfshunden bedrohen Europas Wölfe«, plärrte die *Daily Mail* 2019 in einer Schlagzeile mit Worten, die aus einer anderen Rubrik des Blattes zu stammen schienen. Die Gefahr ist real, aber ohne handfeste Beweise Alarm zu schlagen, kann den Fortbestand des Wolfs stärker bedrohen als Kreuzungen. So wurde etwa 2022 in der Westschweiz eine mutmaßliche Kreuzung erschossen, doch die Obduktion ergab, dass das Tier zu hundert Prozent ein Wolf gewesen war.

In Italien gibt es Wölfe mit schwarzem Fell und weißen Pfoten, die gemeinhin als Kreuzungen gelten. Diese Veränderungen können bis in die späten Neunzigerjahre zurückverfolgt werden, als der Italienische Wolf in den Lebensraum von Hunden vordrang. Doch mittlerweile sind diese Kreuzungen wieder so sehr in der Wolfspopulation aufgegangen, dass sie in genetischer Hinsicht kaum noch einen Hundeanteil in sich tragen, auch wenn es so scheinen mag. Wie rein sollte ein Wolf sein? Je ausgefeilter die Analysemethoden werden, desto komplizierter wird die Antwort auf diese Frage. Seit 15 000 Jahren leben Wölfe und Hunde gemeinsam auf diesem Planeten, und es lässt sich kaum ein Stammbaum ausfindig machen, in dem nicht irgendein Urahn eines Wolfs irgendwann ein Techtelmechtel mit einem Hund gehabt hätte.

Astrid Vik Stronen, Biologin an der Universität Ljubljana, hält es für wichtig zu beobachten, wie sich ein Tier in der freien Natur verhält. Sich auf genetische Reinheit zu versteifen, bedeutet in ihren Augen Sehnsucht nach der Vergangenheit – die konservativste Form des Naturschutzes. »Es hilft, wenn man sich vorstellt, dass man nicht nur den Wolf bewahren will, sondern seine Funktion im Ökosystem«, erklärte sie mir. Mir scheint, in Zeiten rasanten Wandels, in denen das einzig Sichere die Veränderung ist, kann es hilfreich sein, nicht nur Wölfe unter diesem Gesichtspunkt zu betrachten.

Denn dem Rotwild ist es letztlich egal, wer es verspeist.

Stane will mir seine Pferde zeigen. Eines von ihnen trägt ein Halsband, so ähnlich wie das von Slavc, sodass Stane seine kleine Herde jederzeit mit einer App auf seinem Handy orten kann. Er steckt ein Stück Brot ein, das vom Abendessen übrig geblieben ist, und wir verlassen das Haus und steigen in sein Auto.

Der Wagen folgt dem Verlauf des Hangs, den auch der Wolf entlanggegangen ist. Stane deutet auf die Gipfel, an denen wir vorüberkommen, als würde er mich alten Freunden vorstellen. »Das ist der Grintovec«, sagt er. »2558 Meter. Das da ist die Jezerska Kočna, 2540 Meter. Und da gehst du morgen hin.« Er zeigt auf eine Bergkette im Norden. Österreich ist nur wenige Kilometer entfernt, doch zur Zeit des Kommunismus war die Grenze unüberwindbar. Im Westen prallt die Sonne rot leuchtend gegen die Gipfel, und der Schnee auf den Hängen glüht pink.

»Weißt du, wann ich von links nach rechts gerückt bin?«, fragt Stane.

Ich sitze in der Dämmerung auf dem Beifahrersitz und warte, dass er es mir erzählt.

»Marjia und ich waren damals dreißig Jahre alt. Wir waren mit unseren beiden Söhnen in Jezersko beim Skifahren, eine Gegend, die wir von Kindesbeinen an kannten. Wir waren leidenschaftliche Skifahrer und Bergsteiger, davon habe ich dir ja erzählt.« Er deutet auf einen Hang am Ende des Tals, der schon fast in der Dunkelheit liegt. »An der Grenze hatten serbische Soldaten Dienst. Und sie haben uns festgehalten, mit den beiden kleinen Kindern, weil wir keine Ausweise dabeihatten. Sie haben uns auf die Hauptwache mitgenommen. Haben uns da *stundenlang* festgehalten und uns alle möglichen Fragen gestellt. Sie wollten, dass wir zugeben, dass wir über die Grenze fliehen wollten.« Das macht ihn noch heute wütend. Er atmet schnaufend durch die Nase. »Ich hab zu ihnen gesagt: ›Schon meine Vorfahren wurden hier geboren. Wir leben seit Jahrhunderten hier. Das ist *unser* Land.‹ Und dann kommen diese serbischen Soldaten daher und wollen mir erzählen, was ich angeblich tun wollte. Ich war völlig durcheinander.«

Heutzutage kann man sich nur noch schwer vorstellen, wie streng es an diesen Grenzen zuging und dass vor nur einer Generation hier das Ende der Welt war und nicht das Herz Europas. »Und bis dahin warst du ein Linker?«, will ich wissen.

»Mein Vater war bei den Partisanen«, sagt Stane. »Er hat

gegen Hitler gekämpft. Darauf waren wir immer stolz. Daran war nichts falsch. Falsch war in Jugoslawien, dass die Menschen, die ihre Heimat liebten, für die kommunistische Revolution missbraucht wurden. Wir hätten nach dem Zweiten Weltkrieg die Demokratie behalten sollen.«

Wir fahren weiter. Die Dämmerung schreitet rasch voran. »Und wo stehst du politisch?«, fragt Stane nach einer Weile. »Was hältst du vom Brexit?«

Das musste ja kommen, denke ich und sage mein Sprüchlein auf: meine Partnerin, meine Kinder, dass mich das traurig macht.

»Und wie denkst du über Einwanderung?«, fragt Stane weiter.

»Ich halte das für eine gute Sache.«

Stane lächelt. Ich sehe ihn vor mir, wie er wieder auf »Romantische Naturschützer« deutet.

»Gibt es hier viele Einwanderer?«, frage ich ihn.

»Als die große Welle kam, hatten wir hier eine Menge davon, aber die wollten alle nach Deutschland oder nach Italien. Ich bin dafür, dass wir Menschen unterstützen, die vor ihrer drohenden Ermordung fliehen, aber wenn jemand aus wirtschaftlichen Gründen flieht, ist das nicht gut. Das verändert die Art, wie wir leben. Europa kann nicht halb Afrika und halb Asien aufnehmen. Es gibt nicht genug Arbeit für alle, und normalerweise haben Flüchtlinge auch nicht die Kenntnisse, die sie bräuchten, um hier zu arbeiten. Und wenn sie keine Arbeit haben, dann führen sie hier ihr eigenes Leben, mit Prostitution und Kriminalität. In Schweden herrscht das reinste Chaos. Da gibt es ganze Bezirke, die nicht mehr unter Kontrolle sind.«

Überall auf meinem Weg auf Slavc' Spuren wird mir diese

Angst, ersetzt zu werden, begegnen. Diese im Osten dräuende Gefahr. Die Vorstellung, dass der europäische Lebensstil durch Zuwanderung verändert wird, ein Gedanke, der immer höher im Kurs steht. Gestern Abend erklärte mir der Besitzer eines Campingplatzes, dass die blauen europäischen Augen durch das Braun der Augen der Neuankömmlinge verwässert würden. Der letzten Zählung zufolge gibt es in Slowenien 135 Wölfe, und im Jahr 2022 werden in Slowenien, einem Land mit über zwei Millionen Einwohnern, gerade einmal 6618 Asylanträge gestellt werden. Dennoch werfen hier in den ländlichen Regionen sowohl Wölfe als auch Geflüchtete lange Schatten.

Stane macht sich Sorgen über den Ausgang der bevorstehenden Wahlen. Die Linken, so meint er, haben keinen Respekt vor den traditionellen Werten der Landbevölkerung. Sie wollen die Menschen um die Früchte ihrer harten Arbeit bringen. Die jungen Leute erkennen nicht, welche Gefahr der Wolf darstellt, aber die Angehörigen seiner Generation wissen noch, wie es vor vierzig oder fünfzig Jahren war. »Ihnen ist nicht klar, welchen Einfluss die großen Fleischfresser auf die soziodemografische Entwicklung haben«, sagt Stane. »Das ist ein langsamer Prozess, aber er ist im Gange.«

Er schaut auf sein Handy, stellt den Wagen ab, und wir steigen aus. Diese Stelle hier hat noch Sonne, aber die Temperatur liegt nur knapp über null. Stane geht, leicht gebeugt, über eine Wiese. Bei seinem Anblick muss ich an Atlas denken, hier oben auf dem Dach der Welt. Mein Blick schweift über ein Tal, das aussieht, als hätte sich dort seit tausend Jahren kaum etwas verändert, und das sich doch mit dem Wetter täglich ändert.

Ich folge Stane bis zu einer Stelle, an der er den Hang hinunter deutet. Unter uns stehen sechs seiner Pferde und grasen. Manche von ihnen tragen Glocken – dieses antiquierte GPS –, die in Mollakkorden durch das Tal tönen. Stane pfeift, und die Pferde heben die Köpfe und zockeln den Hang zu uns herauf. Er holt das Stück Brot aus der Tasche und gibt es dem ersten Tier, das vor ihm steht. Haflinger sind sagenhafte Pferde, sie haben etwas Mythisches, sind samtbraun und haben schneeweiße Blessen und Sterne. Stane reibt ihnen die Ohren. Sie blecken die Zähne.

»Ich weiß nicht, wo die anderen sind«, sagt Stane. »Drei fehlen.« Er deutet auf eines der kleineren Tiere. »Schau, die hier. Kein Problem für einen Wolf.«

»Wo sind sie denn?«, frage ich.

Er zuckt mit seinen großen Schultern. »Wenn so etwas noch einmal passiert, müsste ich aufgeben. Man kann Tiere nicht das ganze Jahr über im Stall halten.« Er dreht sich um und blickt in die rasch anwachsende Finsternis. »Bonnie!«, ruft er in einem hohen Singsang. »Bonnie!«

Er geht den Hang hinab. »Bonnie!«, ruft er erneut, hörbar beunruhigt. »Booon-nieee!« Er bewegt sich ganz steif, seine Knie haben den Dienst längst aufgegeben. Ich folge ihm.

»Wer, glaubst du, wird dein Buch lesen?«, fragt er über die Schulter. »Leute wie wir hier, oder die Leute aus der Stadt? Oder die Romantiker?«

»Alle, hoffe ich.«

Er nickt. »Das wird interessant, auf welche Weise du schilderst, wie wir hier leiden. Die Leute in der Stadt glauben, es gehört zum Fortschritt der Zivilisation, dass wir leiden.«

Von den Pferden keine Spur. Vorgebeugt steht Stane da und späht in alle Richtungen. Wir lauschen angestrengt. Krähen fliegen an ihren angestammten Platz, um zu schlafen, schießen wie Splitter über den Himmel. Stane ruft noch einmal in die Stille hinein. Dann ist endlich das Läuten einer Glocke zu hören. Und plötzlich taucht wie eine Erscheinung Bonnie auf, trottet aus dem Wald heraus, aus der Dunkelheit, hinter ihr die beiden anderen Pferde.

»In Ordnung«, sagt Stane. Unübersehbar fällt ihm eine Last von den Schultern. »Alles in Ordnung.«

# Österreich, Frühling

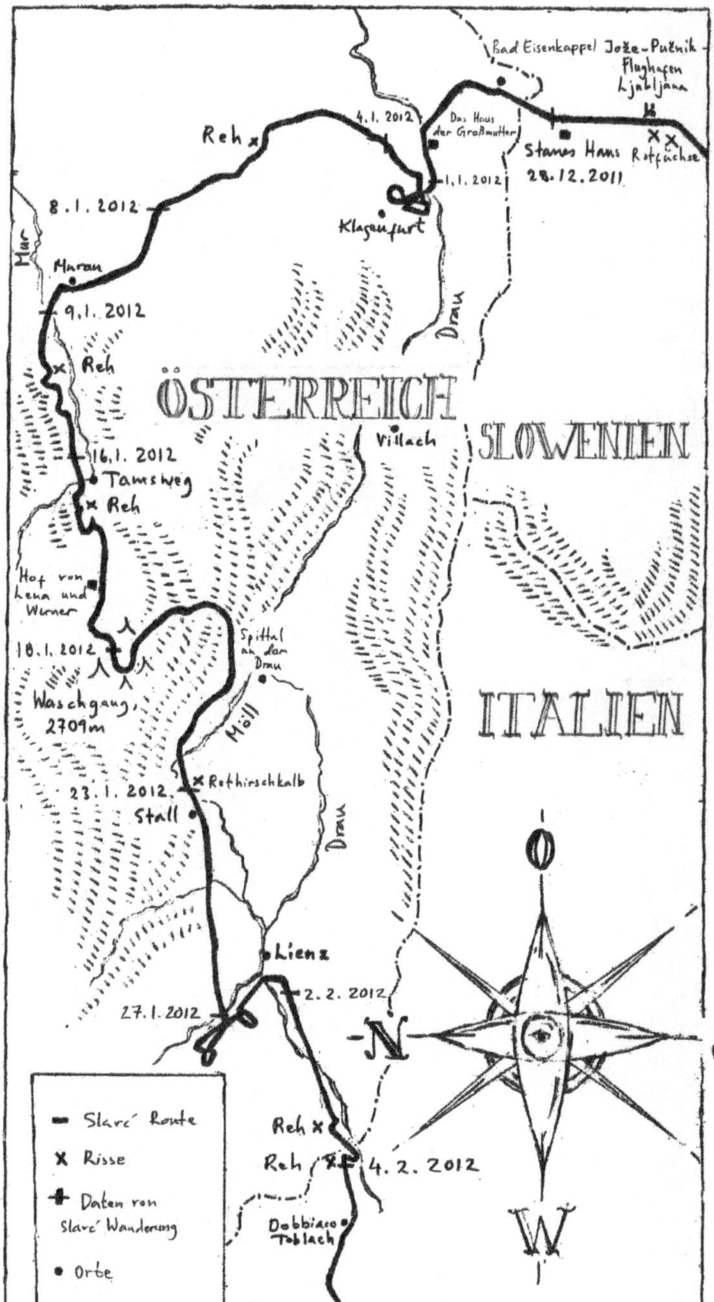

Bad Eisenkappel
Jože-Pučnik-Flughafen Ljubljana
Das Haus der Großmutter
4.1.2012
Reh
Stanes Haus
28.12.2011
Rotfüchse
1.1.2012
8.1.2012
Klagenfurt
Mur
Murau
9.1.2012
Drau
Reh
ÖSTERREICH
Villach
SLOWENIEN
16.1.2012
Tamsweg
Reh
Hof von Lena und Werner
Spittal an der Drau
18.1.2012
Waschgang, 2709m
ITALIEN
Möll
Rothirschkalb
23.1.2012
Stall
Drau
O
Lienz
2.2.2012
27.1.2012
N
S
Slavć Route
Risse
Daten von Slavć Wanderung
Orte
Reh
Reh
4.2.2012
Dobbiaco Toblach
W

# 5

*Nein! Du sollst doch den Weg nicht verlassen!*
*Hast du denn nicht zugehört, was ich dir gesagt habe?*
*Sobald du vom Wege abkommst, bist du rettungslos verloren.*
*Die wilden Tiere kennen kein Mitleid.*

Angela Carter, *Die Zeit der Wölfe*; Regie: Neil Jordan

Um nach Österreich zu gelangen, bietet sich nur ein Weg an: der über die Straße. Einen nach dem anderen hake ich die Kilometersteine ab, während ich hinter Kokra stetig bergan gehe. Den ganzen Vormittag überholen mich Gruppen von Motorradfahrern, dutzendweise und in Lederkombis, die den Sonntag nutzen, um Haarnadelkurven zu trainieren. Vor mir erhebt sich die Bergkette, über die der Pass führt. Die Straße verläuft eine Weile am Fluss Kokra entlang, der aus höheren Lagen herabströmt, folgt seinem Mäandern. Es ist der erste wirklich warme Tag des Jahres, und viel lieber würde ich es mir auf einer Wiese gemütlich machen und baden. An einem kleinen Kiesstreifen am Ufer lege ich eine Rast ein, verzehre das Mittagessen, das Marija mir eingepackt hat, und halte die Füße ins Schmelzwasser. Wilde Erdbeeren sprießen, rote Sprenkel im Gestrüpp, kleine Geschmacksexplosionen. Vögel singen, und die Sonne perlt durch die Baumkronen.

Früher gab es einen Bus, der diese Straße entlangfuhr, später zwei Linien, die sich an der Grenze trafen. Jetzt fährt kein Bus mehr, und wer vom slowenischen Kokra ins österreichische Vellachtal will, braucht ein eigenes Fahrzeug oder muss zu Fuß gehen. Am frühen Nachmittag überquere ich die Grenze. Ein blaues Schild mit der Aufschrift *Republik Österreich,* umringt von Sternen. Der Grenzposten ist geschlossen und sieht aus, als wäre er schon seit Jahren in diesem Zustand. Überall um mich herum Berge. An einem Aussichtspunkt informiert ein ausgebleichtes Plakat über die Schweinegrippe, die von Osten her auf dem Vormarsch ist, und warnt davor, hier Wurstreste wegzuwerfen. Am vorletzten Tag des Jahres 2011 stieg Slavc über die bewaldeten Hänge des Tals zu dieser Passhöhe herauf, etwa hundert Meter oberhalb von mir.

In Österreich gehe ich in das erste Lokal am Weg, nur wenige Meter hinter der Grenze. Ein rauchgeschwängerter Raum, der mehr oder weniger auch das Wohnzimmer der Frau ist, die mich bedient. Das Bier ist von einer anderen Marke, schmeckt aber genauso wie in Slowenien, und ich bestelle es mit den drei Worten Deutsch, die ich kann. Am Himmel sind Wolken aufgezogen, und als ich den Pass hinabgehe, fängt es zu regnen an. Große, schwere Tropfen explodieren auf der Straße und reißen die Blüten von den Bäumen, sodass es aussieht, als würde es schneien. Slavc hat sich weiter oben gehalten, aber für mich ist das Gelände dort zu steil, also gehe ich die endlose Abfolge von Serpentinen hinab in dieses neue Land. Der Regen wird stärker, die Luft knistert. Auf dem Asphalt krümmt sich eine Hälfte einer plattgedrückten Schlange. Für eine Weile riecht die Straße nach Sonne.

Überall am Straßenrand stehen verlassene Häuser, daneben türmen sich Holzstapel und warten auf Winter, die die Bewohner nie erlebt haben. Seit wie vielen Jahren lagern sie dort schon? Die Häuser sind groß, haben große Holzbalkone, sind gebaut für große Familien. Eine raue Gegend, die im Winter von der Außenwelt abgeschnitten ist und nur wenige Stunden am Tag Sonne hat. Die Bewohner sind schon vor langer Zeit weggegangen, in die Städte, in Wohnungen mit Zentralheizung, und ihre Kinder sind nach Wien gezogen. Dachziegel fehlen, die Dächer sind abgesackt und Büsche wachsen durch sie hindurch, aber es würde nicht viel Mühe kosten, die Häuser wieder bewohnbar zu machen. Ich komme an einer Kirche vorbei, vor der verfallene Gräber in der durchweichten Erde versinken. Es schüttet jetzt wie aus Kübeln, das Wasser schießt die Straße hinab, und irgendwann versuche ich, völlig durchnässt, mein Glück bei einem der Häuser. Hinter der Tür hat sich Schutt angesammelt, und ich drücke dagegen, um sie zu öffnen. Das Linoleum hat sich vom Boden gelöst, als wäre das Haus gehäutet worden. Die Räume sind leer. Die Decke ist undicht. Über einem Türsturz steht *Tritt ein, bring Glück herein.* Ich setze mich auf den Boden, esse ein paar Nüsse und warte darauf, dass der Regen aufhört.

An diesem Abend übernachte ich in Bad Eisenkappel, bei Stefan. Er ist Biologe, und ein gemeinsamer slowenischer Freund hat mir seine Adresse gegeben. Als ich bei ihm klopfe, ist es schon dunkel. Auf der Veranda ziehe ich mich aus und hinterlasse Pfützen auf dem Boden, während Stefans Katzen um meine Beine schleichen. Er macht ein Abendessen aus Eiern und Würstchen und schenkt mir ein Glas selbst gemachten Apfelsaft ein. Im Garten des Hauses blühen die Apfelbäume, die jetzt schwer vom Regen sind. Stefan gehört zu der großen slowenischen Minderheit in Kärnten. Seine Familie ist vor hundert Jahren hier gelandet, als die Grenze zwischen Slowenien und Österreich verbindlich festgelegt wurde. »Früher hatten wir es nicht leicht«, erzählt er mir während des Essens. »Diese populistischen Regierungen hatten es immer auf die Minderheiten abgesehen, also auch auf uns.« Er lächelt betreten. »Aber jetzt setzen sie den Flüchtlingen zu, und wir haben unsere Ruhe.«

Ich frage ihn nach den leeren Häusern. Früher gab es hier in der Gegend viel Arbeit, erzählt er. Quecksilber und Blei wurden abgebaut, es gab eine Papierfabrik, und nach Bad Eisenkappel führte eine Bahnstrecke, die Menschen und Güter transportierte, aber schon vor Jahren in einen Radweg umgewandelt wurde. Auch existierten mehrere Heilbäder, denn hier stoßen die eurasische und die afrikanische Platte aufeinander, und allerlei Gesundes schießt blubbernd aus dem Boden, Minerale und Wärme. Aus Klagenfurt, Wien und Ljubljana kamen wohlhabende Gäste, um in dem, was die Region zu bieten hatte, zu baden. Hier hatte man schon Strom, bevor Klagenfurt elektrifiziert wurde, noch vor dem Zweiten Weltkrieg.

Doch all das liegt lange zurück. Im letzten Jahrzehnt ist die Bevölkerung um zehn Prozent zurückgegangen. Vor einigen Jahren wurden hier ein paar Migranten untergebracht, um der Flüchtlingswelle ein wenig den Schwung zu nehmen. Der Bürgermeister berief eine Versammlung ein, und die Leute sagten, sie wollten die Flüchtlinge nicht, aber sie kamen trotzdem. Die jungen Männer wurden in einem leer stehenden Gebäude ein paar Kilometer außerhalb der Stadt einquartiert. Und sie hatten es gelinde gesagt nicht leicht, meint Stefan. Da waren sie nun, im Winter, im Schnee, zwei Stunden Fußmarsch von der Stadt entfernt, perspektivlos und traumatisiert. *Komm rein, bring Glück herein.* Stefan und seine Frau organisierten Fahrräder, Bücher, Tomatenpflanzen. Sie nahmen sich Zeit für die Flüchtlinge, kochten mit ihnen. »Zu einigen hatten wir ein sehr inniges Verhältnis«, erzählt Stefan. Nach einer Weile radelten die Männer in die Stadt, um Arbeit zu suchen, illegal, Bezahlung bar auf die Hand. Hecken schneiden, Schnee schaufeln, solche Sachen. Und es stellte sich heraus, dass sie weitaus freundlicher waren, als die Menschen gedacht hatten. Abgesehen davon waren sie billige Arbeitskräfte.

»Wenn die Leute ihnen persönlich begegnet sind, hatten sie keine Angst mehr vor ihnen«, sagt Stefan, lehnt sich zurück und schiebt seinen Teller von sich. »Es ist wie mit dem Wolf«, fährt er fort und tippt sich an die Stirn. »Die Leute haben Angst vor dem, was in ihren Köpfen ist.«

In dieser Nacht schlafe ich auf Stefans Balkon, unter einem Vordach, unter einem halb vollen Mond, unter Weinranken.

Am nächsten Morgen wache ich früh auf. Die Sonne ist wieder da und wärmer als noch vor einer Woche. Vom Asphalt steigt Dunst auf. In einem Geschäft fülle ich meine Lebensmittelvorräte auf. Hier herrscht in Innenräumen noch Maskenpflicht – die feinen Unterschiede, wenn man eine Grenze überschritten hat. Mein Weg führt mich durch die Außenbezirke von Bad Eisenkappel, an einem kleinen Fluss entlang, der vom Schmelzwasser angeschwollen ist. Ein Spielplatz, ein Mann, der mit seinem Hund Gassi geht und lacht, als ich ihm von meiner Wanderung erzähle, als wäre das Wandern eine bedauernswerte Kulturtechnik. Mit dem Auto wäre ich in weniger als einer Stunde in Klagenfurt, der Hauptstadt Kärntens, aber Slavc zog es zurück in die Berge. Die Landschaft erstreckt sich bis in die Stadt, sodass schwer zu sagen ist, wo die eine aufhört und die andere anfängt, doch schon bald schnaufe ich Wege hinauf, die mit den für die Alpen typischen rot-weißen Markierungen gekennzeichnet sind. Bad Eisenkappel und das Vellachtal liegen unter mir, und ich bin wieder zusammen mit Slavc im Wald, auf seinem Weg, zehn Jahre nach ihm.

Heute ist einer dieser prächtigen Frühlingstage. Es ist kühl, und der Gesang der Vögel präzise. Dass ich hier oben bin, fühlt sich gut an; ich fühle mich lebendig. Ich gehe durch den Wald und folge einem Grat, der schon bald nach Norden verläuft. Ich komme zu einer Berghütte und stelle überrascht fest, dass sie offen hat. Der Inhaber sitzt draußen an einem Tisch, raucht und blickt in den Tag, der ihm wieder einmal keine Gäste bringt. Ich bestelle eine große Pfanne mit Eiern und Kartoffeln, und der Wirt steht kraftlos auf, um sie zuzubereiten. Ich esse im schwachen Sonnenlicht und blicke auf den Weg zurück, den ich gekommen bin. Kühe stehen herum, in gewichtige Gedanken versunken. Auf den umliegenden Hängen Streifen dichter, dunkler, vom Menschen gepflanzter Vegetation. Der Wind trägt das Surren von Kettensägen herbei.

»Kuckuck«, ruft ein Kuckuck.

Die reale Bedeutung von Grenzen steht im Widerspruch zu ihrer Unsichtbarkeit. Auf jeder Seite herrschen unterschiedliche Regeln, Ängste und Erwartungen an die Zukunft. Auch die Wälder sind anders. Hier gibt es deutlich mehr Kiefern, mehr kultivierte Abschnitte, und überall Stacheldraht. Nach dem Essen komme ich durch breite Waldstücke, die abgeholzt wurden, bahne mir einen Weg durch Überreste von Gestrüpp, durch Äste und Zweige, die wie Mikadostäbchen übereinanderliegen, und durch Pfützen, deren Senken von schweren Maschinen in die Erde gedrückt wurden und wie Wildschweinsuhlen aussehen. Im Unterholz wächst außer Butterblumen und Nesseln kaum etwas – ein scharfer Kontrast zu den lebenssprühenden Buchenwäldern und weitläufigen Wildblumenwiesen in Slowenien, wo der Einsatz von Pestiziden in Wäldern verboten ist. Kein Wunder, denke ich, dass Slavc hier nicht geblieben ist.

Im Mittelalter wurden weite Teile Europas entwaldet, um Ackerflächen und Weideland zu gewinnen, und das Holz wurde zu Holzkohle verarbeitet, die die rasant an Bedeutung gewinnenden Gewerbe antrieb: Schmelzhütten, Glasbläsereien, Töpferbetriebe. Die Wölfe, die keine Nahrung und keine Rückzugsräume mehr hatten, gerieten in direkten Konflikt mit den Menschen. Ähnlich wie bei Krankheiten, die vom Tier auf den Menschen und umgekehrt übertragbar sind, ist auch in dieser Hinsicht die Gefahr dann am größten, wenn die Grenze zwischen Wildtier und Mensch verschwimmt. Zahlreiche Kinder, die Schafe hüteten, fielen Wölfen zum Opfer. Wir hätten die Schuld uns selbst geben können, doch wir gaben sie dem Wolf. Er wollte sich unser Vieh und unsere Familien holen, und wir beschlossen, ihm zuvorzukommen. Österreich leistete gründliche Arbeit. In den 1870er-Jahren gab es hier keine Wölfe mehr, und so blieb es bis vor wenigen Jahren.

Betrachtet man eine Karte, die erst ein paar Jahre alt ist, erweist sich Österreich als Anomalie, als ein schwarzes Loch inmitten der Rückkehr des Wolfs. Obwohl »die Wahrscheinlichkeit für die Einwanderung von Wölfen hoch« ist, und obwohl das Land von Wolfspopulationen umgeben ist, die in Slowenien, Italien, Deutschland und der Slowakei ein Zuhause gefunden haben, war Österreich absolut frei von Wölfen geblieben. Das war kein Zufall, wie mir Hubert Potočnik erzählte, sondern hatte mit der seelischen Verfassung der Nation zu tun. »Die Österreicher leben inmitten der Natur, aber sie haben keine Verbindung zu ihr«, so hat Stefan es mir gestern Abend erklärt. »Es ist nicht normal, alles umbringen zu wollen.«

Als Hubert erkannte, dass Slavc nach Österreich unterwegs war, bemühte er sich, ihm so viel mediale Aufmerksamkeit wie möglich zu verschaffen, weil er hoffte, ein berühmter Wolf hätte bessere Chancen, nicht erschossen zu werden. Einen Wolf zu töten, ist in Österreich genauso illegal wie in allen anderen EU-Ländern, aber hier herrscht noch immer die Devise der vier S vor: *sehen, schießen, schaufeln, schweigen*. Stefan berichtete mir, dass in der Nähe von Bad Eisenkappel kurz zuvor ein Bär erlegt worden war – oder »ermordet«, wie er sagte. Die Täter nahmen den Kopf und die Tatzen als Trophäen an sich und warfen den Kadaver in eine Grube. Die Behörden fanden ihn mittels des Senderhalsbands, das neben ihm lag. Wilderer verwenden Vollmantelgeschosse, denn wenn diese in den Körper des Tiers eindringen, explodieren sie nicht sofort und töten es, sondern jagen glatt hindurch und führen zu Blutverlust. Der Wolf schleppt sich noch stundenlang dahin, bevor er verendet, und bis dahin ist der Täter schon so weit weg, dass es so gut wie unmöglich ist, ihn mit dem Verbrechen in Verbindung zu bringen.

Doch die Natur erträgt kein Vakuum, und obwohl es hier nach wie vor nur wenige Wölfe gibt, sind es doch mehr als keiner. Das erste Wolfspaar bekam im Jahr 2016 Nachwuchs, und offiziellen Angaben zufolge gibt es derzeit sieben Rudel, wodurch jedes Rudel theoretisch ein Territorium von mehreren Tausend Quadratkilometern hat. Unter günstigen Bedingungen – wenige andere Wölfe, ausreichend Beutetiere und viel Platz, mit anderen Worten: in Österreich – kann ein Wolfspaar jedes Jahr acht bis neun Junge haben. Wie man erst kürzlich feststellte, befindet sich das Land an einem Kipppunkt: 2022 stieg die Anzahl der Angriffe von Wölfen auf Vieh um 230 Prozent. Die Bauern sind wütend, die Landbevölkerung entsetzt, und überall auf dem Land herrscht das allgemeine, alles durchdringende Gefühl, dass die Hölle ausgebrochen ist.

Ich schlafe oben auf dem Grat. Die Nacht ist kalt und sternenklar. Am nächsten Tag wache ich in der Dämmerung auf und folge Slavc weiter auf seinem Weg, der nun vom Grat des Höhenzuges herabführt. Beide versuchen wir, uns im Wald zu halten, so gut es geht. Das Terrain ist ein einziges Durcheinander, Steine und Kiefern kreuz und quer. Ich wate durch einen Sturzbach, der von einem Steilhang herabschießt und weiter unten, wo er aufkommt, ein Becken in das Gestein gegraben hat. Am Rand der Gumpe wuchern Veilchen und Moos, und kalter Nebel zieht wie Rauch zwischen den Bäumen hindurch.

Schließlich trete ich aus dem Wald hinaus in die Überschwemmungsebene der Drau. An den Rändern kürzlich gepflügter Äcker stehen zitternde Mohnblumen. Wäldchen, Dörfer, Kirchtürme. Putzige Lerchen, die hoch oben wie Gewehrkugeln durch die Luft schießen. Hier hat Slavc die Berge hinter sich gelassen. Vielleicht hatte er genug vom Schnee; jedenfalls hielt er sich während der nächsten Wochen in niedrigeren Gefilden auf und wanderte an Flüssen und Straßen entlang durch die Täler Kärntens, der Steiermark und Osttirols. Er kam schnell voran und war nach etwas mehr als einem Monat am anderen Ende des Landes.

In den Dörfern sind sämtliche Lokale verrammelt. An den Hauswänden hängen vergilbte Plakate vom März 2020, die die Bevölkerung zum Händewaschen ermahnen. Sie wirken jetzt schon wie Artefakte, so wie die Lokale, die seit dieser

Zeit geschlossen sind. Dürre Katzen stolzieren wie kleine Tiger durchs Unkraut. Wo schmale Wege sich kreuzen, stehen inmitten von Löwenzahnwiesen Kruzifixe, die Jesuskörper abgemagert und blutig. Am späten Nachmittag mache ich auf einem Dorfplatz Rast und trinke einen Aperitif. Ich bin versucht, hierzubleiben, mir ein Abendessen und ein warmes Bett zu gönnen, aber wahrscheinlich sollte ich weitergehen. Ich kenne dieses Gefühl von meiner letzten Wanderung: einen Ort in der Abenddämmerung zu verlassen, wenn die Sonne schon untergeht und ich noch nicht weiß, wo ich die Nacht verbringen werde. Wenn der Abendtau schon die Wiesen befeuchtet, die Insekten herumschwirren und alles in einem weichen, blauen Licht leuchtet.

Vor einem Bauernhof lehnen zwei Kinderräder an einem Baum. Ein Licht brennt, und durch die offene Tür ist die Stimme einer Frau zu hören: »Ave Maria«, singt sie, »gratia plena.« Ihre schöne Stimme tönt durch die Dämmerung, und ich bleibe stehen und höre ihr zu. Um diese Tageszeit kann es passieren, dass ich angesichts meines Abenteuers und der Vielgestaltigkeit der Welt ganz ergriffen bin; ich kann mich aber auch schrecklich einsam fühlen, wie ein Fremder hinter einer Glasscheibe, und diese Gemütszustände können einander in Sekundenschnelle abwechseln. Beim »Amen« fällt ein Mann in den Gesang ein, und dann singen sie gemeinsam weiter: »Ave, Ave, Dominus. Dominus tecum.« Ich werde Zeuge von etwas zutiefst Persönlichem, das nicht für meine Ohren bestimmt ist, und plötzlich ist mir das unangenehm und ich wende mich ab und gehe.

An einer der Feldwegkreuzungen – ebenfalls mit Kruzifix – steht eine kleine Gruppe von Menschen, die sich unterhalten. Im Abendlicht werfen sie lange Schatten. Als ich auf sie zugehe, sehen sie zu mir herüber, und es wird klar, dass es sich um eine Familie handelt. Ein etwa siebenjähriger Junge versteckt sich beim Anblick des näher kommenden Fremden hinter den Beinen seiner Großmutter. Wir schütteln uns die Hände. Der alte Mann sagt etwas auf Deutsch, und die junge Frau übersetzt: »Mein Vater fragt, ob Sie Hunger haben.« Hunger habe ich immer.

Die prägendste Erfahrung, die ich während meiner Wanderung nach Istanbul gemacht habe, war, dass die Menschen freundlich sind. Als Kind hatte ich gelernt, dass man Fremden nicht trauen darf, doch auf dem Weg von England in die Türkei zeigte sich, dass das nicht stimmt. Ich bin Menschen begegnet, die fast verzweifelt versuchten, mit mir Kontakt aufzunehmen. Wenn ich in Frankreich oder im Kosovo durch ein kleines Dorf ging, kam jemand aus einem Haus gelaufen und sagte mir, sie feierten gerade eine Grillparty, ob ich nicht dazukommen wolle, ich sei herzlich eingeladen. Ich durfte in Kirchen und Moscheen übernachten. In jenem Jahr war ich bisweilen entsetzlich einsam, aber die Freundlichkeit der Menschen half mir, nicht aufzugeben. Und mir schien, sie machte sie ebenfalls glücklich.

Die Familie bittet mich in ihr Haus. Der Großvater bleibt fast die ganze Zeit in der Stube. Ich mag die straffe Energie, die von ihm ausgeht, und wir bekunden unser Wohlgefallen aneinander in der ausufernden Art, die Menschen manchmal annehmen, wenn sie sich kaum verständigen können. Er reicht mir einen großen, gut gefüllten Teller: Kümmelbrot, Essiggurken, Käse, Wildsalami von einem Nachbarn, Tomaten aus dem Garten, ein Bier aus dem Kühlschrank. Ich setze mich zum Essen auf den Balkon, mein Blick geht nach Norden über die Felder, die sich bis zur wenige Kilometer entfernten Drau erstrecken. Ich kann den Fluss nicht sehen, aber anhand der Beschaffenheit des Terrains seinen Verlauf erahnen. Im abnehmenden Licht klickert ein Rasensprenger. Alles ist ruhig.

Die Tochter meines Gastgebers setzt sich zu mir. Sie ist Mitte dreißig, heißt Lena und arbeitet als Küchenchefin in der nahe gelegenen Stadt. Um Gemeinsamkeiten zu finden, erzählt sie mir, dass sie der Queen auf Instagram folgt. Fledermäuse tauchen durch die Dunkelheit. Lena will wissen, ob ich auf Pilgerfahrt bin. Der Ort liegt am Jakobsweg, dem berühmten Pilgerweg nach Santiago de Compostela. Das nächste Dorf auf der Route heißt Gallizien, nach der spanischen Region, in der Santiago liegt. Vor der Pandemie haben sie einmal einen Pilger beherbergt – er hatte noch 3000 Kilometer vor sich – und hatten jetzt geglaubt, ich wäre auch einer. Vielleicht bin ich die falsche Art Wanderer, aber Lena scheint es egal zu sein, ob ich den Spuren eines Gottes oder denen eines Wolfs folge. Sie hört sogar mit einer gewissen Begeisterung, dass vor zehn Jahren ein Wolf namens Slavc in ihrem Garten stand.

Natürlich bin ich in vielerlei Hinsicht die richtige Art Wanderer – mit meinen teuren Schuhen und meinem Reisepass in der Tasche. Auf dem Weg nach Istanbul glaubte ich, dass einem die Freundlichkeit überall entgegenschlägt, wenn man sich nur empfänglich dafür zeigt. Seitdem habe ich gelernt, dass nicht jeder, der zu Fuß unterwegs ist, auf so viel Wohlwollen stößt oder sich so sicher bewegen kann. Ob man sicher und ohne Komplikationen vorankommt, hängt von etlichen Aspekten ab, wie etwa der Hautfarbe, dem Geschlecht oder dem sozialen Status. Davon, ob man die richtigen Papiere hat; dass man freiwillig unterwegs ist und nicht, weil man dazu gezwungen wurde. Slavc ist bei Weitem nicht der Einzige, der sich unbemerkt über Grenzen schleichen muss.

Der Großvater bereitet mir auf dem Balkon ein Lager, und so schlafe ich erneut unter den Sternen. Als ich am nächsten Morgen Kaffee trinke, gesellt sich die Großmutter zu mir und hilft mir, die Zeitung zu verstehen. Sie hat ein gütiges Gesicht und trägt einen hoch sitzenden Dutt, und wenn sie auf ihre liebevolle Art lacht, bilden sich Fältchen um ihre Augen. Das Boulevardblatt *Kronen Zeitung* ist die größte Zeitung des Landes. Heute ist Sonntag, und an den Frühstückstischen in ganz Österreich blickt ein Wolf von der Titelseite des Blattes in die gemütlichen Heimstätten von Familien. Es ist eines dieser typischen Agenturfotos – nichts als Reißzähne. Weiter hinten ist auf einer Doppelseite unter der lärmenden Schlagzeile »Auch unsere Kinder sind in Gefahr!« das grässliche Foto eines ausgeweideten Schafs zu sehen. »Die Kleinen können nicht mehr im Wald spielen«, wird ein Bauer zitiert. »Alle haben Angst.«

»Ich mag den Wolf nicht«, sagt die Großmutter. »Ich habe Angst vor ihm. Wir haben Angst um unsere Kinder. Wir leben seit dreiundvierzig Jahren in diesem Ort, und als wir hierhergekommen sind, gab es hier noch keine Wölfe.«

Der Großvater ist schon früh aufgestanden und stöbert in den Kisten, die in der Garage stehen. Jetzt kommt er in die Stube und breitet ein paar Papierrollen auf dem Boden aus. Sie stammen aus dem Jahr 1950. Es sind Darstellungen, wie sie früher vermutlich an den Wänden von Klassenzimmern hingen, als der Unterricht noch aus Auswendiglernen bestand und man den Kindern bestimmte Moralvorstellungen einhämmerte, indem man ihnen Angst machte. Wie er sagt, besitzt er über zweihundert dieser Plakate, und die beiden, die er mitgebracht hat, sind Darstellungen von Rotkäppchen.

Auf dem ersten Bild geht Rotkäppchen durch den Wald, mit rotem Käppchen, rotem Rock, roten Wangen. Es ist Frühling, und der Fingerhut blüht. Ein rotes Eichhörnchen flitzt durch die Äste einer Eiche. Rotkäppchen trägt einen Korb mit einer Flasche Wein und einem Stück Kuchen; beides will es seiner kranken Großmutter bringen, die vermutlich in der Hütte wohnt, die im Hintergrund zu sehen ist und aus deren Schornstein kräuselnder Rauch aufsteigt. Rotkäppchen begegnet gerade dem Wolf, der angetrottet kommt wie ein Hund, der weitab von seinem Zuhause ist. Rotkäppchen sieht nicht besonders verschreckt aus, und der Wolf nicht besonders bösartig. Mir fällt ein Satz aus dem Märchen ein, eine Kindheitserinnerung: »Rotkäppchen aber wusste nicht, was das für ein böses Tier war, und fürchtete sich nicht vor ihm.«

Das zweite Bild zeigt das Innere der Hütte der Großmutter. Ihr Lehnstuhl ist seltsamerweise leer, ihr Strickzeug liegt daneben. Rotkäppchen hält den Strauß mit Blumen, die es im Wald gepflückt hat, in der Hand. (Weil der Wolf das Mädchen dazu verleitet hat, den Weg zu verlassen, um die Blumen zu pflücken, war er vor ihm in der Hütte und konnte die Großmutter verschlingen.) Der Wolf liegt im Bett, trägt das Nachthemd, die Nachtmütze und die Brille der Großmutter, seine scharlachrote Zunge hängt ihm aus dem Maul, und er sieht irgendwie dämlich aus – vermutlich will er die Frau nachahmen, die er gerade gefressen hat. Die Haustür steht offen, und draußen ist der Jäger zu sehen, der gleich hereinkommen und das Rotkäppchen und die Großmutter aus dem Bauch des Wolfs retten wird, aber erst, nachdem der Wolf auch das Rotkäppchen gefressen hat.

»Kennen Sie diese Geschichte?«, fragt mich der Großvater.

Ich nicke. »Natürlich.« Jeder kennt diese Geschichte.

Keine Geschichte hat den kulturell bedingten Hass auf den Wolf stärker geschürt als das Märchen von Rotkäppchen. Meine Tochter ist jetzt fünf Jahre alt, und außer *Peter und der Wolf*, *Die drei kleinen Schweinchen* und *Wie spät ist es, Herr Wolf?* kennt sie noch so einiges aus dem Kanon. Ich erzähle ihr, dass Wölfe nicht so böse sind, wie die Menschen sagen, und dass sie im Grunde völlig ungefährlich sind. Aber ist das nicht langweilig? Der Wolf aus dem Märchen verheißt den Schauer der Angst, den blanken Nervenkitzel, verschlungen zu werden.

Wir alle sind mit der Fassung aufgewachsen, die die Brüder Grimm festgehalten haben. Ihre Sammlung *Kinder- und Hausmärchen*, die sie ab dem Jahr 1812 veröffentlichten, belegt hinter der Bibel den zweiten Platz in der Rangliste der meistverkauften Bücher in Deutschland. In einer frühen französischen Version wird der Wolf als verführerischer Fremder dargestellt, der das junge Rotkäppchen *(Le petit chaperon rouge)* überlistet, doch als das Märchen Deutschland erreicht und von den Brüdern Grimm niedergeschrieben wird, liegt die Schuld einzig und allein bei dem Mädchen. Weil das Rotkäppchen seiner Mutter nicht gehorcht und den Weg verlässt, erhält es seine gerechte Strafe. Der Wolf ist seinen Instinkten unterworfen, und Rettung kann nur der Jäger bringen, der die natürliche Ordnung wiederherstellt.

Der Großvater will mir ein weiteres Plakat zeigen und breitet es auf dem Boden aus. Darauf ist ein Wolf vor der Tür eines Hauses zu sehen, in dessen Inneren dicht aneinandergedrängt ein paar kleine Ziegen kauern.

»Kennen Sie dieses Märchen?«, fragt mich die Großmutter. »›Der Wolf und die sieben Geißlein‹?«

Ich kenne es nicht.

»Würden Sie es gern hören?«, fragt sie, lehnt sich in ihrem Stuhl zurück und fängt an zu erzählen.

»Es war einmal eine Ziegenmutter«, beginnt sie. »Die hatte sieben kleine Geißlein. Sie lebten zusammen in einem kleinen Haus im Wald, und die Mutter liebte alle ihre Kinder gleichermaßen, so sehr, wie man als Mutter seine Kinder nur lieben kann. Doch eines Tages musste sie ausgehen und im Wald Nahrung sammeln. Daher sagte sie zu ihren sieben Geißlein: ›Ich gehe in den Wald. Macht die Tür nicht auf, wenn ein Fremder kommt, und hütet euch vor dem Wolf. Denn wenn er ins Haus gelangt, wird er euch alle mit Haut und Haaren fressen. Vielleicht verkleidet er sich, doch wenn er an die Tür klopft, werdet ihr ihn an seiner rauen Stimme und seinen schwarzen Füßen erkennen.‹ Die Kinder sagten ihr, sie solle sich keine Sorgen machen, und so ging die Ziegenmutter in den Wald. Schon bald darauf klopfte es an der Tür.«

Die Großmutter klopft auf den Tisch, neben meinem Teller mit dem Toast. Das Erzählen bereitet ihr offenkundig Freude. Ihr Enkel streckt den Kopf zur Stubentür herein. Er versteht kein Englisch, aber das macht nichts, denn er hat die Geschichte schon oft gehört.

»›Wer ist da?‹, meckert die Großmutter in lieblichem Ton. Dann wird ihre Stimme tief und kratzig. ›Macht die Tür auf, liebe Kinder. Ich bin es, eure Mutter. Ich habe für jedes von euch ein Geschenk.‹

Aber die Stimme war rau, und die Geißlein fürchteten sich. ›Du bist nicht unsere Mutter‹, sagten sie. ›Unsere Mutter hat eine sanfte und freundliche Stimme. Du bist der Wolf.‹

Da ging der Wolf wieder weg, holte etwas Kreide und fraß sie, um seine Stimme weich zu machen. Dann kehrte er zum Haus zurück, klopfte wieder an die Tür und sagte: ›Macht die

Tür auf, liebe Kinder. Ich bin es, eure Mutter. Ich habe für jedes von euch ein Geschenk.‹

Doch durch das Fenster sahen die Geißlein seine schwarzen Pfoten, und sie sagten: ›Du bist nicht unsere Mutter. Unsere Mutter hat weiße Füße. Du bist der Wolf.‹

Da ging der Wolf zum Bäcker, ließ sich etwas Mehl geben und rieb sich die Füße damit ein. Dann ging er zum dritten Mal zum Haus, klopfte an die Tür und sagte: ›Macht die Tür auf, meine lieben, *lieben* Kinder. Eure Mutter ist gekommen, und ich habe für jedes von euch ein Geschenk.‹«

Und wieder klopft die Großmutter auf den Tisch, langsam und hinterhältig.

»Und als die Geißlein seine sanfte Stimme hörten und durch das Fenster seine weißen Pfoten sahen, sagten sie sich: ›Vielleicht ist es diesmal unsere Mutter.‹«

Die Augen des Enkels funkeln. Jetzt kommt seine Lieblingsstelle.

»Also machten sie die Tür auf, und dann kam der Wolf hereingestürmt und fraß sie alle auf!« Sie sieht uns beide an, hält inne und lächelt. »Aber er erwischte sie nicht alle. Denn eines hatte sich im Uhrkasten versteckt. Und als der Wolf satt war, ging er vor das Haus, legte sich unter einen Baum in die Sonne und schlief ein. Er schnarchte so laut, dass die Äste zitterten. Bald darauf kam die Mutter nach Hause. Im Haus herrschte eine fürchterliche Unordnung, und keines ihrer Kinder war mehr da. Da kam das Jüngste aus dem Uhrkasten und erzählte seiner Mutter, was geschehen war. Man mag sich vorstellen, wie sehr sie da um ihre Kinder weinte.

Als sie hinausging, sah sie den Wolf, der unter dem Baum lag, und dass sich in seinem dicken Bauch etwas bewegte. Also sagte sie der kleinen Ziege, sie solle eine Schere und Nadel und

Faden holen. Dann schnitt sie dem Wolf, während er schlief, mit der Schere den Bauch auf. Da sprangen ihre sechs anderen Kinder heraus! Der Wolf war so gierig gewesen, dass er sie im Ganzen hinuntergeschluckt hatte, wodurch sie unversehrt geblieben waren. Dann schickte die Mutter ihre Kinder los; sie sollten die schwersten Steine holen, die sie finden konnten. Sie legte dem Wolf die Steine in den Bauch und nähte ihn wieder zu. Dann versteckten sich Mutter und Kinder im Haus.

Nach einer Weile wachte der Wolf auf. Weil er die Steine im Bauch hatte, war er schrecklich durstig. Also stand er auf und ging zur Quelle. In seinem Bauch rumpelte es. Und als er sich über die Quelle beugte, um zu trinken, zogen ihn die Steine in die Tiefe, und er ertrank. Da kamen die Mutter und ihre sieben Kinder aus dem Haus gelaufen, tanzten um die Quelle herum und sangen: ›Der Wolf ist tot, juchei, juchei! Der Wolf ist tot, juchei!‹«

Während sie singt, strahlt mich die Großmutter an. Ihr Enkel tanzt. »Das ist eine schöne Geschichte«, sagt sie.

Bevor ich nach dem Frühstück aufbreche, fordert sie mich auf, mich in eine Ecke der Stube zu stellen. Dort hängen Bilder der drei Erzengel Gabriel, Michael und Raphael; Letzterer ist der Schutzpatron der Pilger. Dann segnet sie mich mit Weihwasser aus einer Flasche, die sie auf dem Kratzbaum der Katze aufbewahrt. Sie drückt mir einen Rosenkranz in den österreichischen Nationalfarben Rot und Weiß in die Hand und sagt, ich solle auf mich aufpassen. Ihr Mann neckt sie freundschaftlich wegen ihrer Frömmigkeit und gibt mir mit großem Wohlwollen die Hand. Dann bin ich wieder draußen, zurück auf meinem Weg durch die Wälder, wieder ein namenloser Wanderer.

Die Drau ist ein geschundener Fluss – auf ihrem Weg durch Kärnten wird sie von so vielen Dämmen aufgestaut, dass mit der dort produzierten Energie fast das halbe Bundesland versorgt wird. Slavc war auf dem Karst aufgewachsen und hatte, bevor er sein Zuhause verließ, noch nie einen Fluss gesehen. Anschließend hatte er etliche Flüsse überwunden und war durch die Sava geschwommen, aber die Drau war etwas völlig anderes. Für ein Wesen, das aus den Bergen kommt, muss sie wie eine erste Vorahnung des Ozeans wirken, ein neues, unbegreifliches Element der Landschaft. In Kärnten ist sie stellenweise über fünfhundert Meter breit. Mehrere Hundert Kilometer flussabwärts, im Osten Kroatiens, wird sie in die Donau münden und von dort zum Schwarzen Meer fließen.

Seit er den Slavnik verlassen hatte, hatte Slavc über 200 Kilometer zurückgelegt. Am frühen Nachmittag des Silvestertages 2011 traf er hier ein. Es war der letzte Tag des Jahres, und Slavc verbrachte ihn, indem er entlang des Südufers des Flusses nach Westen trottete. Um Mitternacht war er noch immer unterwegs. Der Himmel über Klagenfurt leuchtete in buntem Feuer, blau und rot und grün, wie im Krieg, um das neue Jahr hereinzubitten. Vielleicht war es die Tatsache, dass er unverletzt aus diesem Bombardement hervorging, die Slavc in seinem Entschluss bestärkte. Irgendwann zwischen zwei und fünf Uhr morgens am ersten Tag des Jahres 2012 suchte er sich einen Weg die Uferböschung hinunter und tauchte die Pfoten in das eiskalte Wasser. Umzudrehen und zurückzugehen schien zu keinem Zeitpunkt seiner Reise eine Option zu sein.

Als ich die Drau erreiche, ist es warm. Am Nordufer stehen Männer mit freiem Oberkörper neben ihren Autos und angeln. Die Kofferräume der Wagen sind offen, die weißen Bäuche der Männer hängen ihnen über den Hosenbund wie schneebedeckte Berge, die in der Frühlingssonne dahinwelken. Zu beiden Seiten des Flusses erheben sich bewaldete Hügel, die oben in blankem Fels enden. Das Wasser ist von kräftigem, erdigem Türkis, es kräuselt sich und bildet Wirbel, an den Ufern wogt das Gras. Wäre ich ohne Rucksack unterwegs, ich wäre versucht, den Fluss zu durchschwimmen, ganz im Geiste meines Projekts. Zum wiederholten Mal denke ich darüber nach, welche Last ich im Vergleich zu einem Wolf mit mir herumtrage. Der Kocher, dazu Beutel voller Lebensmittel: die Zähne. Warme Kleidung und Regenzeug: das Fell. Wanderstöcke: das dritte und das vierte Bein. Landkarten: Mut und Entschlossenheit, bei ihm beides angeboren. Badehose – na gut, die nicht.

Ich wasche erst mich, dann meine Kleidung und breite sie zum Trocknen auf einem Kiesstrand aus. Laut Karte liegt ein paar Kilometer westlich ein Wasserkraftwerk, auf dessen Damm ich den Fluss überqueren kann, also gehe ich den Fahrradweg am Ufer entlang. Alle paar Hundert Meter hängen einfach gestaltete Plakate, Größe DIN A4. Sie zeigen ein Gesicht hinter einer durchgestrichenen Maske – »Die Pandemie ist vorbei«. Aufgehängt hat sie der rechtsextreme Fernsehsender AUF1.

Ich kann das Kraftwerk sehen, lange bevor ich es erreiche. Mehlschwalben flattern um das Bauwerk herum. Vom Ufer aus schaue ich über das Wasser und stelle mir vor, wie Slavc hier zum ersten Mal geschwommen ist. Wie er Nase, Ohren und Augen aus dem Wasser reckt, schnell und gleichmäßig atmet und mit dem Schwanz rudert. Wie er aus dem Wasser steigt. Sich trocken schüttelt und innehält, lauscht und dann durch das Gebüsch in Richtung Stadt trottet.

Auch ich trotte nach Norden. Ich gehe an Klagenfurt vorbei, umrunde die Vororte und erreiche wieder das offene Land. Die Kirschen sind allmählich reif. Auf schattigen Wegen komme ich an hölzernen, wurmzerfressenen Scheunen vorbei. Auf einer Wiese stehen zwei Pferde und legen einander die Köpfe in den Nacken. Lastzüge mit Baumstämmen rasen durch die Dörfer, sodass die hölzernen Gebäude klappern. Kleine Traktoren brummeln vorüber, darauf weißhaarige Bauern – immer sind es weißhaarige Bauern –, die die Arbeit erledigen, die eigentlich jene machen sollten, die halb so alt sind. All das strahlt ein ländliches Selbstbewusstsein aus, ist durch und durch ästhetisch. Überall Katzen. Auf einer Wildbrücke überquere ich eine vierspurige Autobahn, während die Lastwagen den Boden unter meinen Füßen erzittern lassen.

In einem Gasthof an einem See mache ich Station. Es gibt ein Ruderboot, das ich ausleihen kann, und an den Abenden paddle ich in der Dämmerung hinaus und sehe den neu eingetroffenen Schwalben zu, wie sie an der Oberfläche ins Wasser tauchen. Ich erzähle der Wirtin von meinem Projekt und frage sie, ob sie Jäger kennt. Sie ruft ein paar Leute an, und kurz darauf kommt Simon auf einen Kaffee vorbei. Er hat gerade sechs Monate Militärdienst hinter sich und sagt, er sei glücklich, wieder zu Hause zu sein. Er ist neunzehn, wirkt aber viel älter. Lebt er gern hier? Das Leben in der Stadt stresst ihn, sagt er, dort geht ihm alles zu schnell. Seine Leidenschaft ist das Jagen.

Wildschweine dürfen ohne zahlenmäßige Begrenzung erlegt werden; daher gehen die Jäger hier hauptsächlich auf diese Tiere. Die Bauern sind darauf angewiesen, dass die Jäger ihre Feldfrüchte schützen, sowohl vor Wildschweinen als auch vor Rotwild. Als Simon fünf Jahre alt war, hat ihn sein Vater zum ersten Mal auf die Jagd mitgenommen. Seinen ersten Schuss hat er mit zehn abgegeben. Mit achtzehn hat er ein eigenes Gewehr bekommen. Ich muss an die Wolfsjungen denken, die das Jagen im Rudel lernen, bevor sie auf eigene Faust losziehen. Jetzt, mit neunzehn, geht Simon zusammen mit seinen Freunden auf die Jagd. Sie spüren Wildschweine auf, reden über Mädchen. »Es geht dabei nicht nur ums Jagen«, erklärt er. »Es geht um alles. Die Jagd ist kein Sport. Das ist nicht wie Fußball.«

Ich frage ihn, was sie tun würden, wenn sie einen Wolf entdecken würden.

Er macht eine Geste, als würde er etwas unter den Teppich kehren. »Man muss sehr vorsichtig sein«, sagt er. »Sie haben diese Halsbänder.«

Zwei Tage später verlasse ich den Gasthof wieder, satt und ausgeruht. Im Landesinneren von Österreich grünen die jungen Pflanzen auf den Feldern, der Weizen steht kniehoch. Als Slavc Anfang Januar durch diese Gegend kam, sah es hier vollkommen anders aus. Die Schneedecke war dick, der Boden gefroren. Im Altenglischen hieß der Januar *Wulf-monath*, weil dann die Wölfe angeblich so hungrig waren, dass sie sich in die Ortschaften vorwagten. Dementsprechend heißt der Vollmond im Januar auch »Wolfsmond«. 2012 fiel er auf den neunten Tag des Monats, und Slavc hielt sich damals vierundzwanzig Stunden lang in einem Wald in der Nähe von Murau auf. Murau ist einer der Orte in Österreich, an die die Leute fahren, um Fotos zu schießen. Das Städtchen schmiegt sich zu beiden Seiten an die Ufer eines schmalen, munter dahinrauschenden Flusses. Etwas oberhalb liegt ein Schloss, und in den Auslagen exklusiver Läden posieren Modellfamilien aus Schaufensterpuppen in Trachtenkleidung. Auf dem Schillerplatz, dem Hauptplatz des Ortes, kaufe ich mir ein Eis und setze mich im Schatten auf eine reich verzierte Bank. Ältere Damen nehmen auf den Terrassen der Cafés ihren Tee. Herrschaftliche Bauten mit geschlossenen Fensterläden, verputzt in Pastelltönen der Primärfarben, säumen den Platz auf jeder Seite. Eine äußerst hübsche Szenerie, alles ist ausgesprochen kultiviert. Doch überall in diesem Tal verbirgt sich unter der Oberfläche eine finstere Vergangenheit.

In meinem Rucksack habe ich eine Liste, die der deutsche Journalist Elmar Lorey erstellt hat und die sämtliche Werwolfprozesse in Europa enthält, die er in den Archiven gefunden hat. Sie beginnt 1407 mit einem Verfahren in Basel und endet gut dreihundert Jahre und mehrere Hundert Hinrichtungen später an einem Ort, der etwa fünfzig Kilometer östlich von hier liegt. Die meisten Fälle stammen aus Frankreich, den Niederlanden und Österreich, einige aus Estland und Lettland. Dreihundert Jahre lang waren die Werwolfprozesse der kleine Bruder der grassierenden Hexenhysterie, der Zehntausende zum Opfer fielen, zum größten Teil Frauen. Auf der Liste, die ich dabeihabe, stehen fast nur Männer. Außer Werwölfen führt sie auch sogenannte »Wolfsbanner« auf, Männer, die angeblich in der Lage waren, sich Wölfe dienstbar zu machen und sie zu Angriffen anzustiften, und die gelegentlich auf Wölfen ritten. Die Steiermark und Kärnten, die beiden Regionen im Südosten Österreichs, waren die letzte europäische Bastion dieser speziellen Manifestation von Paranoia und Hass.

1705 wurde in Murau der »krumme Vastl« der Wolfsbannerei angeklagt; der Ausgang des Verfahrens ist jedoch unbekannt. Ich habe in Murau haltgemacht, um Spuren von ihm zu suchen, finde aber nichts. Solchen Menschen wird selten eine Statue errichtet. Ich steige zur Stadtpfarrkirche hinauf, wo ein kleiner Mähroboter durch das Gras fährt. Hier muss doch irgendetwas zu finden sein, denke ich, treffe aber nur auf eine friedliche Atmosphäre und eine Infotafel über ein Gemeindemitglied, das nach Santiago pilgert. Zumindest in dieser Hinsicht verheilen die Wunden offenbar bestürzend schnell.

Ich folge der Mur flussaufwärts durch das Tal. Die Täler hier ächzen unter der Last ihrer Burgen. Fische springen in der Abenddämmerung aus dem Wasser. Im Norden erheben sich die Hohen Tauern, deren Gipfel noch schneebedeckt sind. Hier ist der nördlichste Punkt, den Slavc erreicht hat. Hier ist er nach Westen abgebogen – das Terrain ließ ihm keine andere Wahl. In den Dörfern ist es ruhig, auf den perfekt gemähten Rasenflächen stehen leere Trampoline. Wo das Land flach ist, erstrecken sich Felder, Wiesen mit Löwenzahn oder Klee. Tagsüber hat es hier gewittert, der Donner rollte durch das Tal, aber jetzt am Abend herrscht wieder schönes Wetter, die durcheinandergewürfelten Wolken wirken leicht, die Abendsonne fängt sich in ihren Rändern. Männer in Unterhemden sehen mir von ihren Aufsitzmähern aus zu, wie ich vorübergehe.

Im frühen 18. Jahrhundert verzeichnete dieses Tal, ähnlich wie heute, einen Anstieg der Wolfsbestände. 1716 wurden hier 112 Stück Vieh von Wölfen gerissen; 1717 weitere 64. Diese Zahlen sind vergleichsweise niedrig (2022 wurden in Kärnten 398 Tiere getötet), vor allem angesichts der Tatsache, dass selbst die ärmsten Haushalte zumindest ein oder zwei Tiere besaßen. Vermutlich wüteten damals nur wenige Wolfsrudel, die sich schlechte Gewohnheiten angeeignet hatten, doch einige Familien wurden schwer getroffen. Ein gewisser Hans Eder verlor elf Schweine. Am Ostersonntag des Jahres 1717 verlor Rupp Prantstetter zwölf seiner zwanzig Schafe. Wenn man für ein solches Massaker keine Entschädigung bekam, bedeutete das eine Existenzkrise. Tiere lieferten Fleisch, Milch und Wolle, und wie sollte man ohne sie durch den Winter kommen, wenn man acht oder zehn Kinder zu versorgen hatte?

Die Gemeinde organisierte daraufhin neun Jagden. Man erwartete, dass zahlreiche Männer aus dem Ort teilnahmen. Doch wurden auf den Höfen und Wiesen weiterhin Tiere getötet. Dass die gesamte Bevölkerung des Tals marodierend durch die Wälder zog, war möglicherweise nicht die effektivste Methode, um den Wolf auszurotten. Jedenfalls wurde bald deutlich, dass man anders vorgehen musste. Aber anstatt die Jagd besser zu organisieren oder zu hinterfragen, warum jene, die jetzt schwere Zeiten durchmachten, keine Hilfe bekamen, beschloss man, einer altehrwürdigen Tradition des Menschen zu folgen und die Schuld einer Gruppe von Leuten zuzuschieben, denen es noch schlechter ging.

Zwei Tage später komme ich auf Slavc' Spuren nach Tamsweg, ebenfalls eine Marktgemeinde an der Mur. Im Jahr 1717 nahm hier, nachdem die Wölfe achtmal zugeschlagen hatten, der Gerichtsdiener eines benachbarten Ortes den Bettler Philipp Ebmer fest. Im Österreich des 18. Jahrhunderts hatte man es als Bettler nicht leicht. Die Gerichte sprachen immer härtere Strafen für Landstreicherei aus, und einem Bettler Unterkunft zu gewähren, stellte einen Rechtsbruch dar. Die katholische Kirche hatte die Gabe von Almosen immer unterstützt, als ein Mittel, um immateriellen Wohlstand für das Leben nach dem Tod anzuhäufen, doch Bettler konnten zunehmend schwerer erklären, warum arme Bauern ihnen von ihrem Geld abgeben sollten, insbesondere, wo nun der Wolf vor der Tür stand.

Die Bettler witterten eine günstige Gelegenheit und fingen

an, Talismane zu verkaufen, die die Wölfe abhalten sollten. Das allein wäre nicht weiter von Bedeutung gewesen, doch eine solche Kenntnis in der Herstellung magischer Utensilien nährte den Verdacht, dass diese Außenseiter irgendeine unheimliche Macht über die Tiere besaßen, und die Betroffenen sahen keinen Anlass, das zu bestreiten. Wer keine Barmherzigkeit zeigte, so gaben sie zu verstehen, könnte in Zukunft von einem schweren Schicksalsschlag getroffen werden. Ein Unwetter, ein Feuer – oder die Verheerung, die ein Wolf anrichtete. Ein paar Münzen und ein Kanten Brot für einen Zauber war es schon wert, wenn man damit das Problem auf den Nachbarn abwälzen konnte. Gerüchten zufolge konnten sich die Bettler auch selbst in Wölfe verwandeln, und weil sie Profit rochen, widersprachen sie auch diesen Behauptungen nicht. Ein lukratives, aber auch riskantes Geschäft.

Der Glaube an Werwölfe war weit verbreitet. Wenn der Pfarrer eines Ortes an sie glaubte, taten es die Gemeindemitglieder ebenfalls. Die Aufklärung erreichte nicht alle Menschen. Jeder hatte von Peter Stump gehört, der ein Vierteljahrhundert lang den deutschen Ort Bedburg in Angst und Schrecken gehalten und vierzehn Kinder verschlungen hatte, darunter seinen eigenen Sohn sowie zwei Föten, die er aus dem Bauch von Schwangeren gerissen und deren Herzen er »warm und roh« gegessen hatte. Als Philipp Ebmer in Tamsweg verhaftet wurde, nannte er dem Gerichtsdiener die Namen mehrerer anderer Bettler und behauptete, sie alle seien in der Lage, sich in einen Wolf zu verwandeln. Der Amtmann glaubte ihm nicht, aber das Ganze war eindeutig eine Sache für das Gericht. Sieben Männer wurden verhaftet und ins acht Kilometer entfernte Moosham gebracht.

Ein detailliertes Gerichtsprotokoll ist nur für eines der Verfahren überliefert, jenes gegen den damals achtundvierzigjährigen Rupp Gell. Am 23. Juni 1717 wurde er zum ersten Mal verhört. Vermutlich war er in der Region schon lange Zeit als Bettler umhergezogen. Er bestritt, sich in einen Wolf verwandeln zu können, aber die Dinge entwickelten sich nicht zu seinen Gunsten. Die Bauern in der Gegend konnten ihn nicht leiden, weil er kurz zuvor in einer Scheune aufgegriffen worden war, in der er die Nacht verbracht hatte. Dafür hatte er fünfzehn Peitschenhiebe erhalten. Außerdem hatten die anderen Angeklagten bereits alle gestanden.

Den ganzen Sommer über wurde Gell immer wieder verhört und beteuerte seine Unschuld, bis im September die Folterwerkzeuge hervorgeholt wurden. Als man ihn nach oben zog und ihm einen fünfundzwanzig Pfund schweren Stein an die Füße band, gestand er alles. Der Teufel, so sagte er, habe ihm eine Salbe gegeben, die es ihm ermögliche, sich in einen Wolf zu verwandeln (und um wieder ein Mensch zu werden, habe er sich mit Urin gewaschen). Vor Gericht widerrief er sein Geständnis, doch nach einer halben Stunde auf der »Leiter« gestand er erneut.

Der Werwolf, ein Wesen an der Grenze zwischen Mensch und Tier, führt uns vor Augen, dass wir alle jederzeit auf das Niveau eines Tieres regredieren können, dass die Zivilisation ein äußerst dünnes Eis ist. Daher fasziniert und ängstigt er uns zugleich. Er zeigt uns, dass wir keine guten Menschen sein müssen, dass wir nicht auf dem Weg bleiben müssen. Während der 300 Jahre, in denen dieser Irrsinn in Europa brutal wütete, führten die Religionsgelehrten hitzige Debatten über sämtliche Aspekte der Frage, ob ein Mensch sich wirklich in einen Wolf verwandeln könne. Diese Fähigkeit, die sogenannte Lykanthropie, galt gemeinhin als ein Werk des Teufels, der sie einem Menschen verlieh, indem er ihn verfluchte oder ihm eine schwarze Salbe gab, die dieser auf den Intimbereich auftrug. Doch diese Erklärung brachte ein theologisches Problem mit sich, denn wie konnte der Teufel das verändern, was Gott selbst geschaffen hatte? 1599 fand Jean Beauvoys de Chauvincourt in seinem *Traktat über die Lykanthropie* eine Lösung. Satan, so schrieb er, sei »dank seiner reinen und schlichten Geschicklichkeit« in der Lage, die Menschen *glauben* zu machen, sie seien »brutale Bestien«. Und indem er sie auffordere, sich mit der Salbe einzureiben, »werden ihr Geruch und die Luft so sehr von diesem Unrat verschmutzt, dass diese [...] auf die Sinne der anderen Menschen wirken und sich ihrer Augen bemächtigen. Von dem Gift verwirrt, sind diese davon überzeugt, dass die Verwandlung echt ist.« König Jakob VI. von Schottland (der später auch König Jakob I. von England und Irland wurde) ging noch weiter. In seiner *Dämonologie* von 1597 – einer überspannten, misogynen Schrift, die zum Tod Tausender der Hexerei angeklagter Frauen führte – liefert er eine psychologische Interpretation des Phänomens Werwolf, die sich ziemlich modern liest. Die Vorstellung des Werwolfs gründe in einem »natürlichen Übermaß an Melancholie«, die dazu führe, dass die Menschen *glaubten*, ein Wolf zu sein. 1613 griff John Webster in seiner Tragödie *Die Herzogin von Malfi* diesen Gedanken auf. Darin verliert Ferdinand, der Herzog von Kalabrien, vor Trauer und Schuldgefühlen den Verstand und hält sich für einen Wolf.

Gerade als Gell seiner Schandtaten überführt worden war, sprachen sich vor Gericht mehrere Theologen für Milde aus. Wenn er glaube, er könne sich in einen Wolf verwandeln, so brachten sie vor, dann nur, weil er vom Teufel besessen sei. »Ich meine, wir haben nun genug Fachleute gehört«, sagte der Richter und stellte fest, dass auch ein Pakt mit dem Teufel ein ausreichender Grund sei, den Angeklagten zu verbrennen. Dank des »gnadenvollen« Einwirkens des Erzbischofs von Salzburg wurde das Todesurteil aufgehoben, und Gell wurde an die Republik Venedig überstellt, wo er für den Rest seines Lebens auf einer Galeere dienen sollte, was er aber vermutlich nicht sehr lange durchgehalten hat. Falls die Venezianer besorgt waren, weil sie einen Wolf an Bord hatten, so ist davon nichts überliefert.

In den modernen Werwolferzählungen, etwa in *Ginger Snaps – Das Biest in Dir* oder in *American Werewolf*, kennen die Opfer den Werwolf für gewöhnlich, er lauert ganz in ihrer Nähe, als Liebhaber oder als bester Freund. In der Liste von Elmar Lorey fallen jedoch die Außenseiter der Gesellschaft auf: »Bettler«, »stumme Bettlerin«, »schwachsinniger Bettler«. Diese Liste ist eine traurige Aufzählung. In dieser ruhigen Ecke Österreichs, weit weg von den großen Städten, wurden noch bis in die ersten Jahrzehnte des 18. Jahrhunderts Menschen wegen Lykanthropie und Wolfsbannerei hingerichtet, so lange wie nirgendwo sonst in Europa. Wie war es möglich, so frage ich mich, dass ein solcher Aberglaube so lange Bestand hatte? Weshalb führte die Zunahme an Wolfsbeständen zu so irrationalem und barbarischem Verhalten? Und dann frage ich mich, ob sich in 300 Jahren die Historiker die Frage stellen werden, wie wir es geschafft haben, eine Erzählung zu spinnen, die die Schuld am Zerfall der Gesellschaft einer Handvoll verzweifelter Menschen gibt, die vor den Kriegen im Nahen und Mittleren Osten geflohen sind.

Wie die Zahl der Wölfe nahm auch die Werwolfpanik irgendwann ab, doch bis sie ganz vorbei war, dauerte es noch. 1720 wurde erneut ein Bettler, der vierundzwanzigjährige Simon Wind, wegen Lykanthropie verurteilt. Er wurde in Salzburg verhört, zur Hinrichtung (durch das Schwert) aber zurück nach Moosham gebracht, damit die dortige Bevölkerung sich überzeugen konnte, dass der Gerechtigkeit Genüge getan wurde. Wind war der letzte Mensch, der in Europa als vermeintlicher Werwolf hingerichtet wurde. (In Ostkärnten gab es 1725 noch eine Hinrichtung wegen Wolfsbannerei.)

Als der Glaube an Werwölfe schwand, brauchte man eine neue Erzählung, die Tugendhaftigkeit vermitteln sollte. Die mündlich überlieferten Versionen von *Rotkäppchen* entstanden in einer Gebirgsregion, die vergleichbar mit jener ist, in der die Werwolfprozesse stattfanden. Der Wolf, der mittlerweile so selten geworden war, dass er bereits Züge eines mythischen Wesens annahm, bekam eine neue Rolle zugeteilt: die des lasterhaften Landstreichers, des amoralischen Außenseiters, des Schafräubers und des Zerstörers von Familien. Diese Rolle ist ihm bis heute geblieben.

Den Wolf und den Wald verbindet eine innige Beziehung, und aus der Einheit, die sie bilden, sind etliche Märchen hervorgegangen. So wie tiefe, dunkle Wälder wieder die Weideflächen erobert haben, so wie die Wölfe wieder in Europa Einzug gehalten haben, so sind auch die Geschichten zurückgekommen. Doch wir leben natürlich in aufgeklärteren Zeiten. Für manche Hörerkreise braucht der Wolf ein neues Narrativ, das seiner Gestalt eine Brücke ins 21. Jahrhundert schlägt. Diesmal kam es der Wissenschaft zu, ein solches Narrativ zu liefern.

Das soll nicht heißen, dass unsere Ängste, die wir auf den Wolf projiziert haben und die sich hinter der Maske der Biologie versteckt haben, nicht lange Zeit Material für ein eigenes Genre gewesen wären. Ein Bestiarium aus dem 13. Jahrhundert sagt vom Wolf, er sei »der Teufel, der stets neidisch auf den Menschen ist und durch die Schafpferche gläubiger Christen stolziert, um ihre Seelen zu morden und sie zu verderben«. O. W. Williams nennt in seinem Buch *Some Animals of Pioneer Days in Pecos County* von 1930 den Wolf einen »Spezialisten für Gemetzel«, gibt allerdings zu, dass er »vermutlich auch von Nutzen ist – allerdings braucht es wohl einen geschickten Mann mit einem starken Vergrößerungsglas, um diesen Nutzen zu entdecken«. William Hornaday, der erste Direktor des Zoologischen Gartens von New York (des späteren Bronx Zoo), behauptete, es gebe »kein noch so niederträchtiges, betrügerisches oder grausames Verhalten, dem sich Wölfe nicht mit Freuden hingeben«. Mein vielleicht liebstes Zitat stammt aus der *Naturgeschichte* des Comte de Buffon, die im Lauf des 18. Jahrhunderts in 36 Bänden erschien. Obwohl es sich dabei um ein beachtliches wissenschaftliches Werk handelt, kann Buffon sich, als er auf den Wolf zu sprechen kommt, folgender Bemerkung nicht enthalten: »Alles in allem ist der Wolf ein durchweg widerwärtiges Wesen. Sein Äußeres ist primitiv und wild, seine Stimme grässlich, sein Geruch unerträglich, seine Veranlagung pervers, sein Verhalten grausam. Lebend ist er abstoßend und zerstörerisch, und tot ist er vollkommen nutzlos.«

Der vierminütige Film *How Wolves Change Rivers* mit dem Journalisten George Monbiot als Erzähler wurde bis zum Zeitpunkt der Niederschrift dieses Buches fünfundvierzig Millionen Mal aufgerufen. Er basiert auf der Geschichte der Wiedereinführung der Wölfe im Yellowstone-Nationalpark in den 1990er-Jahren, die Monbiot in seinem Buch *Verwildert* erzählt. Die Wölfe waren aus der kanadischen Provinz Alberta in den Park gebracht worden und hatten dessen ganzes Ökosystem verändert. Es mag verwundern, dass ein solches Video so großen Erfolg hat, doch während wir uns früher um unser Seelenheil gesorgt haben oder darum, wie wir die Wildnis produktiv bändigen können, treibt uns heute die existenziellste aller Sorgen um, nämlich die Frage, ob wir unseren Planeten möglicherweise unwiderruflich zerstört haben.

Vielleicht kennen Sie die Geschichte, vielleicht haben Sie sie über Ihren Newsfeed erhalten. Über hundert Jahre lang, seit der fast vollständigen Ausrottung des Wolfs auf dem Territorium der Vereinigten Staaten, hatten die Wapitis im Yellowstone-Park keine Fressfeinde. Ihre Population war geradezu explodiert, und sie fraßen sämtliche Jungbäume. Die Wälder waren dem Untergang geweiht. Die Rückkehr der Wölfe verringerte die Anzahl der Wapitis deutlich, doch etwas anderes war von viel größerer Bedeutung: Sie machte aus dem Park wieder eine »Landschaft der Angst«, wie Ökologen das nennen. Um sich das vorstellen zu können, denken Sie daran zurück, wie Sie sich gefühlt haben, wenn Sie im ersten Frühjahr der COVID-Pandemie das Haus verlassen haben. Wie Sie im Supermarkt eine Maske getragen und Ihren Weg durch einen überfüllten Raum minutiös geplant haben. Wie ein Husten im Zug den ganzen Waggon in Angst und Schrecken versetzt hat. So fühlen sich Pflanzenfresser. Auf den ersten Blick hat sich nichts geändert, aber alle Sinne sind jetzt auf eine ungreifbare Gefahr ausgerichtet. Man braucht dem Wolf dabei gar nicht gegenüberzustehen, darum geht es nicht. Es geht um das *Gefühl, Beute zu sein*.

Der Instinkt der Wapitis war auch nach Generationen der Stagnation keineswegs verkümmert. Sie wurden schon bald nervös und hielten sich von den Tälern und den Schluchten fern, wo sie während des Grasens nicht mehr nach Gefahr

Ausschau halten konnten. In diesen Flusstälern wuchsen wieder Weiden und Espen, und in der Folge kamen auch die Vögel und die Biber zurück. Die Dämme, die die Biber bauten, schufen günstige Lebensräume für andere Arten, für Otter, Enten, Fische, Reptilien und Amphibien. Und weil die Wurzeln der Bäume die Ufer stabilisierten, bildeten die Flüsse mehr Biegungen und Becken, in denen das Wasser langsamer floss und die weitere Tiere anzogen. »Die Wölfe«, so Monbiot, »haben das Verhalten der Flüsse verändert.« Der wissenschaftliche Begriff hierfür lautet »trophische Kaskade«; er bezeichnet den indirekten Effekt, den eine Art auf andere Arten hat, die in der Nahrungskette mehr als eine Stufe unter ihr stehen. In Begriffen des Umweltschutzes ist dieser Wolf ein moderner Wolf, dessen Wert größer ist als die auf ihn ausgesetzte Abschussprämie und der in seinem Ökosystem eine tragende Rolle spielt.

Fragt man die Fürsprecher des Wolfs nach Argumenten für seine Rückkehr, wird man immer wieder auf diese Geschichte verwiesen. Vermutlich wurde keine andere Art auf der Welt so sehr als Symbol dafür missbraucht, auf welch katastrophale Weise wir unseren Planeten missverstanden haben. Nicht nur, was den Einfluss auf die Wapitis angeht. Es gibt Dutzende Bücher über die Wolfsrudel von Yellowstone, die ihre menschlichen Eigenschaften wie Mut, Loyalität und Fürsorge herausstellen und allesamt zeigen wollen, dass wir von der Natur eine Menge lernen können. Die Geschichte von der Rehabilitierung des bösen Wolfs besitzt einen perfekten Handlungsbogen. Doch in Wirklichkeit sind solche simplen Wahrheiten in etwas so Komplexem wie einem Ökosystem nur schwer zu finden.

»Wir sehen die Gefahr, dass sämtliche Veränderungen im

Ökosystem [von Yellowstone], heutige sowie künftige, allein der Wiedereinführung des Wolfs zugeschrieben werden.« So Doug Smith, Projektleiter der Wiederansiedlung. Dass der Wolf die Änderungen im Verhalten der Wapitis bewirkt und damit die trophische Kaskade ausgelöst hat, ist nur eine Hypothese unter mehreren. Denn zeitgleich mit der Wiederansiedlung des Wolfs wuchsen die Populationen anderer wichtiger Raubtiere wie etwa Puma und Grizzlybär, und in dem Gebiet, das den Park umgibt, war die Jagdquote für Wapitis erhöht worden; beides hat möglicherweise ebenso zur Bildung einer »Landschaft der Angst« für den Wapiti geführt. Viele der wissenschaftlichen Artikel, die zur Entstehung der Erzählung von der trophischen Kaskade beigetragen haben, stammen aus der Feder von William Ripple und Robert Beschta, doch andere Forscher, die andere Methoden angewandt haben, sind auf andere mögliche Ursachen für das Gedeihen der Bäume gestoßen. Im Zuge der Klimaerwärmung hat sich die Vegetationsperiode im Yellowstone-Park seit den 1990er-Jahren um über einen Monat verlängert, was den Jungbäumen zugutekommt. In den späten 1980er-Jahren wurden nördlich des Parks 129 Biber ausgesetzt, und es ist durchaus denkbar, dass dies zumindest einer der Gründe für den Anstieg der Biberpopulation im Park war. Die Dämme der Biber erhöhen den Wasserstand, ein höherer Wasserstand ist gut für die Weiden, und dadurch stürzt eine andere Kaskade los. Und auch wenn man dem Wolf seine Verdienste an den Veränderungen in Yellowstone zugesteht, heißt das nicht, dass man die Ergebnisse unverändert auf Europa mit seinen deutlich anders beschaffenen Lebensräumen übertragen kann.

Mit Verweis auf die Arbeit, die Ripple und Beschta im Yellowstone-Nationalpark geleistet hatten, vertraten Christopher Wilmers und Oswald Schmitz die Ansicht, der Wolf habe, wenn er in den Wäldern Nordkanadas die Elche davon abhielte, Jungbäume zu fressen, das Potenzial, jedes Jahr die Emissionen mehrerer Millionen Autos zu neutralisieren, weil die dadurch wachsenden Bäume entsprechende Mengen an Kohlendioxid speichern würden. Wenn man das auf den weltweiten Baumbestand hochrechnet, könnte der Wolf einen enormen Einfluss haben. Genau das taten Schmitz und einige seiner Kollegen 2023 in einem Artikel. Würde man, so ihre Berechnungen, dem Wolf und weiteren acht Arten – darunter Gnu, Elefant und Bartenwal – ermöglichen, sich auszubreiten, würden die dadurch in Gang gesetzten trophischen Kaskaden bis zu 95 Prozent des Kohlendioxids binden, das gebunden werden muss, damit eine Chance besteht, die globale Erwärmung unter 1,5 Grad zu halten. Das sind beeindruckende Zahlen. Dann würde der Wolf buchstäblich die Welt retten.

Wird es dazu kommen? Können die Daten das mit Sicherheit vorhersagen? Die Wissenschaftsautorin Emma Marris bemerkt dazu, dass »auch die alternative Erzählung ihre ganz eigene Schönheit besitzt: dass nämlich selbst so gründlich erforschte Ökosysteme wie der Yellowstone sich einem bis ins letzte Detail gehenden Verständnis entziehen«. Doch zu begründen, warum wir den Wolf brauchen, ist einfach so viel leichter, wenn man beziffern kann, wie viele Autos durch ihn von der Straße verschwinden würden.

Wie wir wissen, wurde der Wolf in der Vergangenheit in einem falschen Licht gesehen, und es nun wieder so zu machen, wenn auch in anderer Hinsicht, stellt keinen Fortschritt dar. Zweifelsohne hat die Rückkehr des Wolfs die Ökosysteme verändert. Auch David Mech, einer der weltweit führenden Fachleute für Wölfe, der viel im Yellowstone-Park gearbeitet hat, widerspricht nicht allen derartigen Behauptungen. Doch er hält noch einen anderen Aspekt für wichtig. »Wir Wissenschaftler und Naturschützer, die wir uns mit einer so umstrittenen Art wie dem Wolf beschäftigen, haben eine besondere Verpflichtung, unsere Schlussfolgerungen zu belegen und uns so sachlich wie möglich zu äußern, denn die Massenmedien und das Internet warten gierig auf jede Möglichkeit, unsere Erkenntnisse aufzubauschen. Wenn in der Öffentlichkeit ein unzutreffendes Bild vom Wolf entsteht, leisten wir damit sowohl ihm einen Bärendienst als auch jenen, deren Aufgabe es ist, sich um ihn zu kümmern.« Einst wurde der Wolf verteufelt, heute wird er vergöttert, doch die wahre Aufgabe bleibt so schwer wie immer: den Wolf als das zu sehen, was er ist, nämlich als Wolf.

Wie bereits erwähnt, war der Wolf einst das am weitesten verbreitete nicht domestizierte Landsäugetier der Welt. Oftmals frage ich mich, ob je ein anderes Tier das Territorium unseres Unbewussten so sehr beherrscht hat. Wir alle, ob wir schon einmal einen Wolf gesehen haben oder nicht, haben diesem Tier gegenüber ein bestimmtes Gefühl. Gerne würde ich sagen können, dass ich in der Lage bin, den Wolf so zu sehen, wie er ist, ohne Trübung durch meine Bedürfnisse, doch leider ist dem nicht so. Ich fühle mich zu Slavc hingezogen und folge seinem Weg quer durch Europa, weil ich mir so sehr wünsche, er könnte in diesen unsicheren Zeiten ein Symbol der Hoffnung sein. Die Rückkehr des Wolfs legt die Frage nahe: Wenn die Wölfe es schaffen, was ist dann noch alles möglich? Wenn wir nach so langer Zeit lernen, das zu lieben, was wir früher so schwer verunglimpft haben, können wir dann nicht auch in anderer Hinsicht Mitgefühl empfinden? Die Wissenschaft kennt natürlich kein Mitgefühl. Aber wenn wir dem Wolf nicht seine Geschichte zugestehen, werden wir uns dann überhaupt noch mit ihm beschäftigen?

Denn Tiere werden uns auf ewig fremd bleiben, weil sie nicht von Geschichten getrieben sind.

# 6

*Ein abgemagerter, fast schon verhungerter Wolf begegnete auf seinem Weg einem Haushund. »Mein Vetter«, sagte der Hund, »dein unstetes Leben wird bald dein Ende bedeuten. Warum arbeitest du nicht so beständig wie ich und verdienst dir damit regelmäßig dein Futter?«*

*»Was muss ich da tun?«, fragte der Wolf.*

*»Fast nichts«, antwortete der Haushund. »Bettler durch Bellen verscheuchen und vor den Hausherren katzbuckeln. Dafür bekommst du alle möglichen Leckerbissen, ganz zu schweigen von liebenswürdigen Worten und Liebkosungen.«*

*Dem Wolf stand sein künftiges Glück in so herrlichen Farben vor Augen, dass ihm fast die Tränen kamen. Doch dann bemerkte er, dass am Hals des Hundes das Fell ganz ausgedünnt und die Haut wundgescheuert war.*

*»Was ist das da an deinem Hals?«, fragte er.*

*»Ach, gar nichts«, entgegnete der Hund. »Da wird mir für die Nacht das Halsband angelegt, an dem ich angekettet werde. Daran gewöhnt man sich rasch.«*

*»Angekettet?«, fragte der Wolf. »Soll das heißen, du kannst dich nicht frei bewegen?«*

*»Nein. Aber was ändert das denn?«*

*»Das ändert alles!«, rief der Wolf und eilte davon in den Wald.*

Phaedrus, *Der Hund und der Wolf*

Vom Tal der Mur ging Slavc wieder zurück in die Berge. Es war Mitte Januar, der Beginn des Jahres 2012. Auf dem festgewalzten Schnee der Skipisten auf dem Katschberg kam er sicher mühelos voran. Ich folge seinem Weg bergauf, zu einer anderen Jahreszeit, zehn Jahre später. Es ist Anfang Mai, und nach der Wärme der letzten Wochen füllen nun Wolken die Täler, dann setzt Regen ein, schwer und anhaltend. Heute Nacht schlafe ich zusammengekauert unter dem Vordach eines Bergrestaurants, das noch nicht für die Sommersaison geöffnet hat. Auf der Terrasse liegt alter Schnee, es ist rutschig. Der Nebel unterhalb von mir ist so dicht, dass ich mich von der Außenwelt abgeschnitten fühle. Als der Tag anbricht, hat sich nichts verändert.

Am Abend ist es dunkel und kalt, und noch immer fällt dichter Regen, als Lena Schaidl und Werner Ramsbacher mich bei sich empfangen. Vor zwei Tagen hatte ein gemeinsamer Freund in Tamsweg mit Blick auf die Wettervorhersage einen Anruf für mich getätigt. In der Stube ihres Bauernhauses verspeise ich Hühnchen und Lauch, die sie in ihrem gusseisernen Ofen zubereitet haben. In einem Raum auf dem Dachboden lege ich mich unter schweren Wolldecken schlafen, und die ganze Nacht trommelt der Regen gegen die Fensterscheiben. Ich bin unbeschreiblich glücklich, im Trockenen zu sein.

Am nächsten Morgen hat der Regen aufgehört. Ich dusche und gehe nach unten. In der Stube steht Frühstück für mich bereit, Kaffee und frisch gebackener Kuchen, Käse, Eier, Schinken. Im Radio läuft englische Popmusik. An den Wänden hängen Fotos, die Lena und Werner zeigen, bevor sie Kinder hatten, wie sie zusammen mit Freunden auf Berggipfeln stehen. Nach dem Frühstück gehe ich hinaus in den Hof. Die schweren Wolken hängen tief, vom Tal steigt Nebel herauf. Dort unten liegt der Ort Rennweg, dahinter, in der Richtung, aus der ich gekommen bin, ragen die Berge auf.

Lena und Werner sind schon um halb fünf aufgestanden. Lena ist groß und von der harten Arbeit ganz drahtig, trägt ein pinkfarbenes Kopftuch und grüne Gummistiefel und hält ihre zweijährige Tochter Ronja auf der Hüfte. Ich folge ihr in den Stall, ein kühles, kirchenartiges Gebäude, in dem der schwere, süßliche Geruch von Jauche in der Luft liegt. Über jeder Kuh hängt ein Schild mit ihrem Namen, wie Tischkarten bei einer Hochzeit. Ozeane, Iris, Britta, Freida, Beauty, Annabelle, Vanessa, Maja, Anja, Blume, Inka, Amelie, Veilcha. Fliegen surren herum. Vanessa knabbert an Majas Ohr. Lena geht durch den Stall, auf dem einen Arm Ronja, mit der anderen Hand verteilt sie Heu. Die Kühe neigen die Köpfe wie zum Gebet und fressen. Lena deutet auf eine Schaufel, und während wir uns unterhalten, schaufle ich den Mist der letzten Nacht durch das Gitter im Boden.

»Früher lebten auf einem Hof viele Menschen«, sagt Lena in exzellentem Englisch. »Großfamilien. Dazu Tagelöhner. Heute sind es nur noch einzelne Paare. Jedes Jahr geben Bauern ihre Milchbetriebe auf. Als Kinder hatten sie nie Sommerferien. Ich weiß, was es heißt, Urlaub zu haben. Ich weiß, was es heißt, ein *Wochenende* zu haben.«

Der Hof ist seit rund 300 Jahren im Besitz von Werners Familie. Eine Generation nach der anderen hat in der Stube gegessen, ist über den Hof gegangen. An einem Vormittag vor zwei Jahren stürzte Werners Vater vom Heuboden sechs Meter tief auf den Betonboden, auf dem wir jetzt stehen. Einen Monat lang lag er im künstlichen Koma, dann starb er. Er hatte all die kleineren Arbeiten erledigt, für die jetzt keine Zeit mehr ist. Wegen Ronja kann Lena nicht voll mitarbeiten, und Werner ist es noch nicht gewohnt, allein zu arbeiten. Freunde fragen ihn oft, warum er sich das antut, wo es doch in Spittal besser bezahlte Arbeit gibt, bei der er am Freitag um fünf Uhr Schluss hätte, aber am Ende so vieler Generationen zu stehen, ist eine Bürde, die sich nur schwer ablegen lässt.

»Die Schlinge um den Hals der Kleinbauern zieht sich immer weiter zu«, sagt Lena. »Seit dem Ukrainekrieg ist das Futter für die Kühe deutlich teurer geworden. Der Milchpreis ist noch akzeptabel, aber wer weiß, wie lange noch. Die Veganer sagen, Kuhmilch sei nur etwas für Kinder. Andererseits behaupten sie, die Milch sei voller Keime und Eiter. Und jetzt kommen auch noch die Wölfe. Es ist nicht der Wolf selbst, der die Leute zum Nachdenken bringt, aber er ist emotional stark aufgeladen. Die Leute geben die Schuld nicht der EU oder dem Krieg. Sondern dem Wolf.«

Lena setzt Ronja auf den Boden und schaufelt Futter in die Tröge. »Die Arbeit ist anstrengend«, sagt sie. »In den Zeitschriften für Landwirtschaft lese ich von jungen Familien, die tolle Sachen machen, aber woher haben sie das Geld? Woher nehmen sie die Kraft? Ich wüsste gerne, wie das alles in fünf Jahren aussieht. Das hier ist nicht das romantische Leben, von dem man oft hört. Als ich im Wolfszentrum gearbeitet habe, dachte ich, das sei viel Arbeit. Aber das war gar nichts im Vergleich zu hier.«

Ich folge ihr durch die Molkerei. Hier glänzt alles, ist blitzsauber, überall Chrom. »Im Wolfszentrum?«, frage ich.

Lena bindet sich eine weiße Schürze um, entrollt einen Schlauch und fängt an, den Boden zu schrubben. Wie ich nun erfahre, steht Lena mit jedem ihrer Gummistiefel in einer anderen Welt. In ihrem früheren Leben war sie Wildbiologin, und die Wildnis, mit der sie sich beschäftigt hat, waren die Wölfe. Sie hat im Wolf Science Center der Universität Wien gearbeitet, einem der weltweit führenden Institute in Sachen Verhaltensforschung beim Wolf. Ihre Doktorarbeit hat sie bei Kurt Kotrschal geschrieben, einem der Gründer des Zentrums. Thema war eine vergleichende Analyse der räumlichen Orientierung bei Wölfen und Hunden. Wölfe können sich, so eines der Resultate, weitaus besser daran erinnern, wo sie Dinge zurückgelassen haben. »Hunde dagegen«, so Lena, »haben viele dieser Fähigkeiten verloren, weil sie sie nicht mehr gebraucht haben.«

Ronja kommt in die Molkerei getappt und zieht einen Hammer hinter sich her.

»Ich habe den Wolf von der anderen Seite kennengelernt«, sagt Lena. »Von Angesicht zu Angesicht. Ich mag die Einstellung nicht, dass die Erde nur dem Menschen gehört.«

Die Wölfe waren ihre Leidenschaft. Und sie war davon ausgegangen, dass sie auch ihre Karriere sein würden. Hier auf dem Hof war sie zum ersten Mal für einen Urlaubsaufenthalt. Sie hatte die kleine Hütte auf dem Gelände gemietet. Dann lernte sie Werner kennen, und die Dinge nahmen ihren Lauf. Sie fing an, ihm bei der Arbeit mit den Tieren zu helfen, weil sie das lieber tat, als vor dem Computer zu sitzen. Die Faszination, die Knochenarbeit auf Akademiker aus der Stadt ausübt. Doch schon bald holte ihre Vergangenheit sie ein.

»Ich habe keine Ausbildung zur Landwirtin«, erzählt sie, während sie die Milchkannen ausspült, bis sie funkeln. »Aber ich habe einen fünftägigen Intensivkurs gemacht. Bei dem Kurs hat auch eine Politikerin aus Kärnten gesprochen und lauter falsche Sachen gesagt. Sie hat gesagt, Wölfe seien bösartig. Dass sie zum Spaß töten. Irgendwann habe ich es nicht mehr ausgehalten und gesagt: ›Entschuldigen Sie, aber da muss ich jetzt einiges klarstellen.‹ Ich habe mich sozusagen geoutet.«

Sie richtet sich auf und legt die Hand auf den unteren Rücken. »Ich kann das schon verstehen«, fährt sie fort. »Nenn mir einen guten Grund, warum ich als Bäuerin die Wölfe mögen sollte. Wenn die Hälfte meiner Schafe gerissen wird, dann kümmert mich das ökologische Gleichgewicht nicht. Aber trotzdem gibt es eines, was ich bei den Bauern nicht begreife. Wer Tiere hält, sollte sie doch verstehen. Man sollte doch wissen, dass, wenn man einen Wolf erschießt, ein anderer dafür nachkommt.«

Eine Studie aus den USA bestätigt das. Mit jedem Wolf, der im Untersuchungszeitraum getötet wurde, stieg die Wahrscheinlichkeit, dass im nächsten Jahr Vieh gerissen wurde; bei Schafen um vier Prozent und bei Rindern um fünf bis sechs Prozent. Das ging so lange, bis ein Viertel der gesamten Wolfspopulation eines Bundesstaates erlegt war; erst dann gingen die Verluste durch den Wolf zurück. Aber sobald die Abschussquote wieder unter 25 Prozent lag, nahmen die Risse wieder zu. Warum das geschieht, ist nicht bekannt, aber man vermutet, dass ein Rudel geschwächt wird, wenn es seine erfahrensten Tiere verliert, was dazu führt, dass es mehr auf domestizierte Tiere angewiesen ist, nicht weniger. Wenn das Hauptelternpaar getötet wird, spaltet sich das Rudel möglicherweise in kleinere Gruppen auf, in denen es jeweils wieder Junge geben kann. So wie beim Menschen in Kriegszeiten die Geburten zunehmen, kann auch der Abschuss von Wölfen diese dazu animieren, mehr Junge in die Welt zu setzen.

Doch die regionalen Landwirtschaftszeitungen sprechen sich gegen andere Schutzmaßnahmen für das Vieh aus. Wachhunde zu halten oder Zäune zu errichten, gilt als Akt der Kapitulation, als Zeichen dafür, dass man hinnimmt, dass der Wolf nun dauerhaft wieder hier ist. »Auf Landwirtschaftsmessen werden diese Zäune präsentiert, um den Besuchern zu zeigen, wie die Landschaft dann aussehen würde«, sagt Lena. »Aber das ist völlig übertrieben. Die sehen eher aus, als wollten sie Flüchtlinge abhalten.«

»Können Mensch und Wolf koexistieren?«, frage ich sie.

Lena zuckt mit den Schultern. »Das hat noch niemand versucht. Ich würde es gern einmal versuchen. Ich finde nicht, dass Bauern wegen des Wolfs ihre Höfe aufgeben sollten. Aber wenn meine Tiere angegriffen werden und ich nichts getan habe, um sie zu schützen, dann denke ich nicht: du blöder Wolf, sondern: du blöde Lena.«

Anders als ihre Nachbarn haben Lena und Werner Zäune errichtet. Weil sie nicht wollen, dass ihnen ihr Vieh geraubt wird (und auch, wie ich vermute, auf Lenas Drängen hin), haben sie weiter oben am Berg ein zweieinhalb Hektar großes Stück Land eingezäunt, wo die Kälber, die letzten Winter geboren wurden, ausreichend Platz haben. Damit sie von der EU Subventionen bekommen, müssen sie das Vieh 150 Tage im Jahr draußen halten, und sechzig Tage müssen die Tiere oben auf der Alm verbringen. Werners Großvater hat dort oben schon im Alter von sieben Jahren die Kühe gehütet, doch heutzutage sind Viehhirten nicht mehr so günstig. Den Zaun zu errichten, war ein ganzes Stück Arbeit. Jeden Winter werden sie die Drähte abnehmen müssen, damit sie unter der Last des Schnees nicht reißen, und sie dann jeden Sommer wieder neu montieren. Um auch in der Nähe des Hauses einen Zaun zu errichten, hatten sie noch keine Zeit, weshalb die Kühe im Frühjahr im Stall bleiben müssen. Bevor der Zaun stand, haben sie eine Kuh an den Wolf verloren, seitdem jedoch keine mehr.

»Was hält Werner davon?«, frage ich Lena.

»Er ärgert sich darüber, dass der Wolf wieder da ist, weil er so viele Scherereien verursacht. Nicht nur wegen der vielen Arbeit, sondern es ärgert ihn, dass die Leute so komisch geworden sind.« Die Reaktion auf ihren Zaun war viel schlimmer, als Lena erwartet hatte. »Wenn du versuchst, deine Tiere zu schützen, beschimpfen die Leute dich als Verräter.«

»Hast du deswegen Freunde verloren?«

»Nein, das nicht. Die Bauern helfen sich alle gegenseitig. Aber ich bin mir nicht sicher, ob sie uns noch vertrauen und ob *wir ihnen* noch vertrauen können. Was sie über unsere Familie sagen, klingt heute völlig anders.«

Wegen Lenas Vorgeschichte herrschte von Anfang an Argwohn. »Sie behaupten, ich würde Wölfe hierherbringen und sie im Keller halten, solche Sachen. Dass wir deswegen den Zaun errichtet hätten. Wenn ihnen ein Schaf gerissen wird, kommen sie zu mir und erzählen es mir. Als wäre ich die Abgesandte des Wolfs.« Die Wortführer in der Gemeinde haben diese Gerüchte nur zu gern verbreitet.

»Ich habe eine kleine Tochter und habe ernsthaft Angst, dass ...« Sie hält inne, zögert, den Satz zu Ende zu bringen. »Ich habe Angst, dass die Leute uns den Hof anzünden. Das ist alles so maßlos. Aber ich weiß nicht wirklich, was die Leute denken und welche Ausmaße das noch annehmen kann.«

Wir gehen wieder nach draußen. Mehlschwalben sausen durch den Hof, und jetzt vertreibt die Sonne die Wolken. Irgendwo bellt der Hund. Er kann durch ein Loch im Zaun hinausschlüpfen, das zu suchen und zu reparieren sie noch keine Zeit hatten. Lena schüttelt den Kopf. »Du bist zwar nicht mein Therapeut«, sagt sie, »aber du hast danach gefragt. Ehrlich gesagt, wenn der Wolf von heute auf morgen verschwinden würde, wäre ich nicht traurig.«

Werner kommt auf den Hof. Mit einer Heugabel neckt er Ronja, die auf einem Heuhaufen herumklettert; ein Spiel, das sich seit Jahrhunderten nicht verändert hat. Ronja kichert vergnügt. Sie ist so alt wie mein Sohn, und ich stelle mir vor, wie sie hier aufwächst und dabei lernt, wo die Lebensmittel herkommen, wie wir Menschen uns versorgen; und Wahrheiten über die Welt. Ein Leben mit Tieren unter freiem Himmel, und ein Hof voll Dreck und Hunden. Wenn die Welt sonst keinen Halt mehr bietet, gibt es dann etwas Wichtigeres, als bodenständig zu bleiben? Doch als ich Ronja auf ihrem Heuhaufen betrachte, frage ich mich, ob sie dieses Leben wollen wird. Und werden ihre Eltern wollen, dass sie so lebt? Oder ist das wieder der romantische Blick des Städters, so wie das Wohlwollen gegenüber der Rückkehr des Wolfs?

»Kannst du davon leben?«, fragt Werner, während ich mich umsehe und mir Notizen mache. Er will los, um Zaunpfähle einzuschlagen; ich will einen kleinen Spaziergang machen.

»Ich frage mich immer, warum die Leute bei diesem Thema gleich so emotional werden«, sagt Lena, nachdem Werner in Richtung Weideflächen aufgebrochen ist. »Kurt vom Wolfszentrum hat immer gesagt, dass zwischen dem Wolf und dem Menschen eine so enge Beziehung besteht, weil sie eine ähnliche Lebensweise haben. Die Art, wie sie sich einen gemeinsamen Lebensraum teilen. Wie sie in sozialen Gemeinschaften leben. Wie sie sich um ihre Kinder kümmern.« Sie hebt Ronja aus dem Schmutz und nimmt sie wieder auf die Hüfte. »Deswegen sind die Wölfe Hunde geworden. Ich weiß nicht, ob das stimmt, denn hier sprechen alle so negativ über den

Wolf. Aber vielleicht ist das der Grund, warum diese Diskussion so emotional geführt wird. Weil es um ein Tier geht, das Tausende Jahre lang so wichtig für uns war.«

Lena legt mir ans Herz, das Wolf Science Center zu besuchen, bevor ich meine Wanderung fortsetze. Die Vorstellung, nach so langer Zeit Wölfe aus Fleisch und Blut zu sehen, ist verlockend. Noch an diesem Vormittag tätige ich einen Anruf.

Als ich am Wiener Hauptbahnhof aus dem Zug steige, habe ich keine Ahnung, wie ich Kurt Kotrschal finden soll, Lenas ehemaligen Chef. Doch als sich der Bahnsteig leert, kommt ein Mann auf mich zu, der einen Hund an der Leine führt. Beide schreiten ein wenig affektiert daher. Der Hund ist ein Eurasier mit rotbraunem Fell und bewegt sich auf eine Art und Weise, die ahnen lässt, dass er *außergewöhnlich* gut trainiert ist. Kurt hat etwas Wolfsartiges: dicke, graue Bartstoppeln bis hinauf zum Jochbein, buschige Augenbrauen und einen ebensolchen Schnurrbart, ordentliches graues Haar. Wir geben uns die Hand und begrüßen uns. Der Hund steht selbstsicher neben Kurt, wie eine Erweiterung seines Geistes.

Kurt lenkt mich durch die Menschenmenge im Bahnhof und in die Tiefgarage. Er macht die Heckklappe auf, der Hund springt flink hinein, Kurt schließt die Klappe, wir beide steigen ins Auto und er fährt nach oben und in die Stadt. Im Radio läuft eine Oper. Kurt ist selbst gerade erst in Wien angekommen; seit seiner Pensionierung lebt er auf dem Land, hat hier aber aus der Zeit, als er an der Universität Wien unterrichtet hat, noch eine Wohnung.

Während wir uns durch den Wochenendverkehr schieben, weist er mich auf Sehenswürdigkeiten hin: die Staatsoper, das Naturhistorische Museum. Nach so vielen Wochen Leben im

Zelt sind all diese Menschen, die irgendwohin fahren, fast ein leichter Schock für mich. Wir kommen am Parlamentsgebäude vorbei, das hinter Gerüsten und Plakaten verborgen ist. »Das wird gerade renoviert«, sagt Kurt. »So ähnlich wie unsere Demokratie.«

Wir parken in der Straße vor seiner Wohnung. Sie liegt ganz in der Nähe der Universität, sodass er morgens auf dem Hinweg den Hund Gassi führen konnte. Dann döste das Tier in einer Ecke des Hörsaals, während der Professor und seine Studierenden über die Entwicklung und die Charaktereigenschaften seiner Art sprachen. Kurt hat aus einem Alpenfluss fünfundzwanzig Liter Wasser mitgebracht, die er in sein Aquarium füllen will, und ich helfe ihm, sie die marode Wendeltreppe hinaufzuschleppen. Fische hat er, seit er fünf Jahre alt war; sie waren seine erste Liebe auf nicht menschlichem Gebiet. Die Wohnung ist sagenhaft; sie liegt an einer Ecke des Gebäudes, sodass ich von dem Zimmer, in dem ich untergebracht bin, auf zwei Straßen blicken kann. Aus dem Aquarium wächst eine stattliche Pflanze heraus; ihr Schatten bedeckt das halbe Wohnzimmer, und an ihren Wurzeln tummeln sich die Fische. Eine Wand wird ganz von einem Bücherregal eingenommen; darin stehen naturhistorische Werke, Klassiker in Ledereinbänden und Kurts eigene Bücher, etwa *Wolf – Hund – Mensch. Die Geschichte einer jahrtausendealten Beziehung* oder *Der Wolf und wir. Wie aus ihm unser erstes Haustier wurde – und warum seine Rückkehr Chancen bietet*. Auf einem der Titelbilder kniet Kurt neben einem großen Wolf, bei beiden wird das Fell grau, und beide blicken auf denselben weit entfernten Punkt.

Zum Abendessen gehen wir aus. Es ist schwül-warm, wir sitzen an einer breiten Straße, Kurt bestellt Leber, ich Gulasch mit Knödeln. Hier ist es mehrere Grad wärmer als in den Bergen, und die österreichische Küche passt überhaupt nicht zu so einem Wetter. Der Wein ist so sauer, dass ich das Gesicht verziehe. Und Kurt erzählt mir von seinem Lebenswerk.

»Wir wissen, dass der *Homo sapiens* vor zweiundvierzigtausend Jahren nach Europa gekommen ist«, sagt er mit diesem bezaubernden »Wir«, als würden sämtliche Wissenschaftler in einem großen, gemeinsamen Vorhaben zusammenarbeiten. »Wir wissen, dass er hier auf den Neandertaler getroffen ist und ihn nach tausend Jahren ausgelöscht hat. Damals gab es eine unfassbar große Vielfalt an Grasfressern: Auerochse, Wollhaarmammut, Steppenwisent, das Europäische Flusspferd. Dazu eine unfassbar große Vielfalt an Fleischfressern: Höhlenbär, Höhlenhyäne, Höhlenlöwe. Tiere mit ausgeprägtem Sozialverhalten. Europa war kein besonders angenehmer Lebensraum. Aber der *Homo sapiens* hatte ein großes Gehirn und kriegte es hin. Und wer lief einander über den Weg? Wölfe und Menschen. Das ist doch ziemlich komisch, oder?«

Ein Pärchen auf seinem Abendspaziergang entdeckt Kurts Hund, der es sich unter einem Stuhl bequem gemacht hat. Er ist diese Art von Hund, von der die Leute angezogen werden, und der Mann beugt sich hinab, um ihn zu streicheln. Den Hund interessiert das kein bisschen. Die Szene ist ein wenig misslich, wie so etwas manchmal eben ist. Auch Kurt ignoriert den Hundefreund. »Der Punkt ist«, sagt er, als die Spaziergänger weitergehen, »Mensch und Wolf sind vor zweiundvierzigtausend Jahren nicht nur zusammengetroffen. Sondern anschließend auch zusammen*geblieben*.«

Ich will wissen, warum der Mensch eine Beziehung zum Wolf gesucht hat, aber Kurt erklärt mir, dass utilitaristisches Denken der Sache nicht gerecht wird. »Diese Menschen hatten einen animistischen Blick auf die Welt«, sagt er. »Sie glaubten an eine Brüderschaft und eine Schwesternschaft mit den Tieren. Es würde mich nicht wundern, wenn die ersten Menschen, die Kontakt mit Wölfen aufgenommen haben, Schamanen waren.« Niemand wollte die Wölfe domestizieren, meint Kurt, genauso wenig wie das Feuer gebändigt wurde, um einmal Metall zu schmelzen. Der Fortschritt des Menschen ergab sich aus einer Reihe von Zufällen, durch Ausprobieren und durch Fehltritte.

Dennoch sind die Vorteile, die der Wolf dem *Homo sapiens* brachte, nicht zu leugnen. »Aus eigener Erfahrung weiß ich: Wenn du die Nacht mit sozialisierten Wölfen verbringst, kannst du keine bösen Überraschungen erleben«, fährt Kurt fort, als wäre diese Erkenntnis das Normalste auf der Welt. Sozialisierte Wölfe halten wilde Wölfe sowie andere Raubtiere auf Distanz. Dadurch mussten wir weniger Angst haben, wenn wir uns draußen bewegten, und brauchten uns nicht in Höhlen zu verkriechen. Der Mensch hat ursprünglich Hetzjagd betrieben – dank seiner größeren Ausdauer konnte er die Beute so lange verfolgen, bis sie erschöpft war –, und Wölfe jagen auf dieselbe Weise. Die Zusammenarbeit funktionierte gut. Vielleicht wurde die Jagd auf Mammuts nur möglich, weil wir mit Wölfen zusammengearbeitet haben. Mit der Zeit wurden die Wölfe immer mehr ein Teil unseres Lebens. Sie spielten mit unseren Kindern. Sie wärmten uns in der Nacht.

Doch wie genau ein Wildtier wie der Wolf erst Partner und dann Haustier wurde, ist eines der ungelösten Rätsel der Wissenschaft. Es gibt dazu zahlreiche Theorien, aber wenige gesicherte Fakten und sehr wenige Knochenfunde. Die Lagerfeuertheorie besagt, dass der Wolf vom gebratenen Fleisch zu den Feuern des frühen *Homo sapiens* gelockt wurde. Die Wölfe stöberten nach Knochen, durchwühlten die Abfälle, und dann warf ihnen ein neugieriger Mensch vielleicht ein Stück Fett hin. Mit der Zeit betrachteten die Wölfe die adoptierten Menschen als zu ihrem Territorium gehörig. Folgt man dieser Sichtweise, könnte man sagen, dass der Wolf, indem er den ersten Schritt gemacht hat, sich selbst domestiziert hat. Weil die Menschen die Vorteile erkannten, banden sie die freundlicheren Tiere an sich, indem sie sie gezielt fütterten. Die Nachkommen der freundlichen Wölfe waren noch freundlichere Wölfe und irgendwann wurden daraus, so diese Theorie, Hunde. Das klingt nicht abwegig.

Kurt glaubt davon allerdings kein Wort. »Jeder, der sich mit Wölfen auskennt, weiß, dass es nicht so gewesen sein kann. Wenn man nicht von Anfang an eine soziale Beziehung hat, ist das gefährlich. Du musst den Wolf dazu bringen, dass er deine Kinder respektiert und in ihnen keine Beute sieht. Ansonsten wird er früher oder später dieses seltsame Tier einmal probieren wollen. Hätten Wölfe unsere Kinder gefressen, gäbe es heute keine Hunde. Um mit einem Wolf wirklich zusammenarbeiten zu können, musst du ihn mit der Hand aufziehen.«

Kurt hat seiner eigenen Schätzung nach etwa dreißig Wölfe mit der Hand aufgezogen – vielleicht so viele wie niemand sonst auf der Welt – und kennt sich in diesen Dingen gut aus. Die Arbeit im Wolf Science Center ist experimentelle Archäologie; Kurt ist skeptisch gegenüber Gelehrten, die ihre Theorien in der Bibliothek zusammenschreiben. »Das heißt, man muss vor dem zehnten Tag anfangen, bevor das Tier die Augen öffnet. Das ist eine Conditio sine qua non. Und für Jäger und Sammler hätte das geheißen: stillen.«

»Wie bitte?«

»Na ja, Fläschchen hatten sie keine.«

Und in der Tat stößt man, wenn man ein wenig nachforscht, auf Berichte über Frauen, die Tiere der Familie *Canidae* gestillt haben, und zwar bis ins 20. Jahrhundert hinein. Die australischen Aborigines stillten die Jungen der Dingos, die sie erlegt hatten. Berichte über Frauen, die Hunde gestillt haben, gibt es von der Malaiischen Halbinsel, von den Pazifischen Inseln, aus Neuguinea und aus Südamerika. Für Europa gibt es weniger Belege, aber in der Literatur der griechischen Antike, in den *Bakchen* des Euripides, findet sich ein Hinweis:

*Und junge Mütter, deren Brüste überquollen,*
*weil sie ihr Kind zu Haus gelassen, hielten auf*
*dem Arm ein Rehkitz oder auch ein wildes Wölflein*
*und säugten es.*

Das ist die Umkehr der Sage von Romulus und Remus sowie all der anderen Geschichten von ausgesetzten Kindern, die von einer Wölfin gerettet und gesäugt wurden. Dass eine Frau ein Junges einer anderen Art stillt, empfinden wir als ein Tabu; warum, bleibt jedoch unklar, wenn man bedenkt, dass im Vereinigten Königreich jedes Jahr fünfzehn Milliarden Liter Kuhmilch verbraucht werden. Und offenbar ist es eine erfolgreiche Methode, um Tiere zu zähmen. Überall auf der Welt berichten Anthropologen davon, dass Frauen nicht nur Hunde säugen, sondern auch Ziegen, Schweine, Affen, Bären, Bisons, Opossums und Elefanten. In den 1970er-Jahren schrieb ein Anthropologe: »Trotz der rauen Behandlung entwickeln die Hunde [der Aborigines] schon als Junge eine so starke Bindung an ihre Besitzer, dass sie ihnen treu und ergeben bleiben.« Die wissenschaftliche Literatur berichtet auch von einigen Fällen, in denen die Mutter das Tier, das sie stillt, ihrem eigenen Kind vorzieht oder dieses im Ausnahmefall sogar umbringt, damit »den Welpen nicht die Nahrung weggenommen wird«. Diese Bindung hielt noch bis lange nach der Entwöhnung an.

Aber auch hier gibt es Menschen, die kein Wort davon glauben. »Wir mögen Dichotomien«, sagt einige Monate später der Evolutionsgenetiker Greger Larson, als ich in der Archäologischen Fakultät der Universität Oxford mit ihm spreche. »Kontinuität dagegen mögen wir nicht. Und gibt es etwas Abwegigeres als die Vorstellung, dass jemand in eine Höhle geht, sich ein Wolfsjunges schnappt, es *aus Kalkül* mit nach Hause nimmt und sich dann sagt: Okay, wie wär's, wenn wir uns jetzt immer wieder welche von denen holen und ihnen das Fläschchen geben, damit da mal Hunde draus werden? So ein Quatsch. Das ist wie bei Kipling, nur ohne dessen Einfallsreichtum. Kipling in langweilig. Also, wovon reden wir hier überhaupt?«

Greger ist ein leutseliger Typ, der schnell redet. Amerikaner. Ich war nach meiner Rückkehr nach England zu ihm gefahren, weil ich gehofft hatte, er könnte etwas Licht in die verschiedenen Hypothesen bringen. Meine Hoffnung wurde enttäuscht.

»Es kann keine Hunde geben«, sagt er und hebt die Hände. »Es gibt sie einfach nicht. Was man nicht erklären kann, das darf es nicht geben.«

Greger hat die letzten zehn Jahre seines Berufslebens mit der Suche nach einer solchen Erklärung zugebracht. Er hat in Museen auf der ganzen Welt Dutzende Splitter von alten Wolfsknochen gesammelt, sie zu Staub zermahlen, die DNA extrahiert und dann das Genom des jeweiligen Tieres sequenziert. Die jüngsten Forschungsergebnisse legen nahe, dass der moderne Hund enger mit dem Asiatischen als mit dem Europäischen Wolf verwandt ist, was hieße, dass der Wolf zunächst in Asien domestiziert wurde. Greger tippt auf Sibirien, vor ungefähr 20 000 Jahren, aber das sind alles nur Mutmaßungen. Gäbe es ein Missing Link – einen Wolf, der eine Vorstufe zum Hund darstellt –, würde das helfen, eine solche Entwicklung zu rekonstruieren, doch bis jetzt wurde noch kein entsprechendes Skelett gefunden.

»Der Hund könnte genauso gut mit einer Kanone vom Mars auf die Erde geschossen worden sein und zufällig in Sibirien gelandet sein«, meint Greger.

Vor ca. 20 000 Jahren erreichten die Vereisungen der letzten Kaltzeit ihre maximale Ausdehnung. Das Klima stellte alle Lebewesen vor große Herausforderungen, und Proteine waren nur in geringen Mengen verfügbar. Gingen die beiden Arten also eine Partnerschaft ein, um nicht auszusterben? »Das klingt fantastisch«, meint Greger. »Aber wenn es dafür keinerlei Anhaltspunkte gibt …« Als sich die Gletscher zurückzogen, wurden zahlreiche fossile Stücke von der Erdoberfläche gespült, was möglicherweise erklärt, warum aus dieser Zeit keine Knochenfunde vorhanden sind.

Fest steht jedoch, dass der Mensch Hunde vor allen anderen Tieren domestiziert hat (einschließlich sich selbst, wenn man so will). Der Verhaltensforscher Wolfgang Schleidt ist der Ansicht, dass nicht der Mensch den Wolf in sein Haus (seine *domus*) geholt hat – das die frühen Jäger und Sammler gar nicht besaßen –, sondern dass vielmehr der Wolf dem Menschen die Vorstellung einer Höhle als Wohnstatt nahegebracht hat. Bedenkt man, dass es weltweit nur etwa 250 000 Wölfe gibt, aber an die 900 Millionen Hunde in 360 Rassen, die sich über alle Kontinente verteilen, so ist klar, dass die Domestizierung aus Sicht des Wolfs eine umwerfend erfolgreiche Strategie war. Die fortschreitende Rückeroberung der Alpen durch den Wolf? Geschenkt. Aus dieser Perspektive hat der Wolf seine Stellung als eines der am weitesten verbreiteten Säugetiere des Planeten längst gesichert, und zwar unter der Maske des Hundes. Für uns Menschen war die Zähmung des Wolfs der erste von vielen Schritten, durch die wir unsere Zurückhaltung gegenüber Tieren letztlich abgelegt haben. Sie führte zur Domestizierung anderer Arten, zum Anbau von Feldfrüchten, der Entstehung der Landwirtschaft, der Befreiung der Menschheit und all der Schönheit und all dem Chaos, die uns heute umgeben.

Aber wenn die Lagerfeuertheorie nicht zutrifft und wir auch keine Wolfsjungen gesäugt haben – wie kam es dann dazu, dass heute in jedem dritten englischen Haushalt ein Wolf lebt? Wie Kurt Kotrschal hält auch Greger Larson nichts von der Vorstellung, dass der frühe Mensch mit der ausdrücklichen Absicht losgezogen ist, so etwas wie einen Hund zu erschaffen. »Der erste Schritt auf diesem ganzen Weg ist sachte Toleranz«, meint er.

Bisweilen bildet eine Art zwei Gruppen aus, die einen gemeinsamen direkten Vorläufer haben und sich auf den ersten Blick in nichts unterscheiden, aber mit den vorhandenen Ressourcen unterschiedlich umgehen. Etwa die Orcas im Nordwesten des Pazifischen Ozeans: Eine Herde jagt Meeressäuger, eine andere Lachs. Sie suchen ihre Nahrung in denselben Jagdgründen, schwimmen andauernd aneinander vorbei. Man könnte sagen, sie haben unterschiedliche Kulturen, »wie die Sharks und die Jets aus der *West Side Story*«, sagt Greger. Nach einer Weile erkennen die beiden Gruppen in der jeweils anderen keine Gruppe derselben Art mehr. Sie hören auf, Nachwuchs miteinander zu zeugen und Genmaterial auszutauschen. Und eines Tages haben sie sich so weit auseinanderentwickelt, dass sie keine Jungen mehr miteinander haben können, selbst wenn sie wollten.

»Mit Wölfen ist es genauso«, sagt Greger. »Sie sind geschickt darin, ihr Verhalten anzupassen. Sie lernen sehr schnell und können sich die unterschiedlichsten Ressourcen zunutze machen.« Es ist durchaus denkbar, dass eine Wolfspopulation, anstatt mit den Karibus zu wandern oder auf ihrem eigenen Territorium Elche zu jagen, sich mit Jägern und Sammlern einlässt und dabei immer abhängiger von ihnen wird. Mit der Zeit unterscheidet sich diese Population immer mehr von den anderen. Vielleicht geben sie ihren Jungen zu verstehen, dass ihnen dieses Arrangement zugutekommt; und vielleicht geben die Menschen ihren Kindern dasselbe zu verstehen. Allmählich entsteht eine Beziehung. Und irgendwann stellen beide Seiten fest, dass sie nicht mehr ohneeinander leben können.

»Und damit ist ein sehr großes Problem gelöst«, schließt Greger. Im Rahmen der anderen Theorien ist es denkbar, dass ein gezähmter Wolf sich mit einem wilden Wolf zusammentut, und dann fängt alles wieder von vorne an. Aber wenn die domestizierten Wölfe sich von den anderen so weit entfernt haben, dass sie kein Verlangen mehr haben, sich mit diesen zu paaren – wenn sozusagen der genetische Hahn zugedreht ist –, dann erklärt das weitaus plausibler, wie sich so unterschiedliches Verhalten entwickeln kann.

Und warum man vielleicht eines Tages einen Hund neben sich hat.

Am nächsten Tag, einem Sonntag, brechen Kurt und ich früh auf und fahren zum Wolf Science Center, das etwa eine Stunde

Fahrzeit von Wien entfernt liegt. In beunruhigendem Tempo jagen wir zwischen Sonnenblumenfeldern und Weinanbaugebieten hindurch. Kurt erklärt mir, dass der Wein hier wegen der immer wärmeren Sommer stark an Qualität gewinnt.

Das Zentrum liegt inmitten eines Wildparks. Der Parkplatz ist voll, junge Eltern schieben ihre Kinderwagen auf den Besucherwegen an den Gehegen vorbei. Im Souvenirladen gibt es Wolfsjunge aus Plüsch, Wolfskaffeetassen, Wolfskäppis, Schneekugeln mit Wölfen und Kurts Bücher. Kurt bewegt sich so locker und unbeschwert durch den Park, als streife er durch seinen Garten. Er zeigt mir die Wildschweine und die Rehe. Mufflons klettern eine Wand in einem alten Steinbruch hinauf, springen von einem Felsvorsprung zum nächsten, als wären sie Marionetten. Aber keiner von uns beiden ist wegen der Pflanzenfresser hier.

Wir gehen weiter. Mit einer ausladenden Geste deutet Kurt auf ein dicht mit Pflanzen bewachsenes Gehege. »Und hier haben wir …« Er hält inne, denkt nach. »Nein, nicht ›wir‹. Sie sind nicht mehr meine Wölfe.«

Kurt hat das Zentrum 2008 mitgegründet, als es in Österreich noch keine wild lebenden Wölfe gab. Er kannte jeden Wolf, jedes Tier mit dessen individueller Persönlichkeit. Manche kamen nachts zum Kuscheln, andere haben ihm ins Bett geschissen. Kurt ist Anfang siebzig und hat nicht mehr die Kraft, noch einmal fünfzehn Jahre aufzuwenden, um die nächste Generation großzuziehen.

Ende 2020 starb Kaspar, der letzte Wolf aus der Gründungszeit. Die beiden vorletzten Tiere waren im Jahr zuvor gestorben, und die Erinnerungen an sie, die sich im Blog des Zentrums finden, sind erstaunlich anrührend. »Insbesondere in den letzten Wochen und Monaten, in denen du körperlich immer weiter abgebaut hast, wurdest du aber vom Wesen her sanfter und auch offener uns Menschen gegenüber«, heißt es etwa im Nachruf auf Kaspar. »Letzten Endes durften wir doch noch den Wolf kennenlernen, der sich jahrelang hinter der Arbeitsmaschine versteckt hatte, den echten Kaspar.«

»Das hier ist nicht mehr mein Ort«, sagt Kurt. »Wissenschaft ist *eine* Sache …« Er sucht nach Worten, ahnt, dass er im Begriff ist, Dinge zu sagen, die ein Wissenschaftler vielleicht besser nicht sagen sollte. »Aber«, fährt er schließlich fort, »das Zentrum und ich sind einander noch immer sehr eng verbunden.« Er pfeift in Richtung des Geheges, so wie man einen Hund herbeiruft. »Hallo«, sagt er. »Hallo?« Nichts regt sich im Gestrüpp. Ein Besucher sieht ihn an, als wäre er verrückt. »Vermutlich treiben sie sich am Testhaus herum«, meint Kurt, »und warten darauf, dass etwas Interessantes passiert.«

Das Zentrum hatte sich zum Ziel gesetzt, Wölfe und Hunde in identischer Umgebung aufzuziehen: unter freiem Himmel, in weitläufigen Gehegen, in Rudeln und von Geburt an mit der Flasche gefüttert. Keine Art sollte wild aufwachsen; indem die Aufzucht vereinheitlicht wurde, sollten sich die Forscher auf den Charakter des einzelnen Tieres konzentrieren können, um herauszufinden, wie sich die genetischen Unterschiede zwischen Wölfen und Hunden manifestieren, wenn die Rahmenbedingungen kontrolliert werden. Kurt bezeichnet die Wölfe als Partner; den Hunden scheint er etwas weniger Zuneigung entgegenzubringen. Die Arbeit, die das Zentrum leistet, ist bahnbrechend. In der ganzen Welt gibt es keine vergleichbare Einrichtung.

Die Experimente, die hier durchgeführt werden, haben im Verhalten von Hunden kleine, aber entscheidende Besonderheiten erkennen lassen, die sich im Lauf der Zeit in ihre Gene eingeschrieben haben. Diese Veränderungen gegenüber dem Wolf ermöglichen es, mit ihnen im selben Haushalt zu leben. »Hunde haben ein angeborenes Gespür dafür, was der Mensch will«, erklärt Kurt, während wir durch den Park gehen. »Möglicherweise hat der Wolf das auch, aber was der Mensch will, kümmert ihn einfach nicht.« Ein Hund versteht, dass die Nahrung seines Herrn nicht für ihn bestimmt ist; ein Wolf dagegen wird das nie akzeptieren. Allein die Vorstellung, einen Herrn zu haben, ist dem Wolf ein Gräuel. Ein Hund ist ein Wolf, der nicht erwachsen geworden ist, sondern in seiner Entwicklung stehen geblieben und nie selbstständig geworden ist. Wenn man einem Hund eine verschlossene Schachtel mit Nahrung hinstellt, wird er darauf warten, dass sein Herr ihm hilft. Gibt man dieselbe Schachtel einem Wolf, wird er so lange versuchen, sie zu öffnen, bis es ihm gelingt, vielleicht bis ans Ende seiner Tage. Deutet man auf eine bestimmte Stelle, so sieht der Hund dorthin. Ein Wolf sieht auf den Finger, der deutet. Ein Hund erwartet klare Führung und leistet am meisten, wenn er seinen Platz in der Hierarchie kennt. Ein Wolf ist höchstens dann zur Zusammenarbeit bereit, wenn Gleichberechtigung herrscht. Manchmal will er auch selbst die Führung übernehmen.

Diese Aufspaltung im Verhalten ereignete sich laut Kurt zu dem Zeitpunkt, als wir von einer egalitären Gesellschaft von Jägern und Sammlern zu einer hierarchischen und sesshaften wurden. Zunächst hat sich also das Verhalten der Menschen verändert. Kurt gibt mir einen Abriss der Zivilisationsgeschichte. »Vor zwölftausend Jahren wurden in Anatolien die ersten Bauwerke aus Megalithen errichtet. Es ist unvorstellbar, dass Jäger und Sammler das geschafft haben, aber so ist es nun einmal. Als die Menschen sich dort niederließen, brauchten sie Nahrung, Unterkünfte, Sex. Und sie lernten, sich all das zu verschaffen. Das war die erste Ansammlung, das erste Mal, dass manche Menschen über anderen standen. Vermutlich ging das nicht reibungslos ab. Es gab welche, die denen, die über ihnen standen, die Köpfe abhackten. Die Struktur unserer Gesellschaft wurde hierarchisch und patriarchalisch. Damit haben wir noch heute zu kämpfen. Hierarchie basiert auf der Kontrolle von Ressourcen. Letztlich heißt das natürlich: auf der Kontrolle der weiblichen Reproduktion. Und wenn sich eine Gesellschaft so grundlegend wandelt, liegt es nahe, dass sich das auch darauf auswirkt, wie sie ihre Hunde behandelt.«

Dann wären die Hunde also eine tierische Folge unserer hierarchischen, sesshaften Weltsicht. Jede Gesellschaft, so Kurt, bekommt die Hunde und die Politiker, die sie verdient. Ich denke an die Huskys, die in Alaska Schlitten ziehen, an die Maremmen-Abruzzen-Schäferhunde, die in Italien Schafherden vor Wölfen schützen, an die Hunde, die in den Vierteln am Stadtrand wie Waffen verwendet werden, oder an die Hunde in den Innenstädten, die in Handtaschen passen. Durch diese von ihren Ahnen ererbte Fähigkeit, sich zu wandeln und sich anzupassen, konnten die Hunde sich einen so festen Platz in unserem Leben erobern.

Wir haben das Testhaus erreicht, ein unscheinbares Gebäude, das in der Mitte des Parks hinter einem Zaun mit verschlossenem Tor liegt. Kurt stellt mir Marianne Heberlein vor, die Leiterin des Tierteams. Kurt hat mich hierher mitgenommen, weil ich einen Wolf sehen will. Natürlich will ich einen Wolf sehen. Immer wieder bekommt das Zentrum Anfragen von Leuten, die gerne einmal einem Wolf begegnen würden, behaupten, eine besondere Verbindung zu diesen Tieren zu haben, und erzählen, dass sie, wenn sie einem Wolf in die Augen sehen, sein inneres Wesen erkennen können. Ein »Wolfsbesuch de luxe« dauert zwei Stunden und kostet 1650 Euro, aber es gibt auch günstigere Varianten. »Solche Leute waschen sich wahrscheinlich drei Wochen lang nicht die Hände, wenn sie einen Wolf berührt haben«, sagt Kurt. Ähnlich wie die Wildnis oder die amerikanischen Ureinwohner, mit denen der Wolf einst gleichgesetzt wurde, wurde er in bestimmten Kreisen neu erfunden als ein romantisiertes Symbol für unsere Unfähigkeit, das empfindliche Gleichgewicht des Lebens auf der Erde zu begreifen. Der Wolf ist der edle Wilde, das spirituelle Tier schlechthin. Um das zu erkennen, braucht man nur durch den Souvenirladen des Zentrums zu gehen oder im Internet nach Postern zu suchen, auf denen ein heulender Wolf unter einem vollen Mond in einem urzeitlichen, vereisten Wald steht. »Wirf mich den Wölfen vor, und ich komme als Anführer des Rudels zurück«, heißt es da, oder: »Der Tiger und der Löwe mögen stärker sein, aber der Wolf tritt nicht im Zirkus auf.«

Der Wolf, dem ich begegnen soll, heißt Wamblee, in Anlehnung an das Wort der Lakota für Adler. Marianne führt mich zu seinem Gehege, wo er ausgestreckt im Schatten liegt. Ein Wolf! Nach so vielen Monaten, in denen ich auf Slavc' Spuren gewandert bin, stehe ich nun endlich einem gegenüber. Dass er hinter einem Zaun liegt, tut diesem Augenblick kaum einen Abbruch. Als wir vor das Gitter treten, steht er auf. Als würde er Yoga machen, streckt er die Vorderläufe aus, sodass sein Rücken leicht schräg steht, dann kommt er mit gesenktem Kopf auf uns zu, trottet mit gleichmäßigen, flüssigen Schritten durch das Gehege. Sein Fell war einmal schwarz, doch jetzt, im Alter von zehn Jahren, überwiegen die hellen Anteile. Er ist ein vergleichsweise kleiner Wolf, was aber nicht heißt, dass er klein ist. Die Spitze seines rechten Ohrs klappt nach vorne, wie bei einem Hund. Mit seinen hellen, nikotinbraunen Augen sieht er uns durch die Maschen des Zaunes an. Ein Wolf!

Marianne gibt mir Hinweise zu sicherem Verhalten. Ich unterschreibe ein Formular mit Haftungsausschlüssen. Sie fragt mich, ob ich irgendetwas in den Käfig mit hineinnehmen will.

»Nur mein Notizbuch«, antworte ich.

»Besser nicht«, sagt sie.

Zu Wamblees Rudel gehörten noch Geronimo und Yukon, aber Yukon ist vor einem Monat an einem Gehirntumor gestorben. Nach ihrem Tod haben die anderen beiden tagelang geheult. Jetzt sind nur noch die zwei alten Kerle übrig, und Geronimo wurde für die Dauer unseres Treffens in ein anderes Gehege gebracht. Marianne und ihre Kollegin (sie müssen immer zu zweit sein, für alle Fälle) gehen hinein, schließen und versperren ein erstes Tor und öffnen dann ein zweites, das auf Wamblees Territorium führt. Marianne geht langsam auf ihn zu und sagt leise ein paar Worte. Dann tätschelt sie ihm den Hals und gibt ihm ein Leckerli. Wamblee ist offenbar freundlich gestimmt, und so fordert sie Kurt und mich auf hereinzukommen.

Über diese Schwelle gebeten zu werden, fühlt sich wie eine Grenzüberschreitung an, fast schon schamanisch. Und intuitiv schrecke ich davor zurück. Ich beschäftige mich nun seit zwei Jahren mit Wölfen und habe die letzten Monate auf Slavc' Spuren zugebracht, und dennoch werde ich das Gefühl nicht los, gleich in Stücke gerissen zu werden. Kein Wunder, dass die Rückkehr des Wolfs die Menschen in helle Aufregung versetzt – der Ruf, der ihm vorauseilt, geht weit über die Fakten hinaus. Studien haben gezeigt, dass bei Menschen, die ein Wolfsgehege betreten, die Pulsfrequenz sinkt und die Herzratenvariabilität steigt, was bedeutet, dass sie sich entspannen. Ich bin im Moment nicht entspannt.

Ich soll die Arme zu beiden Seiten des Körpers hängen lassen. Wamblee, so hat mir Marianne erklärt, hat eine ausgeprägte Phobie vor den Beinen von Menschen, weshalb ich die Beine, so wie den Rest meines Körpers, vollkommen still halten muss. Der Wolf läuft zwischen uns vieren herum. Er ist ein großes Tier, reicht mir bis zu den Hüften und ist so lang, wie ich groß bin. In der Wärme des Spätfrühlings verliert er sein Fell, die grauen Haare fallen ihm büschelweise aus, und unter seinem lückenhaften Pelz kann ich seine erstaunlich schlanke Gestalt erkennen. Matt trottet er durch den Käfig, schnuppert an Marianne, schnuppert an Kurt. Außer der Angst verspüre ich – und das ist überhaupt kein Widerspruch – das dringende, nur allzu menschliche Verlangen, gemocht zu werden.

Der lateinische Name für den Haushund lautet *Canis lupus familiaris* – der »familiäre«, vertraute Wolf. Während ich Wamblee beobachte (ohne Blickkontakt zu suchen, wie ich angewiesen wurde), kommen mir alle Hunde wieder in den Sinn, die ich je gesehen habe. Mir scheint, ich habe eine ungefähre Vorstellung von dem, was er, mit dem gesenkten Kopf und dem herabhängenden Schwanz, empfindet. Ja, ich kenne das, aber da ist noch etwas anderes – eine unheimliche, unsagbare Wildheit, ein Flackern in den Augen, die Weigerung, sich an die gesellschaftlichen Grenzen zu halten, die den Hunden gesetzt wurden und die die Bedingung dafür waren, dass wir sie in unsere Heimstätten gelassen haben. Es ist, als blicke ich dem Irrsinn ins Antlitz.

Schon lange denke ich mir, dass wir ein Wort für das Gegenteil von Anthropomorphismus brauchen, also nicht für die Projektion menschlicher Eigenschaften auf Tiere, sondern für die Tatsache, dass wir Tieren ähnlicher sind, als wir zugeben wollen. In genetischer Hinsicht mögen uns die Affen weitaus näher sein, aber im Wolf finden wir Aspekte unseres Wesens, die wir in keinem anderen Tier finden. Wenn man im Zoo einem Schimpansen zusieht, erkennt man sich in seinem Verhalten wieder, doch wenn man Wölfe lange genug beobachtet, dann sieht man Eigenschaften, die man selbst gern hätte. »Schimpansen sind machiavellistische Viecher«, hat Kurt einmal gesagt. »Ich traue ihnen nicht. Aber Wölfe sind ziemlich angenehme Tiere.«

Wie die Wölfe jagen auch wir Menschen alle Großsäuger in unserem Lebensraum. Nur wenige Arten auf der Welt jagen Beutetiere, die größer sind als sie selbst, denn dazu muss man zusammenarbeiten, und so ein Jagdrudel muss organisiert sein, braucht eine soziale Struktur und eine klare Aufgabenteilung. Der Wolf gehört wie auch der Mensch zu dieser kleinen Gruppe von Arten. Wie die Wölfe sind auch wir aufgrund der Bindungen in unseren Gruppen, die sich durch das Leben in Rudeln entwickelt haben, so erfolgreich. Kein anderes Tier kommt dem Menschen in Sachen sozialer Organisation so nahe. Der Mensch hat kognitive Fähigkeiten entwickelt, die es ihm ermöglichen, mit anderen zusammenzuarbeiten. Wir können flexibel auf die unterschiedlichsten sozialen und ökologischen Rahmenbedingungen reagieren. Wir haben unterschiedliche Kulturen entwickelt. Und aus diesem Grund ist es uns gelungen, fast jeden Lebensraum dieses Planeten zu besetzen.

An Wölfen bewundern wir die familiären Bindungen, ihre

Loyalität, ihre Selbstlosigkeit, die Art, wie sie ihre Jungen aufziehen. Sie sind äußerst fürsorglich. Bei fast keiner Art geben sich die Männchen so viel Mühe, das ganze Jahr über die Überlebenschancen der Weibchen und des Nachwuchses zu erhöhen; sie bringen Nahrung, kümmern sich um die Jungen und schützen die Welpen und die Mutter vor Angriffen. Bei den Menschen – ein Gedanke, über den nachzudenken sich lohnt – verlassen die Väter ihre Familien weitaus öfter. Wölfe führen uns ein Idealbild von uns selbst vor Augen. Mag sein, dass wir die Hunde bekommen, die wir verdienen, aber die Wölfe verdient niemand von uns.

Wamblee tappt noch immer zwischen Kurt, Marianne und ihrer Kollegin hin und her, den drei Menschen, die er kennt. Dann bleibt er bei einer seiner Runden plötzlich neben mir stehen, hebt den Kopf und drückt seinen ganzen Körper an meinen. Ich bin überrascht, wie schwer und massig er ist. Ich kann seinen warmen, nach Fleisch riechenden Atem wahrnehmen. Ich bin gleichzeitig selig und erschüttert. Das ist ein Hund, aber natürlich auch *kein* Hund. Es gibt Tiere, die in vielerlei Hinsicht weitaus wilder sind als dieses hier. Aber hier steht gerade ein *Wolf* neben mir.

Marianne scheint mit dem Verlauf des Besuchs zufrieden zu sein. Ich bin äußerst zufrieden. Sie fragt mich, ob ich etwas ausprobieren möchte. Ja, sage ich, jetzt schon etwas unerschrockener. Sie tritt ein paar Schritte zur Seite und präsentiert in der offenen Hand ein Leckerli. Wamblee kennt dieses Spiel. Ich soll mich hinabbeugen und ihm die Hand hinhalten, mit dem Handrücken nach außen, wie man es bei einem fremden Hund macht. Dann soll er an meiner Hand schnüffeln und sich dann bei Marianne das Leckerli abholen. Und so geschieht es auch, mehrmals, er läuft hin und her. Seine feuchte

Schnauze auf meiner erhitzten Hand. Kurt steht etwas steif daneben, wie ein Vater bei der Abiturfeier seines Sohnes, noch nicht in der Lage loszulassen.

Es gibt noch ein Spiel. Ob ich Wamblee die Hand geben möchte, fragt Marianne. Auch dieses Spiel hat klare Regeln. Ich darf seine Pfote nicht ergreifen. Ich darf keinen Druck auf sie ausüben, sie aber auch nicht fallen lassen. Ich soll nur die Hand ausstrecken und Wamblee den Rest erledigen lassen.

Der Wolf kommt auf mich zu und bleibt vor mir stehen. Ich wage einen kurzen Blick in seine Augen. Ich habe das Gefühl, seine Gegenwart körperlich zu spüren, wie eine gewisse Schwere. Ich werde den Eindruck nicht los, dass er auf einer anderen, höheren Ebene agiert. Als ich ihn ansehe, hebt er einen seiner Vorderläufe bis auf Höhe meiner Brust und lässt ihn nach unten in meine ausgestreckte Hand fallen. Die Pfote ist unbeschreiblich schwer. Gewaltig. Eine übergroße, haarige Pfote in meiner kleinen, nackten Hand. Sein heißer Atem auf meiner Haut. Die Klauen wie angespitzte Cashewnüsse.

So stehen wir gemeinsam da, reichen uns die Hand und bekräftigen eine Abmachung, die wir vor 20 000 Jahren getroffen haben. Geben Versprechen ab, von denen wir noch immer nicht wissen, ob wir sie halten können.

Dann lässt er die Pfote sinken und trottet weg.

Am Nachmittag verabschiede ich mich von Kurt. Er muss zurück nach Hause, in das Dorf, in dem er wohnt, und setzt mich unterwegs in Wien ab. Ich buche ein Bett in einem Hostel, und am Abend gehe ich durch die Straßen der Stadt. Ohne das Gewicht meines Rucksacks fühle ich mich so leicht, als könnte ich fliegen. Ich springe kurz in die Donau, mitten in der Stadt, und lasse mich am Ufer in der warmen Abendsonne trocknen. Es ist leicht, wieder in den Rhythmus einer Stadt zu fallen, in ihr geschäftiges Treiben, mit all den Dingen, die erledigt werden müssen. Aber ich kann es kaum erwarten, wieder auf Slavc' Route zu kommen. Am nächsten Morgen gehe ich schon früh zum Bahnhof. Nach einer mehrstündigen Fahrt in einem klimatisierten Zug habe ich das Land durchquert, am Bahnhof Spittal-Millstätter See nehme ich einen Bus nach Rennweg, und dort nimmt mich ein Bauer auf seinem alten Traktor zu der Stelle mit, wo der Weg zum Hof von Lena und Werner abzweigt.

Ich folge dem Pöllatal bergauf nach Westen. Nach den Tagen in der Stadt bin ich glücklich, wieder in der Natur zu sein, wieder im Schritttempo unterwegs zu sein. Der Weg führt in Windungen hinauf, und als ich die Hütte auf dem Lanisch erreiche, verlasse ich den Weg und biege nach Süden ab. Jetzt geht es steil bergan. Es ist heiß, ich ziehe mein T-Shirt aus und hänge mich noch mal richtig rein. Als ich in einen kühlen Kiefernwald trete, trocknet der Schweiß, und ich fange auf der Stelle an zu frieren.

Diese Berge hier bestehen nicht mehr aus Kalkstein, sondern aus Granit, der eine archetypische alpine Landschaft formt und den Gipfeln einen gänzlich anderen, schrofferen Charakter verleiht. Slavc passierte diese Stelle an einem 17. Januar, als der Schnee sechs Meter hoch lag. In vergleichbaren Situationen kam er oft nicht weiter und machte kehrt, hier jedoch nicht. Auch ich weiß nicht, ob ich es schaffen werde, selbst zu dieser Jahreszeit. Es liegt eine Menge Schnee, wenn auch weitaus weniger, als liegen sollte, was immer das heutzutage bedeuten mag. Als ich die Baumgrenze überschreite, erhebt sich rechts von mir der Große Sonnblick. Auf seinem Namensvetter, dem Hohen Sonnblick in den Hohen Tauern, steht ein Observatorium, das 1886 erbaut wurde und schon so lange und so zuverlässig Wetterdaten liefert wie kein anderes Observatorium auf der Welt. In diesem Sommer werden die letzten Schneereste am 6. Juli geschmolzen sein, achtunddreißig Tage vor dem bisher bestehenden Rekord.

Rinnsale aus Schmelzwasser durchziehen den feuchten Boden. Ich steige über ein Geröllfeld weiter auf, und irgendwann wird aus den Schneeflecken eine durchgehende Decke, in die ich bis zu den Knien einsinke, bis zur Hüfte, immer tiefer, vom Gewicht meines Rucksacks nach unten gezogen. Knorriges Gestrüpp mit starren Zweigen bricht durch den Schnee. Das blendende Sonnenlicht, der Schweiß in meinen Augen, die kurzen Hosen, der Schnee, meine kochende Haut. Ich fühle mich wie ein Tier, und es fühlt sich sagenhaft gut an, hier oben zu sein.

Ich habe ein Buch dabei, das viel zu viel wiegt, *Die Intelligenz der Tiere – Wie Tiere fühlen und denken* von Carl Safina. Während der Zugfahrt habe ich ein Kapitel gelesen, »Zwei Enden derselben Leine«. Darin sagt Safina, dass der *Homo sapiens* ein Schimpanse ist, der sich, wie der Wolf in der Lagerfeuertheorie, selbst domestiziert hat. Wir brauchen uns ja nur anzusehen. Wir sind weniger aggressiv, insbesondere die Männchen. Wir sind nicht so robust und schwächer, unsere Muskeln sind weniger stark entwickelt, wie bei den domestizierten Formen anderer Wildtiere. Wir spielen bis ins Erwachsenenalter hinein. Ein Hund ist ein Wolf, der nicht erwachsen geworden ist, und auch wir sind noch immer Heranwachsende. Und da wir miteinander auskommen müssen, ist das gar nicht so schlecht.

Wir können die Wildnis noch so sehr romantisieren, aber in domestiziertem Zustand zu leben, ist mit Sicherheit weitaus ungefährlicher und weitaus weniger kräftezehrend. Außerdem ist es eine erfolgreiche Strategie für die weltweite Ausbreitung – von den zehn Säugetierarten mit der weltweit größten Anzahl an Individuen sind nur drei wild lebend: Fledermäuse, Ratten und Opossums. Aber die Domestizierung bringt auch Nachteile mit sich. Carl Safina zitiert den Archäologen Colin Groves: »Menschen büßten parallel zu den Haus- und Nutztierarten einen Teil ihres Bewusstseins für ihre Umwelt ein, und zwar aus exakt denselben Gründen.« Mit Nutztieren kann man viel leichter arbeiten, weil sie gehorsam sind; die Domestizierung führt zu einer »verringerten Wertschätzung unserer Umwelt«. Liegt es in unserer Natur, so fragt Safina, uns von der Wildnis zu entfremden? Wilde Tiere nur durch Gitterstäbe hindurch zu betrachten? Ist das der Grund dafür, dass wir unfähig sind, unseren Planeten zu verstehen, und das in solchem Ausmaß, dass wir nicht in der Lage sind, für ihn zu sorgen? Dafür, dass wir kleine Räume mit geregelter Temperatur errichten? Dass wir Hunde halten?

Vielleicht rührt der Wolf deshalb etwas in uns an. Weil wir uns noch immer irgendwie an den Pakt erinnern, den wir geschlossen haben, als wir anfingen, Tiere zu domestizieren. Und weil der Anblick eines wild lebenden Tieres, das sich durch den von uns geschaffenen Raum der Domestizierung bewegt und dabei einem anderen Rhythmus folgt, etwas in unserem Inneren zum Vibrieren bringt, das lange Zeit verschüttet war. Vielleicht empfinden Schafe etwas Ähnliches, wenn sie auf die Gipfel zu den wilden Mufflons hinaufblicken, zu ihrer Vergangenheit. Hier in der Natur, in Slavc' Fußstapfen, spüre ich diese Schwelle ein wenig deutlicher. Ich mache einen Schritt durch die Käfigtür und betrete eine andere Welt. Der Wolf führt uns vor Augen, was wir waren und was wir verloren haben. Er ist Buck, der kalifornische Haushund in *Ruf der Wildnis* von Jack London, der in der endlosen Weite des Nordens wieder zu sich selbst findet. Er ist der Werwolf. Verfolgen wir den Wolf deshalb mit so grimmigem und außerordentlichem Hass?

»Entweder du liebst deinen Bruder oder du hasst ihn«, hatte Kurt gesagt. »Dazwischen gibt es nichts.«

Ich schaffe es auf den Grat, 2709 Meter. Überall gezackte Gipfel, weichgezeichnet durch die Entfernung und den Schnee. Tief atme ich die saubere, harte Luft ein. Der Himmel steht auf der Schwelle zum Sommer. Mich fröstelt, ich bin von der Sonne verbrannt, schmutzig und am Leben. Ein heftiger Wind geht. Das hier ist der höchste Punkt, den Slavc auf seiner Wanderung erreicht hat. Damals war es 2:40 Uhr morgens. Das Mondlicht auf der Schneedecke, zu hell für die Sterne. Hat er sich je umgesehen, nur für einen kurzen Augenblick, und die Aussicht bewundert?

Ich blicke zurück auf den Weg, den ich gekommen bin. Meine Spuren auf dem gefrorenen Boden, die um einen gefrorenen See herum führen. Das Geröllfeld, der Kiefernwald, das Pöllatal, durch das die Straße nach Rennweg verläuft. Jedes Stück, das ich gegangen bin, alles, was ich gesehen habe, ist jetzt nur noch Landschaft. Und dann verschwand Slavc wieder, ein Schatten, der über die Südflanke des Berges huscht, hinabgleitet in Richtung Mölltal.

Auf der anderen Seite liegt weniger Schnee. Ich steige einige Hundert Meter hinab, bis das Terrain nicht mehr so unwirtlich ist. Ich mache ein großes Feuer und lege mich früh schlafen, während in den Holzscheiten noch der Regen von gestern prasselt. Die Sterne sind helle Punkte in der Dunkelheit. Der Mond wartet über den Bergen, und als ich noch vor der Dämmerung aufwache, ist er bereits auf der anderen Seite der Erde, ein kräftiges Wüstengelb. Die Sterne drehen sich, und ich schlafe weiter.

# 7

*Ein Wolf wurde geboren, bestimmt dazu, die Herde derer zu sprengen, die das Volk verführt und betrogen haben.*

Adolf Hitler, *Völkischer Beobachter*, 1922

1934 begann Rudolph Schenkel im Zoologischen Garten von Basel mit Wölfen zu arbeiten. 1947 veröffentlichte er eine Arbeit mit dem Titel *Expression Studies on Wolves,* in der er zum ersten Mal seine Theorie vom »Alphawolf« darlegte, die besagt, dass ein Wolfsrudel vom jeweils stärksten Männchen dominiert wird und die anderen Wölfe fortwährend versuchen, ihm den Rang streitig zu machen. Die Gruppe, an der Schenkel forschte, bestand aus bis zu zehn Wölfen, die aus verschiedenen Zoos stammten, keinerlei Verbindung miteinander hatten und in einem zehn mal zwanzig Meter großen Gehege lebten. Ihr Nachwuchs konnte nicht abwandern, weshalb sie dazu gezwungen waren, miteinander zu rivalisieren. Man kann sich kaum unnatürlichere Gegebenheiten vorstellen, aber dennoch wurde Schenkels Buch das Grundlagenwerk für das Verständnis der Strukturen wild lebender Rudel.

In seinem Buch *Animals in the Third Reich* behauptet Boria Sax, Schenkels Theorie sei von der faschistischen Ideologie und der Herrschaft der Nationalsozialisten in Deutschland beeinflusst gewesen. Schenkel bezeichnet die rangniedrigeren Tiere als eine andere »Rasse« von Wölfen, also mit einem der bedeutungsschwersten Wörter der 1930er-Jahre. Wenn ein Alphawolf seine Führungsrolle behaupten wolle, brauche er »ungebrochene Durchsetzungskraft«; er beherrsche und unterdrücke »die schwächsten Mitglieder der Gesellschaft« und malträtiere sie so lange, bis sie keine »Sozialpartner« mehr seien. Ein Kampf jeder gegen jeden, ganz im Geiste der vorherrschenden Politik. In vielerlei Hinsicht ist das noch heute so.

Nach rund achtzig Jahren mühevoller Feldforschung an einer der scheuesten Arten im Tierreich wissen wir heute, dass ein Wolfsrudel im Grunde eine Familie ist. Es ist keine Gruppe aus schwachen, bedürftigen Tieren, die von einem Alphatier beherrscht werden, wie Motivationstrainer und Stimmen aus den toxischeren Ecken des Internets uns glauben machen wollen. Zwar hat die Wolfsforschung Schenkels Gedanken mittlerweile hinter sich gelassen, doch der Begriff des Alphatiers hat als Metapher weiterhin Bestand, weil er zu der Vorstellung passt, die die Menschen von der Welt haben. Wenn Wölfe sich so verhalten, können auch wir unser eigenes Handeln als der Natur entsprechend legitimieren. Ein solcher Glaube kann jedoch katastrophale Folgen haben.

Am Sonntag, den 17. Juni 2012, um 11 Uhr vormittags betrat im Tierpark Kolmården in Südschweden eine dreißigjährige Biologin ein Wolfsgehege und wurde kurz darauf von den Tieren angefallen. Schon bald trafen die Rettungskräfte ein, aber der Angriff war so brutal, dass sie nur zusehen konnten und warten mussten, bis die acht Wölfe mit der jungen Frau fertig waren. Sie erlitt 200 Bisswunden in der Brust, von denen einige bis in die Lunge reichten. Die Gliedmaßen wurden ihr abgetrennt, die Kehle herausgerissen. Kurt Kotrschal, der als Experte im darauffolgenden Prozess aussagte, sprach von einem »Angriff aus Hass«. Die Haltungsmethoden des Tierparks stützten sich auf die Arbeiten des schwedischen Verhaltensforschers Erik Zimen, die wiederum auf Schenkels längst in Verruf geratenen Forschungen basierten. Zimen war der Ansicht, mit Wölfen müsse man umgehen, indem man selbst die Rolle des stärksten Alphatiers einnehme. Im Gerichtssaal wurden Filmaufnahmen gezeigt, auf denen zu sehen war, wie die Tierpfleger in Kolmården den Wölfen Tritte versetzten, um sie sich zu unterwerfen.

»Der Zoodirektor war ein Macho«, erzählte mir Kurt. »Er sagte, der Mensch müsse der Boss sein. Aber das kann gefährlich werden, denn früher oder später werden sich die Wölfe gegen den Menschen wenden. Jeder Wolf weiß, dass er einen Menschen im Handumdrehen umbringen kann.« Der Direktor musste ins Gefängnis, der Tierpark eine Strafe zahlen. »Nichts davon hat die junge Frau wieder lebendig gemacht«, sagte Kurt. »Aber ich hoffe, andere haben daraus gelernt.«

Anfang des 20. Jahrhunderts fasste Max von Stephanitz, ein pensionierter Offizier der deutschen Kavallerie, den Entschluss, den »ursprünglichen deutschen Hund« zu erschaffen. Er wollte das perfekte Tier heranzüchten, das Stärke, Intelligenz, Geschicklichkeit und Arbeitsfähigkeit in sich vereinte. Das Ergebnis nannte er »Deutscher Schäferhund«. Er behauptete, dieser sei ein direkter Abkömmling des Wolfs (was nicht stimmte), und minderwertige, unreinere Züchtungen seien mit Schakalblut verunreinigt (was gleichfalls nicht stimmte). Noch schlimmer waren in seinen Augen Mischlinge, die er als Produkte der freien Liebe im modernsten und weitesten Sinne ansah. Diese Besessenheit von der Vorstellung vermeintlich »reinblütiger« Tiere übertrug sich auf die Menschen, und in seinem über sechshundert Seiten dicken Buch über den Deutschen Schäferhund führte von Stephanitz aus, ein Gesetz, das die Heirat zwischen Männern aus höher entwickelten Völkern und Frauen aus niederen Rassen verbiete, sei vollauf vernünftig und angemessen. Ein solches eugenisches Denken nimmt die Praktiken der Nationalsozialisten vorweg, und es ist kaum verwunderlich, dass der Deutsche Schäferhund – der die angeblichen germanischen Werte verkörperte, die für die Nazis über allem standen – im Dritten Reich ein sehr begehrter Hund war. Schäferhunde kamen sowohl in den Todeslagern als auch auf den Schlachtfeldern zum Einsatz. Auch Hitler hielt die Tiere; eines davon trug den Namen *Wolf*. Als Hitler und Eva Braun im Berliner Bunker Selbstmord begangen, wurde den Schäferhunden Cyanid verabreicht.

Mitte der 1930er-Jahre stellte Deutschland als erstes Land in der Neuzeit den Wolf unter Schutz. Die nationalsozialistische Umweltpolitik war – so schwer es auch fällt, das anzuerkennen – beeindruckend, selbst nach heutigen Maßstäben. Hitler war ein großer Bewunderer von Wölfen. Es gefiel ihm, dass der Vorname Adolf vom althochdeutschen *athalwolf* (»der vornehme Wolf«) abgeleitet war, und schon seit den 1920er-Jahren ließ er sich von Freunden und Vertrauten »Wolf« nennen. Die Enkelkinder von Richard Wagner kannten ihn als »Onkel Wolf«. Die Hitlerjugend nannte er seine »Wolfsjungen«, und er pfiff gerne die Melodie aus dem Disney-Kurzfilm *Die drei kleinen Schweinchen*: »Wer hat Angst vor dem bösen Wolf, bösen Wolf, bösen Wolf?«

Den Krieg betrachtete Hitler, wie er sagte, als eine Gelegenheit, »Tausende Jahre Domestizierung durch den Menschen rückgängig zu machen«, und er wollte »in den Augen einer erbarmungslosen Jugend wieder den Glanz des Stolzes und der

Unabhängigkeit eines Raubtiers sehen«. Der Wolf war alles, was der Mensch nicht war. Das Tierische im Menschen war durch die Aufklärung sublimiert worden, und Hitler wollte es wieder entfesseln, koste es, was es wolle. Die SS nannte er sein »Wolfsrudel«. Noch im April 1945, als die sowjetische Armee schon auf Berlin vorrückte, ging auf Betreiben von Joseph Goebbels der Propagandakanal Radio Werwolf auf Sendung. Das tägliche Programm begann mit Wolfsgeheul und rief die Deutschen dazu auf, bis zum Tod zu kämpfen und Kollaborateure zu töten. Sein Motto lautete »Siege oder stirb«.

Heutzutage behauptet ein vergleichbares Denken, unsere ursprünglichen Leidenschaften würden nicht durch die Moderne unterdrückt, sondern durch Wokeness, Feminismus und die Einmischung des Staates in unser Leben. In Norditalien ist die Vereinigung *Lealtà Azione* (»Loyalität und Aktion«) aktiv, eine neofaschistische Organisation mit etlichen Ortsverbänden, die das Ziel verfolgt, »einen neuen Menschen zu erschaffen«, um die Werte des Landes zu verteidigen. Ihr Logo zeigt den Kopf eines heulenden Wolfs, daneben ein Schwert, auf dessen Parierstange ITALIA steht. Von der Türkei über die Niederlande bis in die USA, überall auf der Welt verwenden rechtsextreme Gruppierungen den Wolf als Emblem. In der nostalgischen Weltsicht, die den Faschismus antreibt, führt dieses Tier zurück in eine Zeit, in der Männer noch Männer waren, in ein vormodernes, mythisches Zeitalter. Mit der eisernen Herrschaft der Alphamännchen, der eiskalten Aggressivität des Rudels, mit ihrer Tapferkeit und ihrem Mut, ihrer Loyalität, ihrem Gehorsam und ihren traditionellen Familienwerten (sie sind monogam und hingebungsvolle Partner) gelten Wölfe als Verkörperung der platonischen Werte rechtsextremen Denkens. Die anderen sind unterwürfige und domestizierte Herdenmenschen, die ihrem Schicksal entgegentrotten.

Der Gründungsmythos Roms erzählt von den Zwillingen Romulus und Remus, die in der Wildnis ausgesetzt und von einer Wölfin gerettet und gesäugt wurden, bis sich ein Schäfer der beiden annahm. Es gibt eine Skulptur, die das darstellt, die Kapitolinische Wölfin, zu sehen in den Kapitolinischen Museen in Rom. Vermutlich ist sie etruskischer Herkunft und stammt aus dem 5. Jahrhundert v. Chr., wobei die Knaben etwa tausend Jahre später hinzugefügt wurden. Das Fell der Wölfin ist dicht, sie selbst jedoch dürr. An ihrer Brust hängen acht volle Zitzen, und die Zwillinge knien unter ihr, die Münder nach oben gereckt, die Arme ausgebreitet wie Bittsteller. Mussolini überzog die ganze Stadt mit dem Bild dieser Skulptur. Es hing am Palazzo Fiat, auf der Piazza Augusto Imperatore, wurde an Schulen und an Marktgebäuden angebracht.

Während der Wolf für Hitler nur Blutdurst und Aggressivität verkörperte, hatte Mussolini ein komplexeres Bild von ihm. Wild, aber römisch, mütterlich, aber grimmig, war die Wölfin der Inbegriff des Faschismus. Im zehnten Jahr seiner Macht schickte der *Duce* Abgüsse der *Lupa Capitolina* in alle Städte der Welt, die auch nur im Entferntesten eine Verbindung zu Italien hatten. Die Skulpturen gingen nach Japan und nach Chile. In Rumänien gibt es davon deutlich mehr als in Italien.

Die Skulptur im Eden Park in Cincinnati war ein Geschenk anlässlich eines Kongresses der *Sons of Italy in America* und eine Huldigung an den Namenspatron der Stadt, Cincinnatus, in dem Mussolini einen Bruder im Geiste sah. Die aktuelle Version (die ursprüngliche Skulptur wurde zwei Jahre nach dem Treffen durch eine größere ersetzt) steht dort seit 1931. Kinder klettern für Fotos auf ihren Rücken. In einer Zeit, in der Statuen gestürzt werden, könnte man meinen, dass es auch diesen Wölfinnen bald an den Kragen geht. Und tatsächlich setzte 2022 jemand einen Winkelschneider an den Knöcheln der Wölfin von Cincinnati an und ließ auf der Sockelplatte nur vier Pfoten zurück, wie vergessene Handschuhe, dazu Romulus und Remus, die jetzt an der Luft saugen. Ob der Täter ein Schrottsammler war oder den Faschismus ausmerzen wollte, ist nicht bekannt. Eine Ersatzskulptur ist in Arbeit.

1870 hatte das Königreich Italien Rom und den Kirchenstaat annektiert, die Halbinsel vereint und Rom zur Hauptstadt gemacht. Zwei Jahre später wurde am Fuß des Kapitols ein Käfig aufgestellt und darin eine lebende Wölfin eingesetzt. Im Rückgriff auf den Gründungsmythos des Römischen Reichs sollte sie das leibhaftige, fleischgewordene Symbol für die Vorherrschaft des Staates über die Kirche sein, säkular und diesseitig. Als Mussolini 1922 an die Macht kam, vereinnahmte er diese Wölfin (jedes Mal, wenn ein Tier gestorben war, war es ersetzt worden), verwendete sie als Teil seines Narrativs und zog damit eine direkte Linie vom Römischen Reich der Antike zu seinem im Entstehen begriffenen faschistischen Regime. Neben dem Käfig für die Wölfin ließ er noch einen zweiten errichten, für einen Adler.

In Wirklichkeit war diese Wölfin ein verlorenes und völlig aus dem Gleichgewicht gekommenes Tier. Ihre Instinkte waren zu Neurosen pervertiert, und sie verkümmerte unter dem nicht enden wollenden Blick ihrer Peiniger. Man kann sich keine Umgebung vorstellen, die für einen Wolf weniger geeignet wäre, oder dass ein Tier weiter von seiner natürlichen Lebensweise entfernt wäre. Der Käfig war kahl und ungefähr so groß wie eine Gefängniszelle, was etwa einem Hundertmillionstel des Territoriums eines Wolfsrudels entspricht. Zu dieser Zeit gab es in Rom ein geflügeltes Wort: *Me pari la lupa der Campidojo* – »Du siehst aus wie die Wölfin vom Kapitol«. Das sagte man zu jemandem, der verängstigt war, nicht still sitzen konnte. Es könnte kaum ein eindringlicheres Symbol dafür geben, wie unter dem Faschismus das Individuum ausgelöscht wurde. Als das Tier, das in den 1920er-Jahren in dem Käfig gelebt hatte, verstarb, berichtete eine Zeitung, es sei an gebrochenem Herzen gestorben.

Mussolini wurde 1945 erschossen, doch Roms Wölfe schleppten sich weiter, bis in die 1970er-Jahre hinein. Männchen wurden zur *lupa* gebracht, damit sie sich mit ihr paarten und den Fortbestand sicherten. Ähnlich wie bei den Raben im Tower von London hieß es, ein leerer Käfig bringe der Stadt Unglück. Einmal entkam die Wölfin. Einmal wurde ein versuchter Diebstahl vereitelt. In den Fünfzigerjahren stand der Käfig drei Jahre lang leer, doch dann wurde wieder eine Wölfin eingesetzt, zusammen mit einem zweiten Tier, vermutlich, damit sie Gesellschaft hatte. Aber in den Siebzigerjahren war nicht mehr zu leugnen, dass sowohl der Faschismus als auch die armen Wölfe schon vor langer Zeit ihre Macht verloren hatten, auch wenn sie letztlich weniger deshalb abgeschafft wurden, weil sie ein indirektes Symbol des Faschismus waren, sondern weil sich die zunehmend verschuldete Stadt das Hundefutter nicht mehr leisten konnte. Außerdem hatte ein Jahr zuvor auf dem Apennin ein Programm begonnen, mit dem wild lebende Wölfe gerettet werden sollten, weshalb sich die gefangenen Tiere ein wenig seltsam ausmachten.

Der Käfig an der Via del Teatro di Marcello steht noch immer. Nur ein paar verrostete Eisenstäbe lassen erkennen, dass bis vor fünfzig Jahren hier die Wölfe Roms lebten. Heute steht der Käfig leer, ein Monument der Traurigkeit. Für jene, die seine Geschichte kennen, ist er das Sinnbild eines Jahrhunderts, in dem die Wölfe in den Dienst des Menschen gezwungen wurden, um etwas zu verkörpern, das sie nicht waren.

Seitdem ich zum letzten Mal unten im Tal war, ist die Natur rasch vorangeschritten. Die Kirschen sind noch herb, werden aber mit jedem Tag süßer. Die Wiesen sind mit Löwenzahn übersät. Nachdem er von dem Grat oberhalb der Lanischhütte herabgestiegen war, hatte Slavc von den Bergen offenbar genug. In den nächsten Wochen führte ihn sein Weg durch die weit verzweigten Täler Kärntens, durch ihr Geflecht aus Flüssen, Bahnstrecken und Straßen. Der Wolf, ich, das Wasser, wir alle nehmen den am wenigsten beschwerlichen Weg durch die Landschaft. Durch diese Wildnis, die keine ist. Slavc ging zurück nach Osten bis in die Nähe von Gmünd, dann das breite Tal entlang nach Süden. Spittal an der Drau liegt am Westufer des Millstätter Sees, Kärntens zweitgrößtem See, ein schmales, tiefes Gewässer, das sich an der Nordseite des Tals erstreckt und in dem sich der Himmel spiegelt. Heute ist Badewetter, die Menschen liegen am Ufer, planschen im Wasser, essen Eis und schippern mit Booten herum.

Die Drau verläuft südlich des Sees; ihr Tal schlägt eine Schneise durch das südliche Österreich. Wo die Möll in die Drau mündet, ist Slavc in ein Seitental eingebogen, und ich folge seinem Weg flussaufwärts. Er schlich über die Vorgebirge, erst auf der Nordseite des Tals, dann auf der Südseite, immer auf Distanz zu den Dörfern und ihren rosa und gelb gestrichenen Kirchen, die alle paar Kilometer aufeinanderfolgen. Er war zügig unterwegs; in einem Wald in der Nähe von Flattach verbrachte er einen Tag und eine Nacht, vermutlich mit einer Beute, die er erlegt hatte.

Ich passiere Flattach, folge weiter der Möll. In großen Gasthöfen, wo ich in der Regel der einzige Gast bin, mache ich Rast und esse Käsespätzle, die ich mit mehreren Flaschen Bier hinunterspüle. Die ideale Verpflegung für einen Wanderer. Mit den letzten Sonnenstrahlen schlüpfe ich in eine der kleinen Holzhütten, die überall auf den Feldern stehen und in denen nach der Mahd das Heu getrocknet wird, lege mich in meinen Schlafsack, atme den erdigen Geruch ein und höre den herumhuschenden Mäusen zu. Kuhglocken scheppern durch die Nacht und sickern in meine Träume. Morgens ist die Luft schwer, es ist feuchtwarm und der Himmel wolkenverhangen. Ich gehe weiter.

Wer in den Bergen aufwächst, lernt von Kindesbeinen an das Klettern oder das Graben. Die Bewohner des Mölltals waren früher für ihr Geschick beim Graben von Tunneln bekannt, ähnlich wie Maulwürfe. Ihre Kunst war in Bergwerken auf der ganzen Welt gefragt. Man kann gut verstehen, dass, wer auf allen Seiten von Bergen umgeben ist, sich einen Weg hinaus buddeln will. Das Tal wirkt seltsam, unheilvoll, ganz anders als die Täler, durch die ich bis jetzt gekommen bin. Kiefern und Fichten bedecken die steilen Hänge bis hinauf zu den Gipfeln, und wenn der Wind geht, steht ihr gelber Pollen in Wolken über den Wipfeln, doch überall inmitten dieser immergrünen Pflanzen sind ganze Abschnitte mit braunen Fichten zu sehen. In breiten Streifen verlaufen sie bis zum Talboden, so weit mein Auge reicht. Als wäre das Tal draußen im Regen liegen gelassen worden und würde jetzt rosten.

Im Herbst 2018 zog der Sturm Vaia über Südeuropa. Vierzehn Millionen Bäume fielen ihm zum Opfer. Die schlimmsten Verwüstungen richtete er in Norditalien an, doch seine Ausläufer erreichten auch diese Gegend hier. Ein Forscher sprach von einem »Schock wie beim Tod eines Menschen«. Doch das Schlimmste sollte erst noch kommen. Nach dem starken Waldbruch explodierte der Bestand des Borkenkäfers. Er sprang auf die noch lebenden Bäume über, deren Abwehrkräfte durch die immer heißeren und trockeneren Sommer geschwächt waren. Wenn der Sommer lang und warm ist, kann der Käfer pro Jahr zwei neue Generationen hervorbringen, wodurch überall in den Alpen ganze Wälder bedroht sind. Wenn der Wald stirbt, werden die Hänge instabiler, und Erdrutsche und flutartige Überschwemmungen tragen immer mehr Terrain ab. Unterwegs sehe ich Felsstürze, die ins Tal abgegangen sind, sie wirken wie erstarrte Ozeanwellen. Im Juni werden die Orte östlich von hier von Überschwemmungen und Muren heimgesucht werden, nachdem in vier Stunden so viel Regen gefallen sein wird wie sonst in einem ganzen Monat. Von meinem Standpunkt aus kann ich eine Explosion in Zeitlupe verfolgen. Was wird noch übrig sein, so frage ich mich, wenn sich der Staub gelegt hat?

Doch das ist nicht das erste Mal, dass diese Wälder verloren gehen. Eines Vormittags stoße ich auf meinem Weg über die Hügel auf eine kleine, weiß verputzte Kapelle. Das Dach ist mit Holzschindeln gedeckt, die durch den Frühnebel dunkler wirken als sonst. Der Himmel hängt tief, ganz nah. Durch Lücken zwischen den umgestürzten Bäumen kann ich den Bach erkennen, der durch die Schlucht rauscht, aber die Berggipfel sind hinter den Wolken verborgen. Ich halte an, um zu rasten, und stelle den Rucksack ab. Ostern liegt sechs Wochen zurück, aber noch immer finden sich in der Kapelle Osterglocken und Hasen aus Plastik. An den Wänden hängen billige Gemälde, die ländliche Szenen zeigen: das Jesuskind, das ein Lamm streichelt, das Jesuskind, das eine Taube fliegen lässt.

Nichts ist zu hören außer Vogelgezwitscher und dem Murmeln des Bachs.

Das hier ist die Wolfskapelle. Der Geschichtsschreibung zufolge wurde hier vor über hundert Jahren der ganze Wald niedergebrannt, um den Wolf aus dem Mölltal zu vertreiben. 1905 hat man diese Kapelle errichtet, um daran zu erinnern. Ein Schild fordert mich auf, stehen zu bleiben, eine Kerze anzuzünden und einen guten Gedanken zu denken. Jedes Jahr am Pfingstsonntag pilgern einige Bewohner des Tals mit einem drei Meter hohen Kreuz hierher, um Dank zu sagen. »Es wird immer behauptet, wir hätten verlernt, mit dem Wolf zu leben«, sagte Josef Obweger, Obmann des Kärntner Almwirtschaftsvereins vor einiger Zeit in einem Gespräch mit den Büßern. »Aber diese Kapelle beweist das Gegenteil: Wir haben nie mit dem Wolf gelebt.«

Doch trotz aller Frömmigkeit ist der Wolf zurück. Unter einem kurzen Artikel über die Wallfahrt, den ich auf der Webseite einer Lokalzeitung finde, kommentiert ein Leser: »Ich will ja niemanden verletzen, aber ich glaube, ein Gewehr wäre Gebeten überlegen.«

Als ich auf die Wolfskapelle stoße, kommt mir ein Bildstock in den Sinn, den ich vor ein paar Wochen am anderen Ende Kärntens passiert habe. Ich hatte die Drau überquert und ging die Hauptstraße entlang, die in Richtung Norden nach Klagenfurt verläuft. Lastwagen überholten mich und ließen ihre Signalhörner dröhnen. Im Ort Lambichl standen an einer Stelle am Straßenrand Dutzende elektrische Kerzen, daneben Plastikblumen, vom Wetter ausgebleicht. Dazwischen etliche Bilder eines Mannes, der aussah wie jemand, der in einer Filmbiografie aus Hollywood Tony Blair spielt, nur stärker gebräunt und mit feineren Gesichtszügen. Strahlendes Lächeln, weißer Anzug oder halb offenes Hemd. *Auf Ewig in unseren Herzen* stand auf einem großen Plakat, das den Mann in Kärntner Tracht zeigte, im Hintergrund die Kärntner Berge. *Dieses Land ist so leer, so leer ohne dich. Danke, Jörg.*

Der Mann ist Jörg Haider, zweimal Landeshauptmann von Kärnten und viele Jahre lang Vorsitzender der rechtspopulistischen FPÖ, der Freiheitlichen Partei Österreichs. Er kam hier in den frühen Stunden des 11. Oktober 2008 bei einem Verkehrsunfall ums Leben, als er die Kontrolle über seinen VW Phaeton verlor. Er fuhr 142 km/h und hatte fast viermal so viel Alkohol im Blut, wie erlaubt war.

1971 wurde Haider mit einundzwanzig Jahren Vorsitzender der Jugendorganisation der FPÖ. Dort stieg er rasch auf und wurde 1986 Bundesvorsitzender der FPÖ; 1989 wurde er zum Landeshauptmann von Kärnten gewählt. Kärnten, einst eine Hochburg der Nationalsozialisten, hat eine lange und zwielichtige Beziehung zu rechtsextremen Gruppierungen, und als Haider immer mehr die ideologische Ausrichtung der FPÖ bestimmte, zog er das Bundesland noch weiter in den Schmutz. 1993 initiierte die FPÖ das Volksbegehren *Österreich zuerst*, das ein Zwölf-Punkte-Programm einer radikal zuwanderungsfeindlichen Politik zur Abstimmung stellte. Das Volksbegehren scheiterte zwar deutlich, spiegelte jedoch die Richtung wider, in die sich die nationale Gesinnungslage entwickelte. Bei den Nationalratswahlen 1999 erhielt die FPÖ knapp 27 Prozent der Stimmen. 1986 hatte sie noch bei 5 Prozent gelegen; jetzt war sie die zweitstärkste Kraft im Parlament.

Nach langen Verhandlungen ging die FPÖ eine Koalition mit der ÖVP ein, die bei der Wahl drittstärkste Kraft nach Wählerstimmen geworden war (aber genauso viele Parlamentssitze wie die FPÖ errungen hatte). Dies hätte Haider zum Bundeskanzler machen sollen, aber er hatte die unglückliche Angewohnheit, bestimmte Aspekte des Dritten Reichs zu loben, indem er sich etwa anerkennend über die damalige »ordentliche Beschäftigungspolitik« äußerte oder SS-Mitglieder als »anständige Menschen [...], die einen Charakter haben« bezeichnete, bevor er sich widerwillig und vage entschuldigte. Er war islamfeindlich, antisemitisch, ein Nativist und Entertainer. Die EU verhängte Sanktionen gegen Österreich, weil es das Versprechen gebrochen hatte, das es nach dem Zweiten Weltkrieg gegeben hatte, nämlich nie wieder Extremisten an die Macht zu lassen. Haider war nicht tragbar, er räumte das Feld. So weit nach oben sollte er später nie wieder kommen.

Aber welche hohen Ämter ein Politiker bekleidet, ist nur eines der Indizien für seinen Einfluss. Die Trauerfeier für Haider in Klagenfurt war so pompös wie die eines Mitglieds eines Königshauses. Und durch ihn verschob sich der allgemeine politische Diskurs nach rechts, nicht nur in Österreich, sondern in ganz Europa. Zum ersten Mal seit dem Zweiten Weltkrieg waren Rechtspopulisten Teil einer europäischen Regierung. Das war eine historische Zäsur. Die österreichische Linguistin Ruth Wodak spricht von der Haiderisierung Europas, davon, dass Haider einem rechtsextremen Diskurs die Bahn bereitet hat, der heute überall im Mainstream angekommen ist. Als die FPÖ 2017, getragen von der Migrationskrise von 2015 (und ein Jahr, nachdem in Österreich zum ersten Mal seit dem 19. Jahrhundert Wölfe wieder Nachwuchs bekommen hatten) zum zweiten Mal Teil der Regierung wurde, zuckte man in der EU kaum mit den Wimpern.

Vor Nigel Farage, vor Le Pen, ja sogar noch vor Silvio

Berlusconi schrieb Haider das Drehbuch des Populismus. Entwickelt wurde es hier, in einer Handvoll Tälern in dieser Gegend der Alpen, wo es heute noch so einflussreich ist wie eh und je.

Mein nächstes Ziel ist Stall, eine kleine Gemeinde im Mölltal mit rund 1500 Einwohnern, denn Stall hat ein Wolfproblem. Bis letztes Jahr gab es hier sehr lange keine Wölfe. Einige der alten Bewohner erinnerten sich vielleicht noch daran, wie ihre Großeltern vom Wolf erzählten, aber es blieb offen, was man davon glauben konnte. Slavc ist vor zehn Jahren durch den Ort gekommen, am 23. Januar 2012, aber niemand hat ihn bemerkt. Und 2014 hat ein Bauer in der Nähe einen Wolf erschossen, weil er ihn, wie er sagte, für einen Fuchs gehalten hatte. Doch seit diesem Jahr ist der Wolf zurück, und diesmal dauerhaft. Der Ortsname Stall ist eigentlich ein passender ländlicher Name für dieses Dorf, das jetzt allerdings seine Tore verriegelt, lange nachdem das Kind in den Brunnen gefallen ist.

Vom Ufer der Möll aus kann ich den schmalen Turm der am Hang gelegenen Kirche sehen, der wie eine Nadel in die Wolken sticht. Ich verlasse den Weg, überquere die Hauptstraße und gehe hinauf in den Ort. Das Dorf ist weitläufig, Platz gibt es hier genug. Häuser mit zwei, drei oder vier Etagen, mit Holz verkleidet, rote und weiße Geranien, die aus den Blumenkästen an den Balkonen quellen, steile Dächer, die von den winterlichen Schneefällen künden. Es gibt eine Bank, einen Gasthof, einen Friseursalon und ein paar Lebensmittelläden mit dürftigem Angebot, die versuchen, im Schatten des neuen Supermarkts zu überleben. Die Grenze zur offenen Landschaft ist fließend. Ganz in der Nähe des Platzes in der Ortsmitte liegt eine eingezäunte Wiese, auf der Schafe weiden, und Quads jagen die Hauptstraße entlang, Collies auf dem Sozius. Ich brauche nicht lange, um das Rathaus zu finden.

Ich bin mit Peter Ebner verabredet, dem Bürgermeister von Stall, der der SPÖ angehört. Er ist groß, hat weißes Haar und einen weißen Bart. Derzeit ermittelt die Staatsanwaltschaft gegen ihn wegen Missbrauchs öffentlicher Gelder, und schon seit Monaten wird über seinen Rücktritt spekuliert, doch als wir uns treffen, ist er gut gelaunt und entspannt. Er begrüßt mich und bittet mich herein. Im Zigarettenmief stehen ein paar erschlaffte Topfpflanzen. Ich setze mich, und Michael Kerschbaumer gesellt sich zu uns, ein Bauer aus dem Ort, Mitte vierzig, das Haar mit Gel zu Spitzen gezogen, um den Hals zwei Ketten, eine mit einem Kreuz und eine mit einem Adler. Peters Sekretärin bringt uns Kaffee, und dann unterhalten wir uns, während Michael sich methodisch durch ein Päckchen Marlboro Lights arbeitet.

»Hier im Ort gibt es niemanden, der für den Wolf ist«, sagt Peter. »Niemand, im ganzen Mölltal nicht. Wenn man mit dem Wolf leben muss, kann man nicht für den Wolf sein.«

»Er verbindet uns«, stimmt Michael zu. »Es gibt vieles, worüber Bauern nicht reden, aber was den Wolf angeht, sind sich alle einig.«

Alles hat im April begonnen. Eine Bäuerin hatte in der Nähe ihres Hofs zwei Wölfe gesichtet, von denen einer offenbar trächtig war. Sie erzählte einem Jäger davon, der Jäger erzählte es Peter, und als vier Tage später die Versammlung stattfand, die der Bürgermeister einberufen hatte, waren vierzehn Nutztiere und zwei Rehe gerissen worden. Eine solche Häufung von Rissen kommt in der Natur selten vor; bei Viehbeständen, die kaum natürlichen Schutz haben, ist es dagegen nicht so ungewöhnlich. Zu diesem ersten Treffen kamen 250 Leute. Vertreter der Landwirtschaftskammer und des Bauernbundes waren anwesend, die Jäger sowie ein Vertreter des Verbandes der Bergbauern. Doch weil der Wolf unter Schutz steht, konnten sie kaum etwas ausrichten.

»Also habe ich gesagt: ›Dann schießen wir ihn ab‹«, sagt Peter. »Wir brauchen den Wolf hier nicht und wir wollen ihn nicht.« Er lächelt. »Auf einmal war der Teufel los! Der WWF ist gekommen, aus Wien haben sie angerufen, und dann diese ganzen Briefe, in denen die Leute wissen wollten, was ich eigentlich für ein Mensch bin. Aber das hat mich alles nicht gekümmert. Ich habe einen Schredder.«

Das Dorf reichte eine Petition ein, in der dargelegt wurde, warum der Ort »wolfsfreie Zone« sein müsse. »Es ist völlig undenkbar«, heißt es in dem Text, »auch nur eine Sekunde lang zu glauben, der Schutz der Viehbestände sei auf den meisten Almweiden möglich.« »Es stellt sich die Frage, ob es bei Zehntausenden Wölfen in Europa wichtiger ist, zusätzlich in Kärnten 30 Tiere zu haben oder die Almbewirtschaftung vor ihrem Aus zu retten.« Die Petition forderte, dass der Abschuss von Wölfen jederzeit erlaubt sein solle. Die Wanderrouten der Wölfe sollten mittels »hochfrequenter akustischer Abschreckung« umgeleitet werden. Gefordert wurden Verhandlungen mit der Bundesregierung und der EU, um den Wolf in eine niedrigere Gefährdungskategorie einzustufen. »Innerhalb dieser wolfsfreien Zone«, so schloss die Petition, »sollte jeder Wolf unverzüglich entnommen werden.« Unterzeichnet war die Petition mit »die letzten Almbauern, die Sie ansonsten haben werden«. Mehr als 8000 Menschen unterschrieben.

»Es ist wirklich unglaublich«, sagt Peter. »Unsere Urgroßväter haben den Wolf vor hundert Jahren ausgerottet, weil er ihnen die Nahrung geraubt hat. Und wir heute dürfen nichts tun!«

Doch es ist durchaus möglich, einen Wolf zu erschießen. Artikel 16 der Fauna-Flora-Habitat-Richtlinie der EU erlaubt unter bestimmten Bedingungen das Töten von Tieren einer geschützten Art. Voraussetzung ist, dass das Tier eine Bedrohung für Menschen oder Eigentum darstellt oder das Gemeinwohl gefährdet. Es darf keine praktikable Alternative geben, und der Abschuss darf den Erhaltungszustand der Art nicht gefährden. Ende April erhielt die Gemeinde Stall, nachdem vorschriftsgemäß zwei Abschreckungsversuche unternommen worden waren, von der Landesregierung eine Ausnahmegenehmigung, die anerkannte, dass es im Ort einen »Problemwolf« gab, und beschied, dass dieser, falls er dem Ort näher als zehn Kilometer kommen sollte, abgeschossen werden durfte.

Ein solches Prozedere ist zweifellos viel zu schwerfällig. Bis ein entsprechender Bescheid ergeht, kann es Wochen dauern, und in dieser Zeit hört der Wolf ja nicht auf, Schafe zu reißen, oder läuft herum und wartet darauf, hingerichtet zu werden. Und wenn die Genehmigung dann vorliegt, gilt sie nur für einen bestimmten Zeitraum. Einen Wolf zu erschießen, ist keine leichte Sache, und heutzutage sind die Jäger mit diesem Tier nicht vertraut und haben keine Erfahrung mit ihm. Oftmals wird der falsche Wolf erschossen. Und wenn die Jäger Erfolg haben, sind sie unweigerlich mit einem öffentlichen Aufschrei und Morddrohungen im Internet konfrontiert. Als am 11. Mai die Sondergenehmigung für Stall auslief, war der Wolf noch immer auf freiem Fuß.

Wer ein Problem mit einem Wolf hat, hat schon bald auch eines mit der EU. Vor Kurzem hat der Europäische Gerichtshof Wolfsabschüsse, die in Spanien und Österreich durchgeführt worden waren, für rechtswidrig erklärt, und in ganz Europa wählen Bauern oft jene Politiker, die ankündigen, nach Brüssel zu ziehen und in der Sache etwas zu unternehmen. Neidisch blicken sie auf Länder, in denen die Bürokratie den Bauern nicht andauernd Steine in den Weg legt. In der Schweiz wurden Ende 2023 fünfzig Wölfe erlegt, darunter zwei vollständige Rudel, bevor die Gerichte einem Einspruch von Umweltschützern recht gaben. Norwegen erlegt regelmäßig bis zur Hälfte seiner Wolfspopulation. Das Vereinigte Königreich musste vor ein paar Jahren gemäß der FFH-Richtlinie die Möglichkeiten ausloten, ausgestorbene Arten, darunter auch den Wolf, wiederanzusiedeln, doch seit dem Brexit kann es seine eigenen Regularien festlegen.

»Die in Wien sagen: ›Der Wolf soll ruhig kommen‹«, sagt Michael, ein FPÖ-Wähler. »Die FPÖ setzt sich am stärksten dagegen ein. Sie tun nicht genug, aber sie bemühen sich.«

Die FPÖ, die ehemalige Haider-Partei, hält nichts von Schutzmaßnahmen für Vieh. Wachhunde sind »aggressiv«, Schafhirten »bringen nichts«, und Zäune »sind für unser Land keine Option«, so Erwin Angerer, der Landesparteiobmann der Kärntner FPÖ. Als ich ihn in seinem Büro in Mühldorf am Ausgang des Mölltals treffe, erklärt er mir, dass der Status des Wolfs »sich wird ändern müssen«. Ich gebe zu bedenken, dass EU-Recht wohl kaum geändert werden wird, nur weil eine österreichische Region das will, aber er meint, es gebe keinen anderen Weg. »Als Nächstes greifen sie dann die Menschen oben in den Bergen an«, sagt er, obwohl sämtliche Erfahrungen dagegen sprechen.

Das Thema eignet sich bestens für den Wahlkampf. Nur drei Prozent der Kärntner Bevölkerung sind Bauern, doch laut einer aktuellen Umfrage im Auftrag der FPÖ wollen fast fünfzig Prozent der Befragten – unabhängig von Wohnort, Geschlecht oder Bildungsgrad –, dass große Fleischfresser aus Kärnten entfernt werden. Noch bringen die Bauern ihr Vieh, ermutigt von Politikern, die behaupten, Schutzmaßnahmen seien sinnlos, im Sommer auf die Almen, auf ein »vom Staat geduldetes Schlachtfeld«, wie ein Mitglied einer NGO es einmal formulierte. Sich als Außenseiter zu inszenieren, die der Willkür der Eliten ausgeliefert sind, ist eine typische Strategie von Populisten. Dadurch wird die Lage dramatisiert, und die Krise, in der genau die Menschen stecken, die am dringendsten einer Lösung bedürfen, verschärft sich. »Wenn ich einen Wolf sehen würde, würde ich ihn erschießen«, sagt Michael, und bevor man diese Aussage bewertet, sollte man sich klarmachen, was es bedeutet, ein solches Risiko einzugehen. Die Höchststrafe beträgt drei Jahre Haft sowie eine Geldstrafe in Höhe von 30 000 Euro. Dennoch sieht Michael keinen anderen Weg. Solche Haltungen verbreiten sich, wenn die Politik darauf abzielt, die Wut zu schüren, anstatt sich zu bemühen, das Leben der Menschen zu verbessern.

Die 2022 gegründete, österreichweit aktive Gruppe *Save the Alps* erhebt ähnliche Forderungen wie die Petition von Stall: wolfsfreie Weidegebiete und die Verhinderung der Bildung von Rudeln. Sie steht für traditionelle österreichische Werte, ihr Logo zeigt einen verschneiten Berggipfel in den Landesfarben Rot und Weiß, und ihre Treffen werden mit patriotischen Liedern eröffnet, wie etwa *Dem Land Tirol die Treue*, vorgetragen von Männern in Lederhosen und Frauen im Dirndl. Im Herbst 2022 kamen in Lienz bei einer großen Veranstaltung Bauern aus Osttirol und Oberkärnten zusammen und hörten einen Tag lang leidenschaftliche Reden und

Gedichte, die gegen den Wolf gerichtet waren. Der Regionalsender RTV übertrug die Veranstaltung live auf seinem YouTube-Kanal, ein Sender, der kritisch über die Maßnahmen während der COVID-Pandemie berichtet hatte und mit dem rechtsextremen Sender AUF1 zusammenarbeitet.

*Save the Alps* setzt gezielt auf den Begriff »Heimat«, in dem Patriotismus, die Sehnsucht nach traditionellen Werten und nach Identität mitschwingen. Die Alpen sind Gefangene ihres eigenen Mythos, eines Mythos, der wohl am anschaulichsten in Johanna Spyris *Heidi* zum Ausdruck kommt. Die Region, die als »Heidiland« vermarktet wird, liegt rund dreihundert Kilometer weiter westlich in der Ostschweiz, aber auch hier in Österreich ist jene selbstbewusste Identität präsent, die durch Holzbalkone voller Geranien, schneebedeckte Gipfel und Kurorte mit Bergluft und mineralhaltigen Quellen gestiftet wird. *Heidi* erzählt die Geschichte eines Mädchens, das, ernährt von Brot und Ziegenmilch, auf einer Alm bei seinem liebevollen Großvater aufwächst, der eins mit der Bergwelt ist. Der Hauptdarsteller des Romans sind jedoch die Alpen, ein Sinnbild für das Reine und Wahre, das in ausdrücklichem Gegensatz zum Leben in der Stadt unten im Tal steht. Als Heidi Besuch von ihrer Freundin aus Frankfurt bekommt, erhebt diese sich aus ihrem Rollstuhl und kann dank des göttlichen Waltens der Bergluft wieder gehen. Das Buch gehört zu den meistverkauften aller Zeiten. Entscheidend für diesen Erfolg: Darin kommt kein einziger Wolf vor.

2019 verlor die FPÖ nach einer Korruptionsaffäre massiv an Zuspruch, und die Regierungskoalition auf Bundesebene zerbrach. Doch drei Jahre später, im Zuge einer erneuten Einwanderungswelle, liegen die Dinge wieder anders. Wähler sind offenbar nicht besonders nachtragend, oder nur jenen gegenüber, die weniger Glück haben als sie selbst. Herbert Kickl, der derzeitige Bundesvorsitzende der FPÖ, ist ein Rechtspopulist, wie er im Buche steht. Er hat sich gegen Sanktionen gegen Russland und gegen die Aufnahme von Flüchtlingen aus der Ukraine ausgesprochen. Seiner Ansicht nach gehört der Islam nicht nach Europa, und Asylbewerber gehören nicht nach Österreich, zudem stellt er Österreichs Mitgliedschaft beim Europäischen Gerichtshof für Menschenrechte infrage. Er hat sich an Kundgebungen gegen die COVID-Impfungen beteiligt, sich für quacksalberische Alternativen ausgesprochen und nannte den Umgang der Regierung mit der Pandemie eine Inbesitznahme der Menschen und ihrer Körper durch die Eliten. In der EU sieht er eine Bedrohung für die nationale Souveränität. Ein solcher Populismus kommt gut an, bei Jung und Alt. Und nirgends hat die FPÖ mehr Unterstützung als in Stall, wo sie bei den letzten Nationalratswahlen 53,8 Prozent der Stimmen erhielt; nirgendwo im ganzen Land hatte die extreme Rechte mehr Erfolg als in dieser kleinen Gemeinde. Nach der Wahl wandte sich der Sozialdemokrat Peter Ebner an die Bewohner und rügte sie für ihr Abstimmungsverhalten.

Doch außer mit dem Wolf sieht sich Stall noch mit weiteren existenzgefährdenden Bedrohungen konfrontiert. Michael Kerschbaumer ist nicht nur Bauer, sondern arbeitet auch in dem Sägewerk am Ortsrand, das von der Gemeinde betrieben wird und etwa 160 Mitarbeiter beschäftigt. Aber 2022 wurden allein in Kärnten durch den Borkenkäfer 1,5 Millionen Kubikmeter Holz beschädigt. Befallene Bäume sind für den Holzhandel, der hier in diesen Tälern eine so große Bedeutung hat, praktisch wertlos. Wenn diese Wälder verloren gehen, wird Stall nicht überleben.

Peter hält die Borkenkäferplage nicht für eine Folge des

Klimawandels, sondern eines zu großen Holzbestandes. Auf den Weiden grasen keine Tiere mehr, der Wald wächst nach, und dann bekommt der Käfer die Oberhand. Innerhalb von drei Jahren, meint Peter, wird die Hälfte der Bäume in der Gegend nicht mehr stehen, und die sogenannten Experten sagen ihm, sie wissen nicht, was sie tun sollen. Es wird wiederaufgeforstet, aber auf den trockenen Südhängen verkümmern die Setzlinge. Der Wald sollte das Erbe für die Kinder von Stall sein, doch jetzt wird der Garant ihres Wohlstandes vor ihren Augen zerstört. Was soll sie dann noch hier halten? Wenn die jungen Menschen weggehen, zerbrechen die Dörfer und die Gemeinden. Schulen schließen, Ferienwohnungen prosperieren. Bei den Bewohnern unter dreißig gibt es 60 Prozent Männer und 40 Prozent Frauen, und Prognosen zufolge wird Kärntens Bevölkerung in der zweiten Hälfte dieses Jahrhunderts um zwölf Prozent schrumpfen. In umkämpften Orten wie diesem hier, die am meisten unter Veränderungen leiden und den stärksten Widerstand leisten, kann die extreme Rechte besonders gut Fuß fassen.

»Die Bauern arbeiten ihr Leben lang und bekommen dann eine Rente von ein paar Hundert Euro«, sagt Peter. »Und dann kommen Ausländer, kriegen acht- oder neunhundert Euro im Monat, ein Handy und eine Wohnung. Das macht die Leute wütend.«

»Die anderen Parteien sagen, es ist in Ordnung, Ausländer ins Land zu lassen«, sagt Michael. »Keiner traut sich zu sagen: Es reicht.« Auf dem Höhepunkt der Flüchtlingskrise lebten in Kärnten 5900 Asylsuchende; das entspricht etwa einem Prozent der Bevölkerung. 2024 liegt die Zahl bei 2893. Aber das Schreckgespenst des Flüchtlings wird ausreichen, dass die FPÖ die Nationalratswahlen im September gewinnen wird.

»Wenn ich in der Firma etwas Falsches sage«, fährt Michael fort, »muss ich aufpassen, dass mich die Ausländer, die dort arbeiten, nicht verprügeln. Nicht umbringen, aber verprügeln.«

»Die sind nicht alle gleich«, wirft Peter ein. »Aber ein paar von ihnen sind aggressiv.«

»Ziehen viele Ausländer hierher?«, frage ich.

»Nein«, sagt Peter und schüttelt den Kopf. »Nicht viele. Die wohnen lieber in den Städten, wo sie wissen, dass sie in Ruhe gelassen werden. Hier auf dem Land ist das alles ein bisschen komplizierter.«

Diese Kombination aus Perspektivlosigkeit und Populismus bietet einen fruchtbaren Boden für Verschwörungstheorien. Die am weitesten verbreitete besagt, dass der Wolf nicht aus eigenem Antrieb zurückgekommen ist. »Der Wolf ist in Kärnten nicht vom Himmel gefallen«, musste ein Sprecher des WWF (World Wide Fund for Nature) kürzlich klarstellen. »Wir warnen seit Jahren vor dieser Entwicklung.« Dennoch glauben viele Leute, dass es genau so war. Man kann sich einfach nur schwer vorstellen, dass ein Tier, ein Wesen bar jeder Intelligenz, ohne Vorbereitung, ohne Kompass und ohne erkennbare Willenskraft, mehrere Tausend Kilometer weit wandert und dann plötzlich in einer Gegend auftaucht, in der es seit Jahrhunderten nicht mehr gesehen wurde. Da ist es viel leichter zu glauben, es wäre vom Laster gefallen.

Von Bauern bekomme ich oft zu hören, es sei ein Märchen, dass Slavc diese Wanderung gemacht hat. Eine solche Verbindung zwischen den voneinander getrennt lebenden Wolfspopulationen Europas wäre zu bequem, zu simpel. Viel leichter ist es da zu glauben, dass der Mensch Gott gespielt hat. Die Karte mit den GPS-Punkten, so erzählt man mir, ist eine Erfindung, und das Halsband haben Menschen nach

Italien gebracht. Peter sagt, dass bei einem Autounfall in Tirol Wölfe aus einem Anhänger entkommen sind. Die Petition von Stall forderte unter anderem eine Kontrolle der durch Kärnten führenden Wolfstransporte, um zu verhindern, dass die Tiere illegal ausgesetzt werden. Wenn Menschen Wölfe sichten und diese manchmal ein Halsband tragen, hilft das der Sache nicht, weil dadurch offensichtlich wird, dass der Mensch seine Finger im Spiel hat. Wenn ich die Kritiker frage, welchen Grund Wissenschaftler haben sollten, große Fleischfresser quer durch Europa zu schmuggeln, erhalte ich stets dieselbe Antwort: Geld. Irgendwie und irgendwo bereichert sich jemand dadurch.

In Österreich bildete sich das erste Rudel in einem verbuschten Gebiet auf einem militärischen Trainingsgelände, und schon bald machte das Gerücht die Runde, dass die Armee – weiter gefasst: die Regierung, das Establishment – die Wölfe versorge. In Rumänien und Bulgarien gibt es angeblich Betriebe, in denen Wölfe für den Export gezüchtet werden; zwischen den Zeilen gelesen, heißt das, dass in Österreich gezüchtete Wölfe vielleicht noch akzeptabel wären, jene aber Migranten sind, Flüchtlinge. Die abenteuerlichste Geschichte bekomme ich in Italien zu hören, nämlich dass die Wölfe mit dem Fallschirm abgeworfen werden. »Und wie legen sie den Fallschirm dann wieder ab?«, frage ich. »Daran hat man gedacht«, kommt umgehend die Antwort. »Die Schnüre sind aus Schweinedarm, und nach der Landung beißen sich die Wölfe den Weg frei.«

Derlei Erklärungen bringen mich in eine missliche Lage. Leuten, die sich weigern zu glauben, dass Slavc diese Wanderung gemacht hat, kann ich nur schwer vermitteln, was zum Teufel ich da eigentlich tue. Immer wieder zweifle ich an mir selbst. Die Menschen betrachten mich mit Nachsicht, als wäre ich mit einer Wünschelrute unterwegs. Dass ich mich an wissenschaftlich ermittelten Daten orientiere, macht mich erst recht zu einem der Schafe. Und wir wissen alle, wie es Schafen heutzutage ergeht.

»Niemand traut sich, die Wahrheit über den Wolf zu sagen, weil alle Angst haben«, sagt Peter und beugt sich vor. »Das ist so, wie zu sagen, dass das Impfen den Menschen schadet.« Der Wolf ist nämlich nicht das einzige Hirngespinst der Wissenschaft, das Stall in jüngster Zeit heimgesucht hat. Die Gemeinde hat die niedrigste COVID-Impfrate in ganz Österreich: 36 Prozent.

»Warum ist die Impfung denn schädlich?«, will ich wissen.

»Ich bin fast gestorben!«, stößt Peter hervor. »Ich konnte nicht mehr gehen! Sie haben zahllose Tests gemacht. Irgendwann hat der Arzt gesagt, dass mich vielleicht eine Zecke gebissen hat. Aber ich hatte keine Zecke. Da hat der Arzt gesagt: ›Ich kann Ihnen nicht sagen, was mit Ihnen los ist.‹ Ich habe gesagt: ›Das brauchen Sie auch nicht, Herr Doktor.‹«

»Haben sich die Leute hier deswegen nicht impfen lassen?«

»Ich war noch nie in meinem Leben krank. Und plötzlich, nach der Impfung, sterbe ich fast. Die Leute haben gesagt: ›Wenn der Bürgermeister krank wird, dieser *Büffel*, dann wollen wir das nicht.‹«

In diesem Drama war lange Zeit die EU der wahre Wolf, wegen der Gelder, die in Umweltschutzprojekte fließen, und des Schutzes, den sie großen Fleischfressern gewährt. Doch mittlerweile scheint selbst die EU-Kommission (das ausführende Organ der EU) – die vielleicht merkt, woher der Wind weht – ihre eigenen Gesetze infrage zu stellen. Die Sache wurde persönlich. Im September 2022 riss in Niedersachsen ein Wolf die dreißigjährige Dolly, das Lieblingspony von Ursula von der Leyen. (Die Koppel war nicht mit einem Elektrozaun geschützt.) Die Präsidentin der EU-Kommission ist eine leidenschaftliche Reiterin. In strategischer Hinsicht war das ein katastrophaler Schachzug des Wolfs. »Unsere ganze Familie ist von dieser Nachricht aufs Tiefste erschüttert«, so von der Leyen gegenüber der Presse. Mit Berufung auf »zahlreiche Berichte über Angriffe von Wölfen auf Tiere« und eine durch nichts belegte »erhöhte Gefahr für die Bevölkerung« gab sie eine umfassende Studie über den Erhaltungszustand des Wolfs in Europa in Auftrag. Auf Grundlage dieser Studie, die ein Jahr später veröffentlicht wurde, schlug die EU-Kommission vor, den Schutzstatus des Wolfs zu senken.

2024 fanden die Wahlen zum Europäischen Parlament statt. Im Vorfeld erzielten die populistischen Parteien überall gute Umfragewerte, und die Fraktion der Europäischen Volkspartei (EVP), der auch von der Leyen angehört, bemühte sich verstärkt um die Stimmen der Bauern. Nur zwei Prozent der Wählerinnen und Wähler in Europa arbeiten in der Landwirtschaft, aber sie treten lautstark auf und stehen für eine weit verbreitete Unzufriedenheit mit dem ökologischen Wandel. Europaweit gingen Bauern auf die Straße und protestierten gegen Verordnungen zur Reduktion des Stickstoffausstoßes und des Wasserverbrauchs sowie zum Verbot bestimmter Pestizide. Die Bauern hatten schon immer ein hartes Leben, doch derzeit scheint es besonders untragbar zu sein. Neue Regularien, die stümperhaft eingeführt werden, reichen aus, um die Leute auf die Palme zu bringen. Straßen wurden durch kilometerlange Traktorketten blockiert, Polizisten mit Gülle bespritzt.

Der Wolf ist ein weiteres Element dieser Geschichte, das

die Menschen erneut als etwas legal von der EU Aufgezwungenes empfinden, unter Missachtung jener, die die europäische Politik ertragen müssen. Wie Hubert Potočnik vor etlichen Monaten zu mir sagte, lassen sich die Menschen leicht gegen alles mobilisieren, was Zähne hat. Eine deutsche Studie aus dem Jahr 2022 fand heraus, dass Angriffe durch Wölfe bei anschließenden Kommunalwahlen zu Zugewinnen von ein bis zwei Prozent bei rechtsextremen Parteien führen. In ganz Europa setzen zahlreiche Parteien des rechten Spektrums darauf, dass ein Schulterschluss mit den Landwirten ihnen den Weg zur Macht ebnen könnte. In Deutschland hat die AfD die Forderungen der Bauern gegen Kürzungen der Subventionen für Agrardiesel unterstützt. 2023 wurde in den Niederlanden die Bauer-Bürger-Bewegung, eine 2019 gegründete populistische Partei, bei den Wahlen zu den Provinzparlamenten landesweit zur stärksten Partei.

Die Erzählung, auf die diese Parteien sich berufen, nimmt ihren Anfang in den finsteren Ecken des Internets und besagt, dass die Bauern die Seele einer Nation darstellen und dass diese Seele von Plänen bedroht wird, die Bauern in den Ruin zu treiben, ihnen ihr Land zu rauben, um dort Flüchtlinge unterzubringen und die Bevölkerung durch Aushungern zum Gehorsam zu zwingen. Auf meiner Wanderung habe ich gesehen, wie mühselig und entbehrungsreich das Leben der Bauern ist, und ich kann gut verstehen, dass sie aufgebracht sind. Doch wenn rechtsextreme Parteien und selbst ernannte Internetexperten wie Russell Brand und Tucker Carlson die Sorgen der Bauern für ihre Interessen ausnutzen, wird der Blick auf die Wirklichkeit verstellt. Alles wird mit Gülle überschwemmt. Es gibt gute Gründe, dagegen zu protestieren, dass Milliardäre ganze Landstriche kaufen, oder gegen das Missmanagement der EU in der Agrarpolitik. Aber so wie während der Pandemie werden dabei die eigentlichen Anliegen mit einem gefährlichen Narrativ vermengt, demzufolge eine schattenhafte globale Elite die Gesellschaft umprogrammieren und die europäische Bevölkerung durch Flüchtlinge ersetzen will.

Der Journalist George Monbiot hat sich intensiv mit diesen Themen beschäftigt. Eine solche Sichtweise auf Bauern, so meint er, stehe ganz in der Nähe der Blut-und-Boden-Ideologie des Nationalsozialismus, die in den Menschen, die den Boden beackern, die wahren Erdenbewohner sah, die von Eindringlingen aus der Fremde bedroht sind. Bei den Protesten haben manche Bauern Flaggen und Insignien getragen, die an die faschistische Vergangenheit Europas denken lassen. Monbiot zitiert aus einem Buch des Historikers Robert Paxton, *French Peasant Fascism*: »Sowohl Hitler als auch Mussolini gewannen zunächst auf dem Land die Massen für sich; ihre erste große Anhängerschaft waren wütende Bauern.«

Hierin liegt die Macht, aber auch die Gefahr vereinfachender Narrative und der Benennung eines Sündenbocks. Wie auch immer man es betrachtet: Alles, was von der heimatlichen Scholle stammt, ist bedroht. Raubtiere, sterbende Wälder, der demografische Wandel, das Sterben von Bauernhöfen – ich verstehe, dass die gegenwärtigen Veränderungen beängstigend sind. Doch anstatt die komplexen Ursachen zu analysieren – stagnierendes Lohnniveau, Neoliberalismus, eine raffgierige Agrarindustrie, der Klimawandel, Kriege –, behaupten Populisten, dass jene, die für den Wolf eintreten, wie auch jene, die für Migranten eintreten, die natürliche Ordnung zu zerstören drohen. So wie Migranten werden auch Wölfe als Angriff auf die eigene Souveränität dargestellt. Symbolisch steht dafür die Stadt, die dem Landleben das Herz herausreißen will, all jenem, was patriotisch und authentisch ist. Die Populisten behaupten, diese Veränderungen seien aufhaltbar. Und auch wenn das nicht zutrifft, kann, wie der Fall Haider zeigt, die Ohnmacht des Verlierens, zur Waffe umfunktioniert, der durchschlagendste Gewinn sein.

»Für den Wolf ist hier kein Platz«, sagt Peter erregt. »Jeder einzelne muss abgeschossen werden. Und natürlich soll unsere Regierung in Brüssel vorsprechen und erklären, dass wir das tun müssen. Der Wolf soll nach Russland gehen oder sonst wohin, von mir aus können die Franzosen ihn haben. Das ist mir vollkommen egal. Aber wir hier in unserem kleinen Land, wir brauchen ihn nicht.«

»Vielleicht sollten Sie auch einmal auf Wallfahrt gehen«, sage ich und denke an die Wolfskapelle.

»Wir brauchen keine Wallfahrt«, entgegnet Peter. »Wir müssen ihn abschießen können. Und wer was anderes sagt, soll scheißen gehen.«

# Italien, Sommer

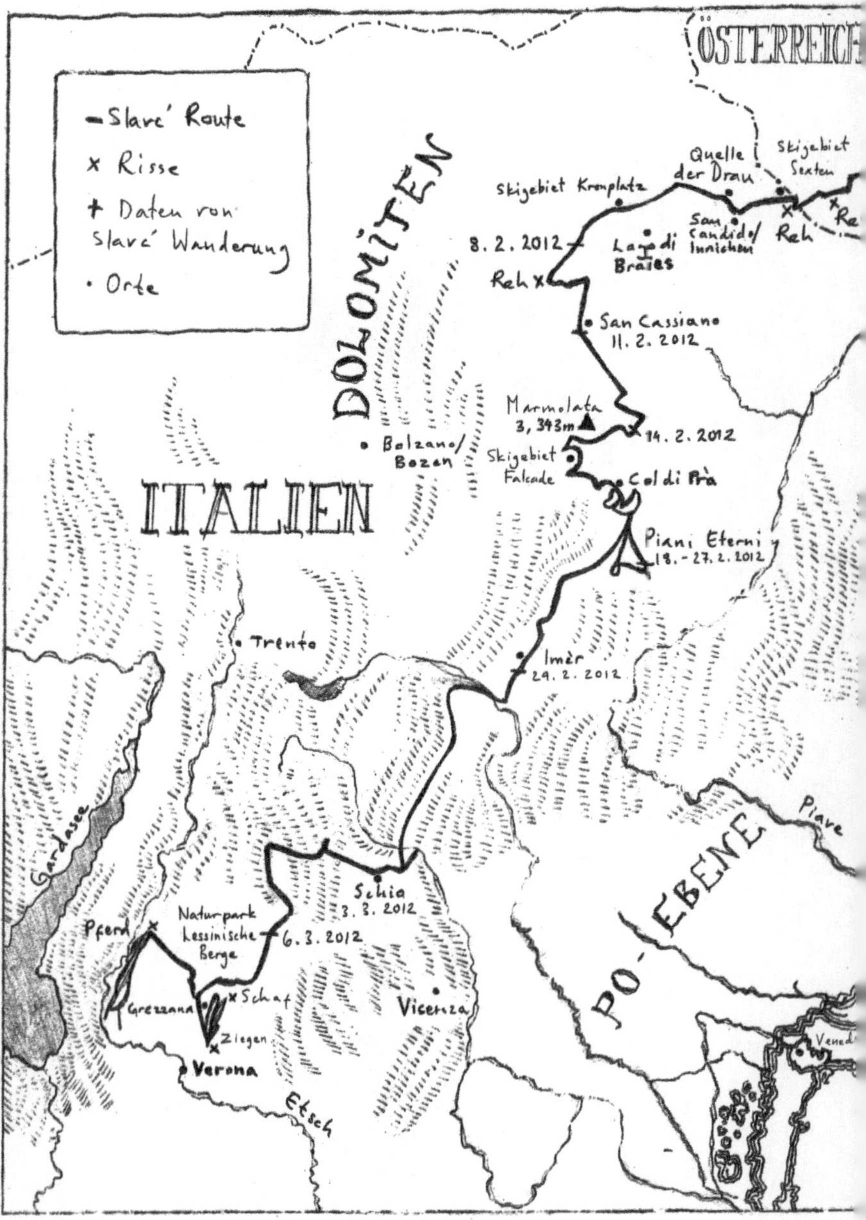

ÖSTERREICH
— Slavc' Route
× Risse
+ Daten von Slavc' Wanderung
· Orte
DOLOMITEN
ITALIEN
PO-EBENE
Skigebiet Kronplatz
Quelle der Drau
Skigebiet Sexten
San Candido/ Innichen
Reh
Lago di Braies
8. 2. 2012
Reh
San Cassiano
11. 2. 2012
Marmolata 3,343m
14. 2. 2012
Bolzano/ Bozen
Skigebiet Falcade
Col di Prà
Piani Eterni
18.-27. 2. 2012
Trento
Imèr
24. 2. 2012
Piave
Gardasee
Schia
3. 3. 2012
Pferd
Naturpark Lessinische Berge
6. 3. 2012
Grezzana
Schaf
Vicenza
Ziegen
Verona
Etsch

# 8

*Wolf und Lamm werden einträchtig weiden, und der Löwe wird Stroh fressen wie das Rind, und die Schlange wird sich von Staub nähren. Sie werden nicht Schaden noch Verderben anrichten auf meinem ganzen heiligen Berg!*

Jesaia 65, 25

Frühmorgens in einer Bar Tabacchi in Italien. Die Tür steht weit offen, und ich sitze mit einem Cappuccino und einer Brioche draußen auf der Terrasse. Es ist kühl, und die Straße liegt im Schatten, aber es wird erneut ein heißer Tag werden.

Auf dem Bauch eines auffliegenden Vogels glänzt die Sonne. Neben mir lehnt mein Rucksack am Tisch, mein stummer, aber liebenswerter Reisegefährte. Ich habe im Wald übernachtet, bin früh aufgestanden und einen schmalen Pfad hinabgegangen, um rechtzeitig zum Frühstück im Ort zu sein. Hunde bellen, Hähne krähen. Unten im Tal lag dichter Nebel, nichts war unter dem Weiß zu erkennen, und ich empfand es als herrliches Privileg, oberhalb davon in den wolkenlosen Höhenlagen zu sein. Zwei Männer stehen an der Bar und studieren eine Zeitung, die zwischen ihnen liegt, als wollten sie deren Geheimnis ergründen. Der eine der beiden ist groß, rührt in seinem Kaffee, der Löffel klimpert gegen das Porzellan. Der andere ist kleiner und stämmiger, sitzt auf einem Barhocker und streicht in einer raschen Geste mit Daumen und Zeigefinger die Linien auf seiner Stirn glatt. Eine Grimasse huscht ihm über das Gesicht. Die Kaffeemaschine dampft. Im Radio italienische Popmusik. Der Mann hinter der Theke hat alle Hände voll zu tun, um den Tresen vor dem Absturz ins Chaos zu bewahren.

Als die beiden Männer gegangen sind, hole ich mir die Zeitung. Heute ist der 5. Juli. Auf der Titelseite prangt eine Collage aus Porträtaufnahmen. Manche der Abgebildeten tragen Kletterhelme, hinter manchen ist ein Gletscher zu sehen. Alle lächeln, alle sind vollkommen ahnungslos.

Mein Italienisch reicht aus, um das Wesentliche zu verstehen. »Lawine auf der Marmolata«, lautet die Überschrift. »Zahl der Todesopfer auf neun gestiegen.«

Zwei Wochen vorher. Ich brauche drei Tage, um von Stall nach Italien zu laufen, und mein Weg führt mich durch die Bezirkshauptstadt Lienz und anschließend durch ein Tal zur Grenze. Die Grenze ist, wie ich erneut feststelle, belanglos; wo ich sie überschritten habe, wird sie von einem trüben Bach markiert, der aus einem Kieshügel rinnt und meinen Weg in einem Durchlass quert. Doch so bedeutungslos die Grenze auch sein mag, so abstrakt die bloße Vorstellung davon – ich bin begeistert, in Italien zu sein. Der Wolf und ich sind nun ein ganzes Stück Wegs gegangen, und es hat etwas, auf eine Landkarte zu schauen und zu wissen, dass man die gesamte Strecke zu Fuß zurückgelegt hat. Ein alter Mann kommt mir entgegen, einen kleinen Hund an einer straff gespannten Leine. Er trägt eine gebatikte psychedelische Jacke, die den Kopf eines Wolfs zeigt. Eine Art Omen. Im Süden erheben sich die Berge.

Am 4. Februar 2012 betrat Slavc italienischen Boden. Es war noch kalt, und die Nächte waren noch lang, doch möglicherweise konnte er in der Luft hin und wieder schon den Frühling riechen. Damals konnte er es noch nicht wissen, aber er hatte schon einen großen Teil seiner Wanderung zurückgelegt. In wenigen Wochen sollte er das finden, was er suchte. In wenigen Wochen sollte er zu Hause sein.

In San Candido (Innichen), dem ersten Ort auf italienischem Boden, mache ich Rast, um einen Kaffee zu trinken. Ich setze mich in ein Café, halte insgeheim mein Italienisch bereit, das ich während der Pandemie in einem Onlinekurs gelernt habe, nur um festzustellen, dass man hier noch Deutsch spricht. Ich bin ein bisschen enttäuscht. Zum Frühstück gibt es noch immer Strudel. Während ich in dem Café sitze, wird mir klar, wie nichtssagend diese Grenzen sind. Ich denke an Stefan und die anderen Slowenen, die ich in Kärnten getroffen habe. Und an Südtirol, wo ich jetzt bin, das nach dem Zweiten Weltkrieg wieder an Italien fiel, aber auf trotzige Weise noch immer so österreichisch ist, wie es nur geht. Wenn man zu Fuß unterwegs ist, bekommt man einen Blick für diese Dinge. Dass die Länder keine voneinander getrennten, unerschütterlichen Identitäten besitzen, sondern dass Sprache, Kultur, Krankheiten, Flugsamen, Wölfe und das Wetter hin und her fließen.

Etwas später fülle ich an der Quelle der Drau meine Wasserflaschen auf, am Ursprung jenes Flusses, den ich vor so vielen Wochen in der Nähe von Klagenfurt im weit entfernten Kärnten überquert habe und den Slavc dort an einer fünfhundert Meter breiten Stelle durchschwommen hat. Es ist also in Wahrheit ein italienischer Fluss, der hier, einem Wunder gleich, aus einem Berghang hervorblubbert, durch den Wald hinabplätschert und an der Quelle durch einen ausgehöhlten Baumstamm geführt wird, sodass man von ihm trinken kann. Ich setze mich für eine Weile in den Schatten und frage mich, ob auch Slavc hier getrunken hat – sowohl westlich als auch östlich dieser Stelle liegen in jeweils ein bis zwei Kilometern Entfernung GPS-Punkte. Ich frage mich, ob er den Fluss wiedererkannt hat, durch irgendeinen inneren Kompass, den er vielleicht besaß.

Ich wende mich nach Süden und steige den Hang hinauf. Am Horizont ragen die Dolomiten auf, verlockend. Slavc' Route durch diese Berge in Richtung Süden führt ständig bergauf und bergab, und ich befinde, dass es einfach nur dumm wäre, ihm auf einer Hauptstraße durch ein Tal zu folgen, wenn oberhalb davon ein zauberhafter Fußweg verläuft. Ich gestatte mir, meine Regeln ein bisschen großzügig auszulegen. Ich war nun wochenlang im Tal und sehne mich nach den Bergen.

Am Abend schlage ich mein Zelt auf einer Blumenwiese auf, gerade so, dass es von der Straße aus nicht zu sehen ist. Am 5. Februar kam Slavc ins Skigebiet Sexten und tötete dort unterhalb eines Sessellifts ein Reh. Er blieb zwei Nächte und tat sich an seiner Beute gütlich, bevor er weiterzog. Vom Lift aus konnten Familien das zerfleischte Tier sehen, den von Blut und Innereien verschmierten Schnee.

Am Fuß des Bergstocks stehen kleine Kapellen und verfallene Häuser, errichtet für Durchreisende, die es nicht mehr gibt. Eines der Hotels, das Bagni di Braies Nuova, hatte Dutzende Zimmer und Thermalbäder. An einer Informationstafel vor dem Gebäude hängt ein sepiafarbenes Foto aus der Blütezeit des Hotels. Es zeigt Pferdekutschen, die vor dem Haus stehen, und man ahnt, wie hier berühmte Alpinisten vom Speisesaal aus ihre sommerlichen Touren planten. Jetzt steht eine einsame Putzfrau vor dem Gebäude und raucht, auf dem überwucherten Parkplatz nur ein einziges Auto. Daneben ein kleiner, erbärmlicher Spielplatz, als hätte den Kindern in früheren Zeiten eine einzige Schaukel genügt.

Durch den Wald steige ich weiter bergan, hinauf zum Lago di Braies. Neben dem See erstreckt sich ein riesiger Parkplatz, und plötzlich sehe ich: Hier sind all die Menschen. Ganze Busladungen und ganze Familien rudern über das Wasser. Nach so vielen allein verbrachten Stunden ist dieser Anblick ein Schock. Der Lago di Braies hat sich zur angesagten Instagram-Destination entwickelt. Für 150 Euro kann man das Bootshaus mieten, um dort ungestört Fotos zu machen. Das Wasser ist türkis, und am anderen Ende des Sees erhebt sich die über tausend Meter hohe Nordwand der Croda del Beco und spiegelt sich unscharf in der leicht gekräuselten Wasseroberfläche. Ich brauche eine Stunde, um ans andere Ende des Sees zu gelangen; dort nehme ich einen Pfad aus schneeweißem Geröll, lasse die Massen und das Wasser hinter mir und steige in zahllosen Serpentinen langsam in Richtung Gipfel. Adlerrufe hallen von den Felswänden wider.

Immer wieder beeindruckt mich, dass jede Bergregion einen individuellen Charakter hat, geprägt ist von einem ganz bestimmten Wechselspiel zwischen dem Wetter und der Welt. Ich war noch nie irgendwo, wo es auch nur annähernd so ausgesehen hätte wie hier; bizarre Gipfelaufbauten, die in nadelförmigen Spitzen auslaufen, zerfurcht, geschliffen und abgewetzt, wie ein zu Eis erstarrter wilder Ozean. Der Lago di Braies ist jetzt nur noch eine swimmingpoolblaue Lache weit unten. Die letzten Tage waren sonnig, doch nun sieht es aus, als würde das Wetter umschlagen. Bei der weiten Sicht, die man von hier oben hat, versteht man, wie das Wetter funktioniert. Gewaltige Wolkenfelder ziehen heran, als wäre der gesamte Himmel in Bewegung, die Wolken türmen sich zu tobenden Säulen auf, und im Norden ist Donnergrummeln zu hören. Während sich die Wolken verfinstern, leuchten über mir die gezackten Grate im Sonnenlicht und heben sich so stark vom Himmel ab, dass sie zweidimensional wirken. Der Weg verläuft unterhalb der Porta Sora al Forn, der Ofenscharte, und dann in Richtung des Sattels, schlängelt sich zwischen Felsblöcken hindurch, die vor wer weiß wie vielen Jahren von den Gipfeln herabgestürzt sind. Ich bleibe stehen und ziehe meine Regenjacke an. Ich befinde mich ein paar Hundert Meter unterhalb des Passes. Der Himmel ist mittlerweile so dunkel, dass er lila leuchtet.

Nach so vielen Wochen des Wanderns glaube ich immer noch, ich könnte dem Regen davonlaufen. Doch immer wieder zerreißt plötzlich ein Donnerschlag den Himmel, die Welt wird ein einziges Geräusch, und der Hagel prasselt herab. Ich bin schon weit über der Baumgrenze, und es gibt keine einzige Stelle, wo ich mich unterstellen könnte. Ich befinde, dass ich am besten den Grat überschreite und dann auf der anderen Seite absteige. Eilig stapfe ich hinauf, gebeugt unter der Last meines Rucksacks, von dem die Hagelkörner abprallen. Ein Blitz erhellt den benachbarten Grat, sehr viel näher, als mir das lieb ist, und die Luft zittert vor atmosphärischer Ladung. Ich gerate in Panik, bin aber zugleich geradezu berauscht. Ich erreiche den Sattel auf 2389 Metern Höhe und schlittere auf der anderen Seite so schnell wie möglich hinab, zu einer Hütte, die dort liegt, wo das Terrain wieder flacher wird. Ich bin nass bis auf die Knochen, doch als ich die Hütte erreiche, scheint schon wieder die Sonne, und das Unwetter ist nach Süden weitergezogen. Ich hänge meine Kleidung an die Wäscheleine, setze mich auf die Terrasse und betrachte die Gipfel, die in den Wolken verschwinden und wieder auftauchen, die dahinziehenden grauen und blauen Wolkenfelder. Die Hütte ist bewirtschaftet, der Mann hinter der Theke grinst, als er sieht, in welcher Verfassung ich bin. Das Glas Wein kostet einen Euro.

Die Dolomiten sind unfassbar schön. Tagelang bleibt die Landschaft so herrlich. Die einzigen Lebewesen, auf die ich abseits der Hauptwanderwege treffe, sind Murmeltiere. Unbeholfen hüpfen sie über die Wiesen wie kleine, pummelige Rehe, und sobald sie mich entdecken, quieken sie los und verschwinden in der Erde. Ein berauschendes Gefühl von Freiheit überkommt mich; ich kann mein Zelt aufschlagen, wo immer ich will, und wenn ich morgens aufwache, liegt der Tag weit und offen vor mir. Wenn Nebel aufkommt und ein starker Wind die dünne Luft bewegt, fühle ich mich an Wales erinnert. An die Schafe und ihre Glocken. Und dann verzieht sich der Nebel wieder, und um mich herum erheben sich scharfkantige Gipfel, als stünde ich in der Mitte einer Krone. Kleine Schwärme von Bergpiepern sausen vorüber. Winzige Bergblumen, gelb, pink, weiß und lila, die sich an scheinbar nichts festklammern.

Die Nächte verbringe ich in Holzhütten, die vor hundert Jahren errichtet wurden, und schlafe dort auf Matratzen im Dachgeschoss. Manche haben Personal, die meisten jedoch nicht, bescheidene, auf der Karte verzeichnete Zufluchtsorte, in denen man lediglich darum gebeten wird, sie so zu verlassen, wie man sie vorgefunden hat. Nur selten treffe ich dort andere Wanderer. Die Balken sind von Holzwürmern geschaffene Irrgärten, die mit Ruß und den Schmierereien von Jugendlichen überzogen sind. Die Küchen sind rauchgeschwärzt, es riecht nach halb verbranntem Holz, die Vorratskammern sind voll angebrochener Pastapackungen, hart gewordener Seifenstücke und rätselhafter Flaschen, die vielleicht Reste von selbst gebranntem Grappa enthalten, oder vielleicht auch Spiritus für den Ofen. Wenn es dunkel geworden ist, setze ich mich zum Schreiben an große Tische, die mit Brandflecken und eingeritzten Zeichen übersät sind, und wenn ich hinausgehe, um unter einem Hurrikan von Sternen zu pinkeln, ist eine flackernde Kerze in einem kleinen Fenster das einzig Menschliche in dieser unendlichen Bergwelt.

Jeden Abend bei Einbruch der Dämmerung kommt Wind auf. Die Bergkräuter – Minze, Rosmarin und Majoran – setzen zitternd ihre Gerüche frei. Der Wind wird stärker, bis er irgendwann tobt, und meine Träume sind wild und konfus. Einmal träume ich, dass ein seltsamer Mann vor meinem Haus steht. Hastig verschließe ich Türen und Fenster, während die Menschen, mit denen ich zusammenlebe, mir mit der furchtbaren Gleichgültigkeit begegnen, die die Leute in Träumen an den Tag legen. Als ich am nächsten Morgen aufwache und die Leiter hinabsteige, steht die verdreckte, geisterhafte Erscheinung eines Mannes in der Stube, in der Hand eine Sense. Zwischen seinen Lippen klemmt, wie ein falsch platzierter Zahn, ein abgekauter Zigarettenstummel, und ein alter, fast leerer Rucksack hängt ihm über den Schultern. An einem Ohr ein Ring, im Bart eine graue Strähne. Er zieht eine mürrische Miene; schon seit Langem gibt er sich keine Mühe mehr, ein freundliches Gesicht zu machen, weil er nicht damit rechnet, dass jemand anders es sehen könnte. Ich frage mich, was ich für ein Gesicht mache.

Vor der offenen Tür wartet sein Hund. Er hat die verfilzte Erscheinung eines Tieres, das ausschließlich draußen lebt. Der Mann grüßt mich mit einer kaum sichtbaren Geste, als wolle er eine Fliege verscheuchen, die sich niederlassen will, und geht hinaus. Als ich eine Stunde später aufbreche, nach einem Frühstück aus Kaffee und Porridge, ist er nirgendwo zu sehen. Die ganze Nacht war so verworren, dass ich mich frage, ob ich ihn mir eingebildet habe. Doch als ich den Abstieg nach San Cassiano beginne, entdecke ich weit unter mir einen Schäfer mit seiner Herde. Von hier oben sehen die Schafe wie Maden auf einer Wunde aus.

Er ist keineswegs überrascht, mich wiederzusehen, und wirkt auch nicht besonders interessiert, doch als wir aufeinandertreffen, halten wir inne, weil wir weit und breit die einzigen Menschen sind. Er bietet mir eine Tasse Wasser aus seiner Feldflasche an, und während wir dastehen und den Blick schweifen lassen, zieht er einen Tabakbeutel aus seiner Hemdtasche und dreht sich eine Zigarette. Manche der Schäfer, denen ich begegne, sind wie dieser hier Italiener, manche Migranten aus Eritrea, Gambia oder Marokko, die hier das tun, was sie auch in ihren Heimatländern getan haben. Als ich ihm von meinem Projekt erzähle, sieht er mich an, als könne ihn nichts auf der Welt mehr überraschen.

»Der Wolf ist ziemlich gerissen«, sagt er und zieht in der typisch italienischen Geste einen Daumennagel über die Wange. Er verwendet das Wort *furbo*, das auch »listig« und »verschlagen« bedeutet, und bringt damit seine missbilligende Achtung für die abnorme Moral des Wolfs zum Ausdruck. Eine bemerkenswerte Respektsbekundung in einem Land, das dafür bekannt ist, wenig Geduld aufzubringen, wenn es darum geht, die Dinge auf dem offiziellen Weg zu regeln. »2014 habe ich zum ersten Mal einen Wolf gesehen«, sagt der Schäfer. »2017 dann zwei. Und heute sind sie überall. Ich habe nichts gegen den Wolf. Aber es ist schwer mit ihm, sehr schwer. Er macht mir Angst. Ich muss mich um meine Lieben kümmern.« Er zupft die abstehenden Tabakfäden aus einem Ende der Zigarette und steckt sie zurück in den Beutel. Dann kramt er ein Feuerzeug hervor, zündet sich die Zigarette an und nimmt nachdenklich einen Zug. »Sie sagen, ich soll den Wolf abschießen«, fährt er fort. »Aber ich bin ein friedliebender Mann!«

Von der Passhöhe Forcella de Medesc kann ich tausend Meter unter mir den Ort San Cassiano sehen, eingerahmt von den Hängen des Tals und in das Licht des frühen Abends getaucht. Auf einen Stab gestützt, schlittere ich ein Geröllfeld hinab. Erst in eine Richtung rutschend, dann in die andere, arbeite ich mich vorsichtig nach unten und erreiche schließlich die Baumgrenze und damit die Höhenlage, in der dicht an dicht buschige Kiefern stehen. Je tiefer ich komme, desto süßer schmecken die Walderdbeeren. Die umgestürzten, toten Stämme, die vom Alter zerklüftet und rissig sind, sehen aus wie die Felsen, die ich gerade hinter mir gelassen habe.

Als ich San Cassiano erreiche, schmerzen meine Knie und ich bin völlig ausgehungert. Außerhalb der Saison wirken Wintersportorte, genauso wie Strandhotels im Winter, immer wie eigenartige Architekturirrtümer, die niemand als solche erkannt hat, bevor sie in der Landschaft standen. Große Hotelbauten mit hohen Glasfronten und Holzverkleidung stehen hier, mit bunt lackierten Balkonen, die vor Geranien überquellen. Die Hotels sind nicht leer – die Dolomiten vermarkten sich derzeit intensiv als Urlaubsregion für den Sommer und für das Wandern –, aber der Ort könnte problemlos ein paar Tausend Gäste mehr beherbergen. Ich gehe die Hauptstraße entlang, schaue in die Auslagen von Geschäften mit Outdoorausrüstung und bin beeindruckt von der Vielzahl an Restaurants.

Ich nehme auf der Terrasse einer Pizzeria Platz und bestelle. Am Nebentisch sitzt ein gut gekleidetes Paar mittleren Alters, und als sie meinen Rucksack sehen, fragen sie, was ich vorhabe. Nachdem ich es ihnen geschildert habe, erzählt die Frau eine der außerordentlichsten Geschichten der Abwanderung eines Tiers, die ich je gehört habe.

Als ihre Tochter klein war, so die Frau, hatte sie zwei Schildkröten. Die eine hieß Tortellini, die andere Tortalloni. Die beiden waren süße Haustiere. Die Tochter spielte gern mit ihnen, und wenn ihre Freundinnen zu Besuch kamen, nahmen sie die Schildkröten aus dem Gehege und ließen sie in ihrem kleinen Garten frei herumlaufen. Tortellini schwärmte nie besonders weit aus, aber Tortalloni war von einem anderen Schlag. Oft mussten sie sie einsammeln, wenn sie durch das Gartentor hinausschlüpfen wollte, oder sie fanden sie im Hof des Hauses auf der gegenüberliegenden Straßenseite. Eines Tages war sie nirgendwo mehr zu finden. Tortellini blieb allein zurück. Und damit war es vorbei.

»Acht Jahre später – *acht Jahre* – waren wir hier in der Nähe im Urlaub«, fährt die Frau fort. »Also etwa dreißig Kilometer von dort, wo wir wohnen. Antonio saß am Steuer, und auf einer Passhöhe bremste er plötzlich, weil etwas die Straße überquerte.«

Als sie ausstieg, um zu sehen, was das war, ahnte sie es wohl schon. In dieser Gegend Italiens leben keine Schildkröten. Außerdem ist die Zeichnung auf dem Panzer einer Schildkröte so individuell wie ein Fingerabdruck. Ich kann nicht glauben, was ich da höre. Die Schildkröte war Tortalloni. Sie setzten sie in eine Schachtel und nahmen sie mit nach Hause.

Die Frau seufzt. »Aber sie war nicht mehr dieselbe wie zuvor. Sie war verwildert. Sie sah aus, als wäre sie beinahe gefressen worden. Und sie drangsalierte Tortellini ganz entsetzlich.«

Am Abend gehe ich zu dem kleinen Fluss und finde am Ufer ein Wäldchen, in dem ich fernab fremder Blicke mein Zelt aufschlagen kann. Als es steht, ist es schon dunkel. Zutiefst erschöpft krieche ich hinein und lausche einem wummernden Bass, der aus einem Lokal irgendwo weiter oben dringt. Ich bin schläfrig, kann aber nicht einschlafen. Am 11. Februar um ein Uhr morgens war Slavc nur wenige Hundert Meter von hier entfernt. Es war mitten in der Skisaison, und wenn jetzt, außerhalb der Saison, das Nachtleben *mich* wachhält, muss ihm völlig unverständlich gewesen sein, was da vor sich ging. Wie ist er wohl mit diesen Phänomenen umgegangen, die in seiner Welt so rätselhafte Verwerfungen darstellten? Während ich in dem Schwebezustand zwischen Wachen und Schlafen treibe, fühle ich mich meinem Wolf so nahe wie noch nie.

Am nächsten Tag verlasse ich San Cassiano und wandere die Gardera flussaufwärts, die unter den Bäumen an ihren Ufern kühl dahinfließt. Hier sind die Alpen ein Freizeitpark: überteuerter Cappuccino, hausgemachte Salamis, aufgehängt wie Wimpelketten, Wanderer in nervenaufreibender Kleidung, deren Stöcke wie die Gliedmaßen von Insekten über den Asphalt klickern. Hunderte Fahrradfahrer, die alle im selben Rhythmus strampeln, Golfplätze mit Rasensprengern, damit das Grün schön saftig bleibt, während das umliegende Terrain nach Wasser lechzt. Ich gehe durch die Täler von San Cassiano nach Corvara, von Corvara nach Arabba, allesamt Wintersportorte. Als ich Arabba verlasse, steht die Sonne schon tief. Der Pfad führt wieder einmal inmitten von Bäumen steil bergauf, im Zickzack über die gepflegten, grasbewachsenen Skipisten, die Schneisen durch die Wälder schlagen. Kühe grasen auf den Hängen. Ganze Bataillone von Schneekanonen stehen in Reih und Glied und nehmen den Klimawandel ins Visier.

Ich steige hinauf zur Passhöhe. Sonnenlicht überflutet mich, ich habe mein T-Shirt ausgezogen und bin einfach nur glücklich, doch als ich den 2370 Meter hohen Passo Padon und damit die Wasserscheide überschreite, ändert sich schlagartig alles. Ich trete auf die Schattenseite und in einen heftigen Wind, der meinen Schweiß trocknet und mich im Handumdrehen frösteln lässt. Wind macht mir Angst, also steige ich hinab, und plötzlich quält mich die Frage, wo ich heute Nacht schlafen soll. Gegenüber erhebt sich das Marmolata-Massiv mit seinem Gletscher, in dem noch die große, graue Wunde zu sehen ist, die der Eissturz vor Kurzem hinterlassen hat.

Ich stoße auf eine verfallene Hütte, in der ich schlafen kann; es ist eines der Gebäude, die als Heuschober dienten, als hier in diesen Bergen noch überall Landwirtschaft betrieben wurde. Etliche Bretter fehlen, und der Wind pfeift ungehindert hindurch – die Hütte reicht gerade einmal aus, um das tierische Bedürfnis nach einem Dach über dem Kopf zu erfüllen. Wenn es regnen würde, würde ich hier drin klatschnass werden. Ich fabriziere ein Abendessen und verspeise es im Schlafsack, an eine der Wände gelehnt. Zwischen den gebrochenen Latten hindurch sehe ich den Gletscher und seine fiese, eisblaue Narbe.

Am 3. Juli, vor drei Tagen, als ich in der Nähe von San Cassiano war, rutschte ein Teil des Marmolata-Gletschers ab. Das Bruchstück war achtzig Meter breit und fünfundzwanzig Meter lang, also von den Dimensionen eines Wohnblocks. Es war ein sonniger Sonntagnachmittag, und die Route zur Punta

Penia, dem höchsten Gipfel der Dolomiten, war stark begangen. Die Lawine aus Eis und Wasser, Schlamm und Fels riss alles mit sich, was in ihrem Weg lag. Sie legte über anderthalb Kilometer zurück und kam erst kurz vor dem Stausee Lago di Fedaia zum Stillstand. Elf Bergsteiger kamen ums Leben, neun Italiener und zwei Tschechen, acht weitere wurden verletzt.

Der Name Marmolata rührt angeblich von der Ähnlichkeit der stets glatten weißen Oberfläche mit Marmor her. Jetzt sieht es aus, als wäre der Gletscher einmal quer durchtrennt worden, wodurch der nackte, triste Fels freigelegt wurde, der seit mehreren Tausend Jahren kein Tageslicht gesehen hat. Den ganzen Tag lang kreiste ein Hubschrauber über der Unglücksstelle und suchte nach Überlebenden. Hier in meinem Schlafsack fühle ich mich wie ein Voyeur, aber es ist unmöglich, nicht auf diese wunde Stelle in der Landschaft zu starren, die die Aussicht so dominiert. Auf der ganzen Welt werden die Gletscher immer verletzlicher, doch der Marmolata-Gletscher galt bislang als robust. Am Tag vor dem Eissturz waren am Gipfel 10,7 °C gemessen worden. Zwischen 1960 und 2017 hat sich die Schneesaison in den Alpen um achtunddreißig Tage verkürzt. Einige Zeit nach dem Unglück wird eine Untersuchung durchgeführt werden, die zu dem Schluss kommt, das Ereignis sei »unvorhersehbar« gewesen. Mit anderen Worten: Niemand hat Schuld. Ich mache mir seit zwanzig Jahren große Sorgen wegen des Klimawandels. Ich habe protestiert und demonstriert und hatte dieses Thema beim Schreiben und bei der Erziehung meiner Kinder stets vor Augen. Doch noch nie habe ich den Klimakollaps so hautnah erlebt wie jetzt, als ich diesen Riss in einer Bergwand sehe, der vor gerade einmal zweiundsiebzig Stunden entstanden ist. Noch nie wurde mir auf so erschütternde Weise deutlich, wie dramatisch die Lage ist. Ich sehe, was wir dabei sind zu verlieren, was wir bereits verloren haben. Ich bin entsetzt.

Italien ist besonders anfällig für die Folgen des Klimawandels. Das Mittelmeer erwärmt sich schneller als die anderen Meere, und weil das Land auf der Grenze zwischen zwei Klimazonen liegt, herrscht in Sizilien mittlerweile ein tropisches Klima, wie man es aus Afrika kennt, während der Norden das Wetter hat, das vor fünfzig Jahren typisch für Sizilien war. Nach einer Tragödie blickt man oft gebannt auf das Selfie, das man kurz davor selbstvergessen gemacht hat. Manchmal kommt es mir vor, als würden wir allesamt für ein solches Foto in die Kamera lächeln. Erst müssen tatsächlich Menschen sterben, die alle ein wirkliches Leben hatten und von anderen geliebt wurden, damit man in einem Moment der Klarsicht erkennt, dass das ganze System in einer tödlichen Abwärtsspirale steckt; Menschen, die in die Vorgänge unseres Planeten geraten, der sich immer stärker erwärmt.

Während des Ersten Weltkrieges gruben und sprengten österreichische Soldaten zwölf Kilometer Stollen in das Eis des Marmolata-Gletschers und legten überall Höhlen an, die als Schlafsäle, Küchen, Krankenstationen, Funkräume oder Kapelle dienten. Seit damals hat der Gletscher fünfundachtzig Prozent seines Volumens verloren. Ihm bleiben höchstens noch zwanzig Jahre. Überall in den Alpen, wo sich Gletscher zurückziehen, geben sie Überreste des Krieges frei: Tagebücher, Postkarten und Tierknochen, denen das Mark ausgesaugt wurde. Hin und wieder eine Leiche, noch in Uniform. Manche Dinge sterben langsamer als andere, aber wenn man einen Blick dafür hat, kann man erkennen, wie ihre letzten Momente aussehen.

Innerhalb eines Jahrhunderts haben wir weltweit siebzig Prozent der vergletscherten Flächen verloren. Weiter im Westen, wo Gletscher die Grenze zwischen der Schweiz und Italien markieren, sind sie dermaßen in Bewegung geraten, dass man kaum noch erkennen kann, wo ein Land endet und das andere beginnt. Selbst wenn wir die Ziele des Pariser Klimaschutzabkommens von 2015 einhalten sollten, wird im Jahr 2100 weltweit die Hälfte aller Gletscher verschwunden sein. Derzeit sieht es eher danach aus, dass über zwei Drittel verloren gehen werden. Manche Wintersportorte in den Alpen wenden Unsummen auf, um ihre Gletscher jeden Sommer einzupacken; sie legen Millionen Quadratmeter weißen Stoff über das Eis, um den Schmelzvorgang zu verlangsamen und den Gletschern noch ein paar Winter abzutrotzen. Dennoch werden wir eines Tages in nicht allzu ferner Zukunft nur noch Wintersportorte außerhalb der Saison haben.

Tief besorgt lege ich mich schlafen. Morgen früh werden wieder die Hubschrauber kreisen. Wenn Gletscher die Erinnerungen an vergangene Winter sind, stehen wir kurz davor, unfassbar viel zu vergessen.

Ich habe die Hochalpen mit ihren klassischen Gipfeln aus Schnee und Fels und ihren blassbraunen Kühen hinter mir gelassen. Ich habe die Fichten hinter mir gelassen, die von Wacholder und Kiefern abgelöst wurden, die scharf und harzig riechen und deren Wurzeln sich wie versteinerte Rinnsale über den glatt geschliffenen, sandigen Fels schlängeln. Diese Gegend hier fühlt sich deutlich mediterraner an. Andere Geländeformen, eine vertrautere Flora, ein Klima und die Art, wie das Licht auf den blassen, kalkhaltigen Stein fällt, die Slavc tief in seinem Inneren wiedererkannt haben muss.

Die deutsche Sprache ist verschwunden, an ihrer Stelle radebreche ich nun in meinem konfusen, bruchstückhaften Italienisch. Schluss mit Nudeln und Schnitzel. Als Slavc den Ort Caviola passiert hat, war Valentinstag. Die Häuser sind noch immer im alpinen Stil gehalten – mehrere Etagen hoch, Spitzdächer wegen des Schnees, Holzbalkone, in deren Bretter Herzen geschnitzt sind, geschmückt mit den allgegenwärtigen Geranien –, aber gleichzeitig sind wir unübersehbar in Italien. Slavc ist von hier aus nach Süden gegangen, vorbei an dem Dorf Gares und dann über den Monte Palalada und den Grat an der Ostseite des Tals. Nach langem Zögern beschließe ich, seinem Weg zu folgen. Auf der Karte ist der Pfad als *percorso pericoloso* gekennzeichnet. Er ist gerade so breit, dass man darauf gehen kann, und führt steil den Berghang hinauf, schlängelt sich über ein trockenes Bachbett nach dem anderen. Ich stapfe hinauf, mir ist schwindlig von der Höhe, und ich bin prächtiger Laune, sobald ich vergesse, Angst zu haben. Hier oben sehe ich zum ersten Mal seit Langem wieder Buchen, die sich in diesem milderen Klima sichtlich wohler fühlen. Mittlerweile haben sie den oberflächlichen Glanz des Frühlings verloren und sind von der Hitze erschöpft. Es fühlt sich wie ein Wiedersehen mit einem alten Freund an, und ich frage mich, wie es wohl für Slavc war, wieder Bäume um sich zu haben wie jene, inmitten derer er aufgewachsen war. Vielleicht beschlich ihn eine Ahnung, dass er nun endlich einen Ort erreicht hatte, der so etwas wie ein Zuhause sein könnte.

Nachdem er zwei Monate lang unterwegs gewesen war, wurde er hier zum ersten Mal langsamer, kam in den Mulden zwischen den Gipfeln zur Ruhe. Am 18. Februar riss er ein Reh und trieb sich dann in einem Gebiet herum, das auf der Karte die Bezeichnung *Piani Eterni* trägt – die »ewigen

Ebenen«. Hier fand er dichte Wälder und Rotwild und Gämsen im Überfluss. Eine Gegend, weit abgeschieden von allem. Vielleicht spielte er hier zum ersten Mal, seitdem er seine Heimat verlassen hatte, mit dem Gedanken zu bleiben. Vielleicht hatten die Buchen etwas in ihm zum Klingen gebracht. Vielleicht war er aber auch einfach nur entmutigt und entkräftet und nicht mehr in der Lage, sich weiter durch den unerbittlichen Schnee zu kämpfen. Er blieb lange in großer Höhe, was ungewöhnlich für ihn war, und kehrte dann zurück, um von dem zu fressen, was von seiner Beute noch übrig war. Danach riss er das nächste Tier. Und dann, nachdem er rund zehn Tage lang durch die hiesigen Berge gestreift war, machte er sich wieder auf den Weg, diesmal nach Südwesten.

Die Sonne brennt nur so herab, in der Luft liegt der Geruch von Kiefern und Kräutern. Ich kann nicht so viel Wasser mitnehmen, wie ich brauchen werde. Von Col di Prà geht es fast zweitausend Meter auf die Hochebene der Pale di San Martino hinauf. Der Weg führt durch das Vallone del Miel (»Tal des Honigs«), von dem aus man eine weite Sicht zurück auf die unterhalb liegenden, bewaldeten Täler hat. Der salzige Schweiß rinnt mir in die Augen, mein T-Shirt klebt mir am Rücken. Alle Bäche, die auf der Karte verzeichnet sind, sind ausgetrocknet. Ich bin vollkommen dehydriert. Als ich die Baumgrenze überschreite, gelange ich in eine Mulde, die einem Amphitheater gleicht und in der dicht und hoch das Gras steht. Überall Schmetterlinge, schwarz glänzend mit großen, weißen Punkten, unzählige, hell leuchtende Wildblumen, und nirgendwo ein Fleckchen Schatten. Ich muss Wasser finden.

Klatschnass stehe ich im gnadenlosen Licht der Sonne. Ab hier wird der Weg noch steiler, quert ein Feld aus Felsbrocken, die von den oberhalb liegenden Wänden herabgestürzt sind, als wäre die Welt noch im Entstehen begriffen. In der Hitze gewinnen die Steine eine unfassbare Präsenz. Die senkrechte Felswand vor mir sieht aus wie die Mähne eines Löwen, ihre Farben scheinen zu zerfließen. Ich bemerke, dass der Fels an einer Stelle dunkler gefärbt ist. Ich klettere hinauf. Wasser fällt vom Himmel. Ein unbegreifliches Wunder. Es plätschert in Tropfen herab, und ihm entgegenzublicken, wie es herabfällt, ist wie nachts durch einen Schneesturm zu fahren. Ich halte meine Tasse darunter, höre, wie es auf das Emaille tröpfelt. Auf meiner bloßen Haut fühlt sich das Wasser köstlich an. Es dauert über eine Stunde, bis ich meine Flasche, Tasse für Tasse aus dieser Regenwand schöpfend, gefüllt habe. Die Schönheit dieses Augenblicks ändert nichts an der grundlegenden Tatsache, dass hier alles hoffnungslos, ja schmerzlich trocken ist.

Als ich das Hochplateau erreiche, ist meine Haut glitschig vom Schweiß. Das Plateau gleicht einer Mondlandschaft, der Weg ist durch Steinmännchen markiert, die sich aus dem herumliegenden Bruchgestein erheben. Abgesehen von ein paar kleinen Blumen – blasslilafarbene Alpenglöckchen, blauer Enzian und hellgelbe Mohnblumen – ist alles von schmutzigem Grau oder Braun. Der See, der auf meiner Karte verzeichnet ist, ist so weit geschrumpft, dass er nur noch wenige Zentimeter tief ist. Ich lege mich hinein – ein warmes Bad. Ein Grüppchen Gämsen, das auf einem Felsvorsprung steht, beäugt mich ungerührt, aber misstrauisch. Ein Stück weiter gibt es einen kleinen Gletscher, der jetzt von der Sonne geradezu gebraten wird. Ich husche hin und her, den ganzen Nachmittag kreuz und quer über das Plateau. Noch nie habe ich etwas Vergleichbares gesehen. In jeder Richtung türmen sich am Horizont ungestüme, gezackte Gipfelaufbauten. Am ansonsten vollkommen blauen Himmel steht ein rötlicher Mond.

Den ganzen Nachmittag habe ich am Rand des Plateaus immer wieder eine Hütte gesehen. Jetzt schillern ihre nach Westen hin gelegenen Fenster im Licht der untergehenden Sonne. Weiter unten bilden sich Wolken und ziehen durch das Tal. Überall in den Dolomiten bin ich auf Kreuze gestoßen, die auf Felsvorsprüngen an den aberwitzigsten Stellen standen und sich gegen den Himmel abzeichneten; sie schienen allerdings eher die Existenz jener zu bezeugen, die sie hinaufgetragen hatten, als die Existenz Gottes. Die Hütte ist die moderne Entsprechung des Kreuzes; sie verspricht Erlösung und überrascht damit, dass an diesem gottverlassenen Ort mitten in der Wildnis entgegen aller Wahrscheinlichkeit etwas errichtet wurde.

Als ich die Hütte erreiche, ist es schon fast dunkel. Im Abendwind flattert die italienische Flagge. Die Temperatur ist dramatisch gefallen, doch als ich die Tür der Hütte öffne, schlägt mir eine Hitzewoge entgegen. Der Holzofen lodert. Alle Tische sind besetzt. Ich habe den ganzen Tag keinen Menschen gesehen, weil alle *hier* sind. Ein regelrechter Schock. Drahtige Wanderer, die allein unterwegs sind, Paare, die klettern gehen wollen und planen, um fünf Uhr morgens aufzubrechen, um einen bestimmten Gipfel zu erklimmen, Gruppen von Männern mit großen Biergläsern vor sich, Familien, bei deren Anblick ich meine eigene vermisse. Die Frau hinter der Theke hat noch einen Schlafplatz für mich und bringt mir einen Teller Eintopf und einen Krug Wein. Es gibt gute und schlechte Berghütten, und manche verströmen ein Gefühl von Wärme und Geschichten. Diese hier ist so eine.

An dem Tisch, an dem ich sitze, reden alle über den Marmolata-Gletscher. Alle Wege, die zu ihm führen, sind gesperrt, und manche Politiker und Klimaforscher sprechen sich dafür aus, dass das so bleibt. In einer immer streitsüchtigeren Gesellschaft stellen die Bürgermeister in den Gemeinden die Frage, wer für das Unglück verantwortlich ist.

»Die sollen mich am Arsch lecken«, sagt ein Mann, der mir gegenübersitzt, auf die saftige Art, wie Italiener das können. »Einen Berg sperren – so was hat's doch noch nie gegeben.« Er ist um die fünfzig, kahlrasierter Schädel, ein Ohrring. Mit seiner spannungsgeladenen Energie füllt er die ganze Gaststube, wie ein Vogel, der sich in einen Innenraum verirrt hat. Er ist Bergführer und kannte zwei der Opfer. »Die Österreicher sagen, wir sollen nur im Frühling klettern gehen. Aber die haben keine Ahnung.«

»Das waren alles erfahrene Bergsteiger«, wirft eine Frau ein. Sie hat den sehnigen Körper und den durchdringenden Blick einer Kletterin, eines Menschen, der sich wohlfühlt, wenn er seiner Angst ins Auge blickt. »Die sind da nicht mit Flip-Flops hochgegangen.«

»Im Himalaya gibt es heilige Berge«, sagt ein anderer. »Vielleicht gibt es auf der Welt Orte, die wir in Ruhe lassen sollten.« Möglicherweise, so denke ich mir, braucht es genau das: eine Natur, die so unbeständig geworden ist, dass wir ihr wieder mit Ehrfurcht begegnen.

Der Bergführer dreht sich eine Zigarette und wirft dem Mann einen skeptischen Blick zu. Gletscher haben schon immer Menschenleben gefordert. 1802 verlor die erste Seilschaft, die die Marmolata bestieg, eines ihrer Mitglieder, einen Pfarrer. Er stürzte in eine Gletscherspalte. Seine Leiche wurde nie gefunden. Damals wurden die Wege auf die Marmolata nicht gesperrt, so wie sie seit Anbeginn der Zeiten noch nie gesperrt wurden.

»Draghi hat gesagt, dass so etwas nie wieder passieren

wird«, sagt der Bergführer, als er aufsteht, um zum Rauchen nach draußen zu gehen. »Wie will er das denn verhindern? Sie haben unseren Planeten aufgeheizt, und alles ist gefährlicher geworden. Wollen sie uns jetzt etwa auch noch die Berge nehmen?«

»Da oben bist du ganz allein und musst auch die Entscheidungen allein treffen«, entgegnet die Kletterin.

Und ich denke mir: Dasselbe gilt für uns hier unten.

Früh am nächsten Morgen verlasse ich die Hütte und steige hinab ins Tal.

Am letzten Februartag kam Slavc durch Imèr, noch immer auf der Suche nach dem Ort, zu dem sein Herz ihn zog. Immer noch ein Stückchen weiter nach Süden. Der Name Imèr kommt vom lateinischen *imus*, »unterster, am tiefsten gelegener«. Der Ort liegt am Ende eines schmalen Tals und ist auf allen Seiten von Gipfeln umgeben, und als ich ihn erreiche, schmort er in der Sonne. Die Kirschen platzen, und die Feigen sind schon fast so weit. Die Aprikosen haben eine kräftige Farbe und sind reif, und auch die Walnüsse brauchen nicht mehr lange.

2011, als Slavc noch in Slowenien war, haben sich in Imèr 200 Menschen zu einer Zusammenkunft versammelt, die die Zeitungen als Bärenfestmahl beschrieben. Es gab Bärenfleisch, gegrillt oder als Eintopf – eine sehr italienische Form des Protests. Die hundert Kilo Fleisch – etwa ein Drittel eines Bären oder Fleisch für achthundert Hamburger – stammten vermutlich aus Slowenien; doch als die Polizei einen Hinweis erhielt und die Party auflöste, stellte sie eine bemerkenswerte Abwesenheit von Einfuhrpapieren fest. (Obwohl Slowenien seit seinem EU-Beitritt der Fauna-Flora-Habitat-Richtlinie unterliegt, ist dort der kontrollierte Abschuss von Bären weiterhin erlaubt, um die Population – eine der dichtesten der Welt – zu regulieren.)

Der Bär gehört zu den drei großen Fleischfressern, die in Europa heimisch sind. Dass Teddy Roosevelt einem Stoffbären seinen Namen gab, bescherte dem Bären die beste PR, die man sich nur wünschen kann, und er war in jedem Kinderbettchen gern gesehen (so wie natürlich auch Goldlöckchen aus dem Märchen »Goldlöckchen und die drei Bären«, aber mit Goldlöckchen wurde man nie so recht warm), doch er ist von den dreien auch der unberechenbarste. So wie der Wolf war auch der Bär am Ende des 20. Jahrhunderts im Alpenraum so gut wie ausgerottet, hier im Trentino jedoch ist die Bärenpopulation seitdem ständig gewachsen und lag 2011 bei 35 Tieren. Vieh wurde gerissen, Bienenstöcke wurden ausgeraubt, die Honigrahmen lagen verstreut in den Wäldern wie Verpackungen von Essen zum Mitnehmen. Das Bärenfestmahl war von der rechtspopulistischen Partei Lega Nord organisiert worden, an deren Spitze 2013 Matteo Salvini treten sollte. Schon damals war die Partei geschickt darin, Schlagzeilen zu produzieren und die Wut politisch rechts stehender Menschen zu entfachen.

Vermutlich verspürt man ein gewisses Kribbeln, wenn man sich durch das gegrillte Stück Fleisch eines Tieres arbeitet, das vom Aussterben bedroht ist – als hätte ein solches Mahl tatsächlich Einfluss auf den Bestand. Bärenfleisch hat vermutlich auch etwas vom Herz eines Löwen an sich; vielleicht fühlt man sich dabei wie ein Jäger, der sich die Lebenskraft und den Geist eines Tieres einverleibt. Ähnlich wie beim Wolf ist es beim Bären keineswegs ein Widerspruch, ihn zu hassen und zugleich mit ihm verschmelzen zu wollen.

In Alaska habe ich einmal Bärenfleisch gegessen. Dabei wollte ich mir allerdings nicht den Geist des Bären einverleiben, sondern nur höflich sein. Nach der allgemeinen Meinung schmeckt Bärenfleisch nach dem, was der Bär gefressen hat, und das kann so ziemlich alles sein. Erwischt man einen, wenn gerade die Beeren reif sind, schmeckt er vielleicht angenehm fruchtig, doch oftmals erinnern Bären uns daran, warum wir Menschen in der Regel keine Fleischfresser verzehren: Ihr Fleisch hat einen penetranten, sandigen und säuerlichen Geschmack. Doch bei dem Festmahl in Imèr ging es nicht um Kulinarik. Maurizio Fugatti von der Lega Nord, der damals an dem Bankett teilnahm, teilte der Presse in kämpferischen Worten mit, das Mittagessen solle »ein klares Signal an die Bürger senden, dass sie ein Recht darauf haben, sich ihren Lebensraum zurückzuerobern und sich frei zu bewegen«. Und um die Bevölkerung zu retten, habe man beschlossen, die Bären zu essen. »Wir konnten deutlich machen, worauf es uns ankommt«, schloss er, als die Teilnehmer unter den Augen der Carabinieri das rohe Fleisch wieder in die Kühltaschen packten, in Erwartung eines aufgeklärteren Zeitalters.

Zwölf Jahre später ist Fugatti Präsident der autonomen Region Trentino-Südtirol, in der ein Großteil der Dolomiten liegt, und noch immer hat man dort nicht genug Bären gegessen. Die in der Region heimische Population umfasst derzeit über hundert Tiere. Einst lebte der Braunbär in ganz Europa (und bis etwa zur Zeit von Jesus Christus auch in Großbritannien). Fugatti zufolge gerät der Bestand außer Kontrolle und muss um bis zu siebzig Tiere dezimiert werden – durch Tötung oder Verbringung in andere Gegenden. Doch diese Zahl muss man, wie einen Bären, *cum grano salis* genießen. Eine Studie aus dem Jahr 2003 nennt einen Bestand von fünfzig bis neunzig Bären im Trentino »das Minimum für eine erfolgreiche Wiederansiedlung«.

Die Kluft zwischen beiden Seiten hat sich mittlerweile zu einem hinreichend bekannten Kulturkampf entwickelt, aber zwischen Wolf und Bär gibt es einen entscheidenden Unterschied. Der Bär neigt zum Schlafen, so wie der Wolf zum Wandern neigt. Bären leben allein und bewegen sich vergleichsweise schwerfällig fort, wandern weitaus seltener ab, und wenn, dann über kürzere Strecken. Daher befand die EU um die Jahrtausendwende, dass sie ein wenig Unterstützung brauchen. Im Lauf von zehn Jahren wurden in Slowenien zehn Exemplare gefangen und nach Italien gebracht. Im Sinne des Bestandsschutzes war das ein großer Erfolg. Doch zwischen Wölfen und Bären besteht noch ein weiterer schwerwiegender Unterschied. Denn am 5. April 2023 griff ein Bär namens JJ4 fünfundsechzig Kilometer nordöstlich von hier den sechsundzwanzigjährigen Andrea Papi an und verletzte ihn tödlich.

Die Geschichte der Familie von JJ4 hat in ihrer Tragik etwas Opernhaftes, und dieser letzte Akt hat Italien in Hinsicht auf den Umgang mit wilden Tieren wieder einmal gespalten. »Keine Kapitulation, keine *Koexistenz*«, lautet nur eine der Parolen. Aus einem bestimmten Blickwinkel betrachtet, kann es als Irrsinn erscheinen, in einer dicht bevölkerten Region, die bei Touristen und Wanderern beliebt ist, einen großen, unberechenbaren Fleischfresser wiederansiedeln zu wollen. Wer dabei um die eigene Sicherheit besorgt ist, kann spätestens seit dem genannten Vorfall nicht mehr als hysterisch bezeichnet werden. Der Tod von Andrea Papi hat die Überzeugung gestärkt, dass diese Tiere mit gutem Grund fast ausgerottet wurden und sich an diesem Zustand auch nichts ändern sollte.

2001 wurde Jurka, die damals achtjährige Mutter von JJ4,

»ein prächtiges, neunzig Kilo schweres Exemplar«, von Slowenien in die Dolomiten gebracht. Dort begegnete sie Jože, der ein Jahr zuvor von Slowenien nach Italien verbracht worden war. Sie bekamen insgesamt fünf Junge; eines davon, JJ1 (Jurka Jože 1), wurde auch unter dem Namen Bruno bekannt. Im Sommer 2006 streifte Bruno im Grenzgebiet zwischen Österreich und Deutschland herum, und als er Bayern betrat, war er der erste Bär seit 170 Jahren, der Deutschland mit seinem Besuch beehrte. Kurz darauf fand in Deutschland die Fußballweltmeisterschaft statt, aber dennoch fanden die Medien Zeit, sich für den Bären zu begeistern. Die Zeitungen berichteten von jeder Sichtung, doch nachdem Bruno zwei Wochen lang Hühner und hin und wieder ein Schaf gerissen und jene an der Nase herumgeführt hatte, die ihm auf der Spur hätten bleiben sollen, erteilte das bayerische Umweltministerium eine Abschussgenehmigung. Bären seien in Bayern durchaus willkommen, so ein Beamter in wenig herzlichem Ton, nur dieser spezielle Bär benehme sich eben nicht anständig. Bruno hatte keine Menschen angegriffen, wirkte aber beängstigend unerschrocken. Filmaufnahmen zeigten, wie er um Mitternacht vor der Polizeiwache in Kochel am See herumfläzte und sich an Honig gütlich tat, den er in der Nähe geräubert hatte, und selbstzufrieden rülpste.

Ein Trupp aus drei Jägern fackelte nicht lange. Am Montag, den 26. Juni 2006, um 4:50 morgens wurde Bruno in der Nähe der Rotwand in den bayerischen Voralpen erschossen. Bei der WM wurde Deutschland nur Dritter, und der einzige Bär auf deutschem Boden war erschossen worden. Die italienische Regierung verlangte die Herausgabe des Kadavers, doch die bayerische Staatsregierung lehnte dies ab, da er sich auf bayerischem Gebiet befinde. Heute steht Bruno ausgestopft im Museum Mensch und Natur in München. Die Darstellung zeigt ihn, wie er aus einem Bienenstock Honig räubert; auf seiner Schnauze sitzen kleine Bienenattrappen. Heike Finke vom Naturschutzbund NABU sagte damals verärgert, wenn sie in Entwicklungsländern Vorträge über den Schutz von Elefanten und Tigern halte, sei sie nicht besonders glaubwürdig, wenn der einzige in Deutschland lebende Bär erschossen werde. Ob der ausgestopfte Bruno ein Zeichen der Hoffnung sein soll oder eine Warnung an andere, die versuchen könnten, abseits der sicheren und legalen Wege nach Deutschland zu kommen, ist nicht ganz klar.

Hatte Bruno diese Unerschrockenheit von seiner Mutter gelernt? Jurka zog ihre Jungen alleine groß. Sie ernährte sich fast ausschließlich von Fleisch und ließ sich von Menschen nicht im Geringsten stören, was beides für einen Bären durchaus ungewöhnlich ist. Wahrscheinlich hatte ihr jemand Futter gebracht, weshalb sie dann Menschen mit Futter assoziierte. Aber wie sagt man? *A fed bear is a dead bear* – ein Bär, der Futter bekommt, ist ein toter Bär. Brachte Jurka ihrem Nachwuchs bei, dass man keine Skrupel zu haben braucht, wenn man sich ein paar Hühner schnappt? Alle ihre Jungen waren ungewöhnlich waghalsig, eine ganze Familie von Pionieren. JJ2 war der erste Bär in der Schweiz seit hundert Jahren, bis er 2005 verschwand. Auch JJ3 wanderte in die Schweiz, fügte sich dort aber gleichfalls nicht recht ein, und nachdem er im Frühjahr 2008 einfach zu viele Mülltonnen und Bienenstöcke geplündert hatte, wurde auch er von Jägern aus dem Verkehr gezogen. Seine letzte Schandtat war angeblich der Diebstahl eines Kuchens, der zum Abkühlen auf einem Fensterbrett stand – das typische Verbrechen eines Landstreichers. Wenn sich ein Bär nicht so benimmt, wie er sollte – wenn er nicht genug *Wildtier* ist –, führt das schnurstracks zu einem Todesurteil. 2012 befanden die Behörden, dass JJ5 sich zu nahe an menschlichen Siedlungen aufhielt, und man beschloss, ihm ein Halsband mit Sender anzulegen. Er starb, während er betäubt war.

All das hat etwas furchtbar Unbeholfenes. Bären und Menschen sind gleichermaßen ratlos und versuchen, miteinander auszukommen. Die JJ-Familie wurde mehr oder weniger ausgelöscht. Jurka wurde in einen Bärenpark im Schwarzwald abgeschoben; ihre Schuld bestand darin, verzogene Kinder zu haben und sich nicht ausreichend vor Menschen zu fürchten. »Sie hat einiges an Gewicht zugelegt«, schrieb eine Lokalzeitung damals. Sie ist bis heute in dem Park und hat auch eine eigene Kolumne. Immer wieder hat sie versucht zu entkommen. »Ihr Freiheitsdrang ist ungebrochen«, sagt Bernd Nonnenmacher, der Direktor des Bärenparks. »Und das wird auch immer so bleiben.«

Damit kommen wir zu JJ4, dem letzten noch lebenden von Jurkas Jungen. An einem sonnigen Nachmittag im April verließ Andrea Papi in seinem Heimatort Caldes das Haus, um wie gewohnt im Wald am Fuße des Monte Peller joggen zu gehen. Als er zum Abendessen nicht zurück war, benachrichtigte seine Freundin die Polizei. Man fand seine Leiche im Wald, mit klaffenden Wunden an Hals, Brust und Armen. Ein blutverschmierter Ast, der in der Nähe gefunden wurde, legte nahe, dass er versucht hatte, sich zu verteidigen, und die DNA-Spuren auf dem Ast stellten eine Verbindung zu JJ4 her, die nur neun Jahre jünger als Papi war. Nachdem vierzig Jäger ihr zwei Wochen lang nachgestellt hatten, lockte man sie mit einer Menge Obst in eine Röhrenfalle, trennte sie so von ihren drei Jungen und brachte sie in ein gesichertes Gehege, wo man sie festhielt, während die Behörden über ihr Schicksal berieten. In den zwanzig Jahren zuvor waren in Italien sieben Menschen von Bären angegriffen worden, bis 2023 jedoch nie mit tödlichem Ausgang. Der tödliche Angriff auf Andrea Papi ist der erste seiner Art in Westeuropa in jüngerer Zeit. (In Osteuropa sieht es dagegen ganz anders aus. In Rumänien, wo mehr Braunbären leben als in irgendeinem anderen europäischen Land, kamen in den letzten zwanzig Jahren sechsundzwanzig Menschen durch Bären zu Tode.)

Anders als der Rest ihrer geplagten Familie hatte JJ4 ihre Geburtsregion im Trentino nie verlassen, war jedoch zum Zeitpunkt des Überfalls auf Papi den Behörden bereits bekannt. 2020 hatte sie an derselben Stelle zwei Wanderer angegriffen und ihnen die Beine zerfleischt. Ein Verwaltungsgericht hatte ihren Abschuss angeordnet, doch nach Protesten von Tierschutzverbänden und dem Einschreiten des italienischen Umweltministers wurde ihr Aufschub gewährt. Im August desselben Jahres griff sie zwei Förster an, zwei Jahre später einen Fahrradfahrer. Doch sämtliche Vorstöße, das Tier aus dem Verkehr zu ziehen, wurden vereitelt. Vielleicht stärkte die Tatsache, dass drei ihrer Geschwister tot waren, die Entschlossenheit jener, die der Ansicht waren, man müsse sie, die Letzte ihrer Familie, schützen. Zur Vorsicht versah man JJ4 mit einem Sendehalsband, sodass man sie verfolgen konnte. 2023 waren die Batterien leer.

In zahlreichen Ländern würde ein Tier, das einen Menschen angegriffen oder sogar getötet hat, sofort erlegt werden. Bei einem Hund stünde das außer Frage. Doch eine Woche nach Papis Tod, nachdem Tierschutzgruppen Rechtsbehelf eingelegt hatten, ordnete ein örtliches Verwaltungsgericht an, dass die Vollstreckung des von Fugatti erwirkten Todesurteils aufgeschoben wurde. Weitere Berufungen folgten, und so ist JJ4 bis jetzt viermal dem Tod entkommen. Derzeit ist vorgesehen, dass sie den Rest ihrer Tage hinter Gittern in einem Auffanglager in Ostdeutschland verbringt.

Die Gegner von Fleischfressern haben Papis Tod für ihre Zwecke instrumentalisiert. »Wenn ich könnte, würde ich sie gleich morgen erschießen«, schwadronierte Fugatti und plädierte für die sofortige Tötung der Hälfte aller im Trentino lebenden Bären. »Fröhliche Ostern!«, schrieb mir ein italienischer Aktivist, als er mir über WhatsApp nur wenige Stunden nach dem Angriff die ersten Medienberichte schickte. Doch auch Papis Mutter sieht nicht die Bärin als die Schuldige und stimmt auch nicht mit den Gerichtsbeschlüssen überein, die den Tod des Tieres anordnen. Wer aber hat dann Schuld? Jene, die die Wiederansiedlung der Bären geplant haben, die Verantwortlichen eines Naturschutzprojekts, das jetzt erfolgreicher ist, als ihm guttut? Oder die Politiker, die das Problem politisch ausgeschlachtet haben, anstatt der Öffentlichkeit zu erklären, wie wir mit einem sich wandelnden Ökosystem koexistieren können? Oder die Tierschutzaktivisten, die felsenfest davon überzeugt sind, dass jedes Leben heilig ist, und daher nicht die Tötung eines Tieres in Kauf nehmen wollen, das offensichtlich eine Gefahr darstellt? »Ein junger Mann ist ums Leben gekommen, weil es uns nicht gelungen ist, diesen Bären zu erledigen«, sagt Claudio Groff, der Koordinator des Bereichs Großraubwild der Autonomen Provinz Trient. Fest steht jedoch: Wo es keine unberührte Wildnis mehr gibt, ist es an uns, die Urteile zu fällen. 2024 erwirkte Fugatti erfolgreich den Abschuss zweier Bären, M90 und KJ1, des Ersteren, weil er sich mehrfach Menschen und Wohngebieten genähert hatte, des Letzteren, weil er einen Wanderer verletzt hatte. Beide Hinrichtungen waren so umstritten wie alle zuvor.

Mir scheint, wir müssen uns darüber klar werden, dass es bei der Wiederherstellung natürlicher Ökosysteme immer auch um diese Aspekte gehen muss. Selbstredend sollten wir die Risiken so gut managen, wie es uns möglich ist, aber eine solche Wiederherstellung bedeutet auch, dass das natürliche Leben wieder mitmischt, und zwar nach seinen eigenen Vorstellungen. Wie ich in Alaska erlebt habe, wissen Menschen, die schon immer mit Wildtieren koexistiert haben, dass das nicht auf die leichte Schulter genommen werden darf. »Das Problem mit großen Fleischfressern«, hatte Hubert Potočnik in Slowenien gesagt, »besteht darin, dass die Leute sie entweder streicheln oder umbringen wollen. Aber weder das eine noch das andere trägt dazu bei, dass sie in einer vom Menschen dominierten Natur überleben.«

Ich betrachte die Fotos von JJ4, die die Boulevardblätter marktschreierisch präsentieren. Die Wörter, mit denen sie beschrieben wird – »brutal«, »mordlustig« –, suggerieren böswilliges, kalkuliertes Handeln. Ich blicke ihr in die Augen. Du hast einen Menschen umgebracht, denke ich. Aber da gibt es nichts zu sehen. Ich sehe einfach nur einen Bären.

Dass sich das Image des Wolfs in den vergangenen Jahren gewandelt hat, liegt auch an der immer wieder vorgebrachten Behauptung, dass ein Wolf, zumindest ein gesunder, nie einen Menschen töten würde. Für das Nordamerika des 20. Jahrhunderts trifft das zu, und weil ein Großteil der Wolfsforschung in den USA stattfindet, wurde dieses Denken weltweit übernommen. Zwar gab es etliche kleinere Vorfälle – Wölfe haben Menschen gebissen, nach ihnen geschnappt, sie verfolgt und anderweitig bedroht, und ihre Opfer waren Wanderer, Radfahrer, Biologen und kleine Kinder –, doch all das wurde vom herrschenden Narrativ mehr oder weniger unterdrückt. Obwohl alles auf das Gegenteil hindeutet, gibt es noch immer Menschen, die die Wahrheit nicht sehen wollen. Großmutter, warum hast du so große Augen?

Dann wurde 2005 in einem entlegenen Winkel in der kanadischen Provinz Saskatchewan der zweiundzwanzigjährige Kenton Carnegie bei einem Abendspaziergang in der Nähe einer Bergarbeiterunterkunft getötet und teilweise gefressen. Die kognitive Dissonanz war so groß, dass man den Angriff eines Wolfs ausschloss und zunächst einen Schwarzbären als den Schuldigen ausmachte, obwohl erst kurz zuvor an der offenen Müllhalde der Unterkunft Wölfe auf der Suche nach Futter gesehen worden waren und der Schnee um die Leiche herum Wolfsspuren aufwies. Die Überzeugung, dass Wölfe keine Gefahr darstellen könnten, war so unerschütterlich, dass ein zuvor erfolgter Testangriff auf andere Bewohner der Unterkunft nicht als die Warnung erkannt worden war, die er hätte sein sollen. Der Gerichtsmediziner kam zu dem Schluss, der Angreifer sei wahrscheinlich ein Wolf gewesen, doch zahlreiche Stimmen weigerten sich, das zu glauben. »Was hat Kenton Carnegie getötet?«, fragt der kanadische Biologe Valerius Geist. Seine Antwort: »Der Mythos, dass Wölfe keine Menschen angreifen.«

Denn sie greifen sehr wohl Menschen an. 2010 ging Candice Berner, Lehrerin in der Alutiiq-Gemeinde Chignik Lake auf der Alaska-Halbinsel, nach der Arbeit joggen und kehrte nie wieder zurück. Vier andere Dorfbewohner fanden, als sie am Abend nach Hause fuhren, Blutspuren im Schnee. Sie entdeckten Berners Leichnam im Graben abseits der Straße, wohin er offenkundig gezerrt worden war. DNA-Spuren ließen darauf schließen, dass die Angreiferin eine Wölfin »in hervorragendem körperlichem Zustand« gewesen war (was bedeutete, dass sie nicht von nagendem Hunger zu der Tat getrieben worden war), und vermutlich waren auch noch etliche andere Tiere ihres Rudels beteiligt. Damit wurde zum ersten Mal durch DNA-Spuren nachgewiesen, dass ein Wolf in die Tötung eines Menschen verwickelt war. »Wölfe sind jetzt nicht gefährlicher, als sie es vor diesem Unfall waren«, stellte der Bericht über den Vorfall fest. »Die Menschen sollten sich nicht unnötig Sorgen machen.« Aber erklären Sie das den Menschen mal.

Die führende wissenschaftliche Autorität in diesen Dingen ist John Linnell, Hauptautor zweier Artikel, die Angriffe von Wölfen auf Menschen von den ersten belegten Fällen bis in die Gegenwart dokumentieren. Ob in Russland oder Indien, in Iran oder in Norwegen, »es kann keinen Zweifel geben, dass Wölfe bisweilen Menschen angegriffen und getötet haben«. Der Historiker Jean-Marc Moriceau hat die Sterberegister von Gemeindearchiven durchforstet und dabei ermittelt, dass in Frankreich zwischen 1571 und 1920, als der Wolf ausgerottet wurde, rund 5400 Menschen einem Wolf zum Opfer gefallen sind. Er schreibt diese Vorfälle vor allem den gesellschaftlichen Umständen jener Jahrhunderte zu, in denen etwa Kinder in der Nähe schrumpfender Wälder Schafe hüteten. In der Po-Ebene südlich der Dolomiten gab es in den vierhundert Jahren vor 1825 112 Angriffe von Wölfen, bei denen 77 Menschen ums Leben kamen. Nach 1825 dann keinen einzigen mehr. Wälder und Wölfe waren verschwunden.

Die meisten der Angriffe, die Linnell dokumentiert hat, wurden von tollwütigen Tieren verübt. Die Tollwut ist eine grauenhafte Erkrankung; nach einer Inkubationszeit von mehreren Wochen oder sogar Monaten bricht ein Fieber aus, begleitet von einem Kribbeln an der Bisswunde, und dann folgen zahlreiche schreckliche und bizarre Symptome, darunter Hyperaktivität, Angst vor Wasser und Aerophobie (krankhafte Angst vor Wind), bis irgendwann das Herz zu schlagen aufhört. Bis zu Louis Pasteurs Entdeckungen Ende des 19. Jahrhunderts war der kräftige Biss eines tollwütigen Tieres unweigerlich ein Todesurteil. Heute sterben trotz moderner und effektiver Behandlungsmethoden noch immer jedes Jahr 50 000 Menschen an der Krankheit.

Hauptsächlich wird die Tollwut innerhalb der Familie der Hunde *(Canidae)* übertragen, also etwa zwischen Füchsen, Schakalen, Haushunden und Wölfen. Die lateinische Bezeichnung für die Tollwut, *rabies*, stammt vom Sanskritwort *rabhar*, »Gewalt antun«. Tollwütige Wölfe, so Linnell in seinen Arbeiten, durchleben »eine außergewöhnlich schwere Phase der ›Raserei‹«. Sie rennen Fahrzeugen hinterher, schlagen ihnen die Hecklichter ab und knabbern an der Karosserie herum. »Im Januar wurde von einem aggressiven Wolf berichtet«, heißt es in einer Veröffentlichung des Amtes für Fischen und Jagen in Alaska aus dem Jahr 2002. »Als die […] Polizei eintraf, griff der Wolf das Polizeiauto an, biss einen Reifen durch und zerbeulte mit den Zähnen eine Stoßstange.« Tollwütige Wölfe zerstören ihre eigenen Familien. Der Biologe Richard Chapman berichtet von einem befallenen Wolf, der sich mit mehreren anderen aus seinem Rudel einen Kampf lieferte. »Dieser Wolf wurde erschossen, als er sich dem Verfasser näherte«, schreibt Chapman in einer Zeit, als Wissenschaftler noch Wissenschaftler waren. »Innerhalb von vier Wochen waren mindestens sechs weitere Tiere des Rudels tot.«

Wenn man Berichte über Angriffe von Wölfen auf Menschen liest, wird klar, wie entsetzlich solche Attacken oft waren. Die *Annales Cambriae*, eine mittelalterliche Chronik von Wales, berichten davon, dass im Jahr 1166 in Kermerdin achtzehn Männer von einem tollwütigen Wolf gebissen wurden und »fast alle kurz darauf verstarben«. Es gibt Berichte von Angriffen, bei denen bis zu vierzig Menschen verletzt wurden. Um nur ein Beispiel aus Mitteleuropa zu nennen: 1756 überfiel ein Wolf das französische Dorf Salernes und griff zwölf Menschen und ein Schwein an. Das Ausmaß der Verletzungen reichte von einem Biss ins Fußgelenk bis hin zu »das Gesicht, den Kopf und den Hals abgerissen«. In den Monaten nach der Attacke starben mindestens sechs der Opfer. »Wie diese beiden Kinder zu Tode gekommen sind, ist schauderhaft«, schrieb der Pfarrer des Ortes. »Joseph Dauphin weigerte sich zu essen und zu trinken; immer wieder wurde er von Anfällen gepackt und versuchte, die Menschen zu beißen. [...] Marie Anne Boudou verfiel in noch größere Raserei; auch sie verabscheute Wasser, und als man sie in ihr Zimmer einsperrte, stürzte sie immer wieder zu Boden, verletzte sich dabei am Kopf und brach sich die Knochen. In diesem Wahnsinn starb sie, ohne dass man ihr hätte helfen können.«

Sowohl die wütende Attacke als auch das Versinken der Opfer im Irrsinn müssen eine schwere Last für das kollektive Bewusstsein des Dorfes gewesen sein. Man kann sich leicht vorstellen, wie solche Horrorgeschichten über Generationen hinweg weitererzählt wurden und wie ein einziger Vorfall, etwa der in Salernes, die Haltung eines ganzen Kulturkreises gegenüber einem Tier prägte.

Doch nicht immer liegt es an der Tollwut. Man weiß auch von gesunden Wölfen, die Menschen umgebracht haben.

Manchmal handelt es sich um das, was Linnell einen »provozierten Angriff« nennt; oft ist das Opfer ein Schäfer, der seine Herde verteidigt. Und manchmal, sehr selten, ist der Wolf einfach aggressiv. Indien verzeichnete in den letzten Jahrzehnten mehrere Wellen tödlicher Angriffe durch Wölfe; die Opfer waren hauptsächlich Kinder und die Schauplätze meist Dörfer in der Nähe verödeter Territorien, wo die Wölfe keine Nahrung mehr fanden. Im Distrikt Bahraich an der Grenze zu Nepal wurden seit April 2024 neun Kinder und ein Erwachsener angegriffen und getötet. In Schweden griff zwischen Dezember 1820 und März 1821 der Wolf von Gysinge einunddreißig Menschen an. Zwölf der Opfer überlebten die Attacke nicht, elf davon waren Kinder. Der Wolf, der schließlich getötet wurde, war mehrere Jahre lang als Haustier gehalten worden, bevor man ihn wieder in der Wildnis aussetzte; das legt den Schluss nahe, dass Wölfe, die die Angst vor Menschen verloren haben, eine weitaus größere Bedrohung darstellen. Deshalb, so argumentieren die Jäger, sollte der Abschuss von Wölfen erlaubt sein.

Der berühmteste große böse Wolf von allen ist die Bestie von Gévaudan, ein Wolf, der zu einer mythischen Gestalt geworden ist und um den sich eine eigene Folklore rankt. Ihm werden bis zu 113 Todesopfer und 49 Verletzte zugeschrieben. Das Gévaudan ist eine historische Region im Zentralmassiv in Südfrankreich. 1764 ereigneten sich die ersten Angriffe eines Tieres auf Menschen. Manche der Bewohner glaubten, es handele sich um einen Bastard aus Bär und Wolf, andere meinten, es sei eine Hyäne, die von einem Jahrmarkt entkommen sei, andere glaubten an einen Werwolf. Jene, die einen Blick auf die Bestie erhascht hatten und mit dem Leben davongekommen waren, berichteten, sie habe rote Augen, gehe auf zwei Beinen und rauche Pfeife. Der Bischof der Region verkündete, Gott habe das Tier gesandt, um die Heiden im Gévaudan zu strafen. In den Sterberegistern der Gemeinden stand neben den Namen der Opfer einfach nur *»bête«*.

Im Herbst 1764 wurde Capitaine Duhamel vom Dragonerregiment Clermont Prince beauftragt, die Bestie zu erlegen. Weil der Wolf hauptsächlich Frauen angefallen hatte, ordnete Duhamel an, dass seine Jäger Frauenkleider tragen sollten, doch nach sieben Monaten lief der Wolf noch immer unbehelligt herum. Nicht anders als heute gierte auch damals die Presse in ganz Europa danach, die Geschichte aufzubauschen, und je länger sie sich hinzog, desto mehr wurde das Biest zum Symbol für das Versagen des französischen Staates. Ludwig XV. nahm die Sache persönlich. Er setzte ein Kopfgeld in Höhe von 6000 Livres auf das Tier aus. Doch erst im Sommer 1767, nach zahllosen weiteren Todesopfern, gelang es dem jungen Bauern Jean Chastel, den Wolf zu töten. Heute geht man davon aus, dass es sich bei der Bestie von Gévaudan um mehrere Tiere handelte, möglicherweise Mischlinge, doch damals hielt man die Sache nach dem Abschuss für erledigt, und tatsächlich schien das Problem auch verschwunden.

Zeitgenössischen Berichten über solche Vorfälle wird oft wenig Beachtung geschenkt. Die Chronisten von damals, so die vorherrschende Meinung, waren hysterisch und neigten zur Übertreibung, Kinder einer noch wenig aufgeklärten Epoche. Dennoch bleibt die Frage: Wenn der Wolf keine Bedrohung für den Menschen darstellt, warum behaupten so viele Geschichten das Gegenteil? Diese Divergenz ist vielleicht das Gefährlichste am Wolf, denn immer dann, wenn die Dinge nicht zusammenzupassen scheinen, gedeihen Verschwörungserzählungen. In einer Zeit, in der wissenschaftlich erwiesene

Fakten politisch instrumentalisiert werden, verursacht es genauso viel Schaden, den Wolf als harmlos hinzustellen, wie ihn als den Inbegriff des Bösen anzuprangern. Ja, Wölfe töten hin und wieder Menschen. So wie Bären, Kühe, Wespen und Kreuzottern. Obwohl die Wolfspopulationen in Europa stark anwachsen, gab es im letzten Jahrhundert nur sechs registrierte Todesfälle; 1932 in Finnland, 1956 in Italien, 1957 in Spanien sowie 1974 ebenfalls in Spanien zwei weitere, die ein und demselben Tier zugeschrieben wurden, und 2015 in Zentralrussland.

Der Wolf hat sich nicht verändert, der Mensch dagegen schon. Früher lebten wir Seite an Seite mit dem Wolf und ließen unsere Kinder die Schafe hüten, doch heutzutage ist die Wahrscheinlichkeit, einem Wolf in freier Wildbahn zu begegnen, verschwindend gering. Heute leben wir Seite an Seite mit Hunden. 2016 gab es in Europa 45 tödliche Angriffe durch Hunde (das ist die aktuellste verfügbare Zahl). 2023 gab es allein im Vereinigten Königreich 16 solcher Attacken, ganz zu schweigen von den rund 15 000 Schafen, die jedes Jahr von Hunden getötet werden, die von der Leine gelassen wurden. Ja, es gibt in Europa geschätzt 92 Millionen Hunde und 21 500 Wölfe, doch es geht nicht darum, ob nun Hunde oder Wölfe die größere Gefahr darstellen. Vielmehr sollten wir uns fragen, warum wir Hunde bereitwillig in unsere Häuser und Wohnungen und in das Leben unserer Kinder lassen, während die Rückkehr des Wolfs etwas so tief in uns Verankertes berührt.

Trotz all dem, was ich in den zurückliegenden Monaten gelernt habe, fällt es mir noch immer schwer, die heftige Entrüstung zu verstehen, die die Rückkehr des Wolfs hervorruft. Dieses Thema wühlt in unserem Inneren etwas auf, eine kollektive Urwut, die jetzt neu erwacht, wenn wir eine Schlacht wiederaufnehmen, die wir schon gewonnen geglaubt hatten. Warum haben Kinder mehr Angst vor wilden Tieren als vor Autos oder Fremden? Warum haben erwachsene Städter Träume, in denen sie verschlungen werden? Solche Vorgänge im Unbewussten sind vielleicht noch evolutionäre Überreste unserer Vergangenheit als Primaten, doch Studien haben gezeigt, dass Babys keine angeborene Angst vor Bären oder Schlangen haben. Vielmehr scheinen wir die Fähigkeit zu besitzen, solche Ängste zu entwickeln, und das in weit größerem Umfang als gegenüber den Gefahren des modernen Lebens, etwa Steckdosen oder Gewehren. Die Autorin Barbara Ehrenreich schreibt in ihrem Buch *Blutrituale*: »Wenn die Natur uns die Fähigkeit mitgibt, auf die Bedrohung durch Raubtiere physiologisch so intensiv zu reagieren, so ist es die Kultur, die diese Fähigkeiten noch lange nach dem Verschwinden oder Abebben der wirklichen Bedrohung am Leben hält.« Märchen, Verschwörungserzählungen, Überschriften der Boulevardzeitungen – all das trifft einen Nerv in unserem Hunderttausende Jahre alten Gehirn. Und für Versuche, diese Ängste zu schüren, sind wir bisweilen äußerst empfänglich.

Ehrenreich zufolge sind viele Aspekte unseres Verhaltens – unsere Lust an der Gewalt, aber auch die Angst davor, die Zusammenarbeit in Gemeinschaften, unsere Kommunikation – aus der Tatsache entstanden, dass wir lange Zeit ein Dasein als Beute geführt haben. Zwar können wir uns heute nur schwer vorstellen, dass Tiere eine wichtige Rolle für die Entwicklung des Menschen gespielt haben sollen, doch Ehrenreich sieht darin das »Urtrauma« unserer Art. Dass der Mensch die Oberhand über ein wildes Tier gewinnt, ist das am weitesten verbreitete Motiv in den Mythologien der Menschheit. Dargestellt werden für gewöhnlich einzelne Helden, die eine

Gorgo, einen Drachen oder eine Schlange niederringen; doch in Wahrheit haben wir gemeinschaftlich gegen die zahlreichen Fleischfresser gekämpft, die unser Leben bevölkerten. »Verglichen mit diesem Sieg«, so Bruce Chatwin in *Traumpfade*, »mögen einem unsere übrigen Errungenschaften geradezu läppisch vorkommen.« Endlich hatten wir es zum Spitzenprädator gebracht. Wir hatten die Natur verdinglicht, und fortan war sie etwas, das »da draußen« war und uns nicht mehr erreichen konnte. »Man könnte sagen, dass wir eine Spezies auf Urlaub sind«, so Chatwin. Doch diese Worte stammen aus dem Jahr 1987, und jeder Urlaub geht einmal zu Ende.

Als ich nach Istanbul wanderte, fühlte sich die Welt stabil an. Ich war jung und trug in kaum einer Hinsicht Verantwortung. Ich war zu jung und zu naiv, um zu erkennen, dass ich den Kontinent nur deshalb problemlos durchqueren konnte, weil ich bestimmte Merkmale besaß: ein bestimmtes Geschlecht, eine bestimmte Hautfarbe, die Zugehörigkeit zu einer bestimmten Klasse. Der Klimawandel war damals noch eine Bedrohung, die in weiter Ferne lag und für die man wahrscheinlich eine Lösung finden würde. Die Politik hielt sich an Recht und Gesetz.

Über weite Strecken meiner Wanderung auf den Spuren von Slavc habe ich den Wolf als ein Symbol des Wandels betrachtet. Überall in den Alpen spielen sich dramatische Veränderungen ab. Migration, Landflucht, das Abschmelzen der Gletscher, das Sterben der Wälder. Ich bin Menschen begegnet, die Angst davor haben, dass ihr Leben sich verändern wird, und die wollen, dass das alles aufhört, und ich habe gesehen, wie Politiker eines bestimmten Schlags weiterhin die Ängste dieser Menschen schüren und gleichzeitig behaupten, es könne alles so bleiben, wie es ist.

Aber jetzt wird mir klar, dass auch ich den Veränderungen mit Schrecken entgegensehe. Wenn ich an diesen heißen, trockenen Tagen auf die Wunde im Marmolata-Gletscher blicke, wird mir bewusst, dass auch ich diese Welt nicht mehr verstehe, die zunehmend außer Kontrolle zu geraten scheint. Nichts kann die Lüge, wir hätten uns von der Natur befreit, so gründlich entlarven, wie wenn sie sich gegen uns wendet und uns auffrisst. Die Rückkehr des Wolfs bedeutet in keiner Weise einen Rückschritt. Wir alle stolpern vorwärts auf unbekanntes Terrain, und dass wir den Lauf der Dinge aufhalten könnten, ist eine bloße Wunschvorstellung.

# 9

*I loi e le pegore no jè nè mai d'acordo. – Wolf und Schaf sind noch nie miteinander ausgekommen.*

Sprichwort aus der Lessinia

Ich verlasse die Dolomiten und erreiche die Hochebene von Asiago, deren Städte allesamt unter der Hitze ächzen.

In Asiago, dreißig Kilometer südwestlich der Dolomiten, hat es um halb acht Uhr abends 37 °C, und zwei Stunden später, als ich vor einer *gelateria* stehe, zeigt das Neonschild der Apotheke auf der anderen Straßenseite noch immer 33 °C an. Ich setze mich auf eine Bank und esse mein Eis. Der halbe Mond wirkt wie in den Himmel gehämmert. Als ich in meinem Zelt liege, das ich gut versteckt in einem Weinberg neben der Straße aufgestellt habe, lasse ich den Schlafsack bis zur Hüfte auf, erschlage Mücken und kratze die Stiche auf. Die ganze Nacht hindurch zirpen und sirren die Grillen. Am nächsten Morgen schäle ich mich aus dem Zelt, unbeholfen und benommen von der Hitze, und gehe weiter.

Es ist zu heiß, um Berghänge zu erklimmen, also bleibe ich auf der Straße. Der Asphalt schleudert mir die Hitze entgegen. Schwärme von Radfahrern in Elastanhäuten flitzen an mir vorüber, gehüllt in ihre eigenen, zugigen Mikroklimawolken. Ich stopfe mich mit Pfirsichen voll, die ich an Ständen am

Straßenrand kaufe, der Saft läuft mir über das Kinn. Der sprudelnde Brunnen auf einem Platz in Schio ist von Geranien gesäumt, und als ich dösend auf einer nahe gelegenen Bank sitze, denke ich an die Bergbäche zurück, ans Schwimmen, an Wörter wie *Abkühlung* oder *Durstlöscher*. Der Brunnen sprudelt unaufhörlich – die Verkörperung eines unerschöpflichen Wasservorrats. Die Wellen werfen Schatten auf die Fliesen des Beckens, wie in den Erinnerungen an sämtliche Schwimmbäder der Jugend. Ich fülle meine Wasserflasche auf, tauche mein Käppi ins Wasser und halte die Arme bis zu den Ellbogen hinein. Als ich das Städtchen keine hundert Meter hinter mir gelassen habe, schwitze ich schon wieder, und mir ist so heiß wie zuvor. Ich will nur noch weitergehen, bis ich das Meer erreicht habe, und mich dann hineinstürzen. Ich will nur noch im Schatten sitzen, einen Spritz nach dem anderen bestellen, wie es alle anderen zu machen scheinen. Aber ich bin noch nicht dort, wo ich hinwill. *Mad wolves and Englishmen.* An kleinen Bahnhöfen, die in der Hitze brüten, steigt jemand ein, jemand anders steigt aus.

Am Po, diesem gewaltigen Strom, der achtzig Kilometer südlich von hier fließt und den Vergil den »König der Flüsse« nannte, ist der Pegel so tief gesunken, dass Ortschaften aus vergangenen Zeiten und Material aus dem Zweiten Weltkrieg zum Vorschein kommen. Die Reisfelder, die Italien die Grundzutat für das Risotto liefern, sind ausgetrocknet, ein Großteil der Ernte verloren. An manchen Stellen kann man trockenen Fußes von einem Ufer zum anderen gehen. Im Veneto und in vier weiteren Regionen wurde der Notstand ausgerufen. Der ganze Kontinent leidet unter der Dürre. Das sich zurückziehende Wasser gibt sogenannte Hungersteine frei, die an die Dürren vergangener Jahrhunderte erinnern. An der Elbe sind in einen dieser Steine die Worte geritzt: »Wenn du mich siehst, dann weine.«

Ich denke mir: Das ist das kühlste Jahr vom Rest deines Lebens.

Einmal regnet es in der Nacht. Aus dem Boden strömen die Gerüche der verbrannten Erde, am Morgen liegen sie im Dampf, der von den Straßen aufsteigt, und dann ist es wieder so heiß wie zuvor. Vor mir schieben sich die Gipfel der Caregagruppe in mein Sichtfeld, stoßen über der dicken, flirrenden Luft in das schmerzhafte Blau des Himmels.

Die Caregagruppe liegt nordöstlich der Hochebene von Lessinia. Die Lessinia – der Ort, dem Slavc und ich seit Monaten entgegenstreben. Diese Hochebene ist die Grenze, die das Ende dieser Geschichte markiert. Aber sie markiert auch den Beginn einer neuen Geschichte. Einer Geschichte, die, falls das möglich ist, noch außergewöhnlicher ist.

Am 6. März 2012 gegen acht Uhr abends betrat Slavc die Hochebene von Lessinia. Es war noch nicht ganz dunkel und nicht mehr so kalt wie in den Tagen zuvor. Oberhalb des Skigebiets Recoaro Mille war er einen steilen, mit Buchen bestandenen Nordhang hinaufgestiegen, hatte in der Nähe der Hütte Montefalcone den Grat überschritten, der die Ostgrenze des Nationalparks Lessinische Berge darstellt, und war die Südflanke des Monte Anzin hinabgestiegen. Wo das Terrain flacher wird, endet der Wald, und Slavc huschte über das offene Weideland in Richtung des Weilers Caliari, ein rasch dahineilender silberner Schimmer in der Abenddämmerung. Hier außerhalb des Waldes war es heller, aber das Licht nahm schnell ab. Eine Handvoll Sterne leuchtete im dunkler werdenden Blau des Himmels. Slavc bewegte sich im Schatten der Caregagruppe und ihrer blassen, gezackten Wände, ihrer zerklüfteten Grate und felsigen Gipfel. In dem Bergmassiv liegt die Passhöhe Bocchetta Mosca, die einst in der zimbrischen Sprache auch als *Bokatelja 'ume bolfe* bekannt war, der Pass des Wolfs. Eine Landschaft, die den Atem anhält, während sie den Wolf zurückruft.

Slavc kannte diesen Ort so gut wie den, den er verlassen hatte. Er kannte die Bäume, die Buchen und die Eichen, die Art, wie ihre Blätter unter seinen Füßen nachgaben, und den Geruch der Bäume in der kühlen Abendluft, wenn ihr Saft zu steigen beginnt. Er kannte das Gestein, das dem Kalkstein ganz ähnlich ist, seine Konturen, seinen Glanz, seine ungeheuerlichen Formen. Er kannte die Sanftheit der Landschaft, ihre kahlen, runden Hügelkuppen, ihre Gipfel, die so viel niedriger waren als die der Gebirgsstöcke, die er durchquert hatte. Er kannte den Wind, der abends aus tieferen Lagen heraufwehte, als holten die Hügel Luft, und den Geruch des Meeres, der manchmal aus noch größerer Entfernung heranzog. Monatelang war er durch Fichtenwälder und über Granitfelsen gewandert, hatte fast 3000 Meter hohe Pässe überquert. Monatelang nur unbekanntes Terrain. Und jetzt, wie aus heiterem Himmel, das Gefühl, zu Hause zu sein.

Die Ställe von Caliari waren erleuchtet. Die Kühe wurden gemolken, Slavc konnte die Gülle riechen, den abgestandenen Geruch. Er ging vorüber und hielt sich im Schatten, eine Gestalt, dunkler als die rasch anwachsende Dunkelheit, entschlossenen Schritts, zielstrebig und ohne nachzulassen, und es war, als gehörten er und die Kühe unterschiedlichen Kirchen an, unterschiedlichen Glaubensgemeinschaften, als verkörperten sie zwei vollkommen unterschiedliche Arten, auf dieser Erde zu leben. Er passierte Caliari und gelangte zu einer

Schotterstraße. Er überquerte sie und erreichte kurz darauf eine weitere Straße. Ein Auto kam um die Kurve, das Licht der Scheinwerfer wischte über ihn hinweg, und seine Augen leuchteten in einem unwirklichen, glühenden Rot. Er kannte Autos. Wachsam blieb er am Straßenrand stehen, während das Auto langsamer wurde und vor ihm anhielt. Der Motor lief weiter, hinter der Scheibe das verblüffte Gesicht eines Mannes. Der Geruch von Diesel; der Geruch nach Mensch. Dann löste er sich aus der Erstarrung, trottete vor dem Wagen über die Straße und folgte weiter seinem Weg in die Nacht.

Genau hierfür waren seine Augen gemacht. Bei Tageslicht sieht ein Wolf vergleichsweise schlecht, aber in der Dunkelheit sieht er buchstäblich alles. Im Lauf der Nacht stieß Slavc weiter nach Süden vor, durch die Mischung aus Wäldern, Weideflächen und Siedlungen, die für diese Gegend typisch ist. Er ging wie an einer Schnur gezogen. Am Chiampo, einem kleinen Fluss, der von Schmelzwasser geradezu überquoll, blieb er stehen, um zu trinken. Dann lief er weiter.

Der Bauernhof – die *malga,* im regionalen Dialekt – lag abseits, etwas weiter oben, am Ende eines Feldwegs, der in der sternenlosen Nacht blassgrau leuchtete. Das Haus war aus dem rauen, rötlichen Gestein der umliegenden Berge erbaut worden, sein Dach mit ebensolchen Platten beschwert. In den Steinblöcken waren Fossilien eingeschlossen, uralte Muscheln und Ammoniten aus dem Erdzeitalter, als hier noch ein Ozean war und die Berggipfel Hunderte Meter tief unter Wasser lagen, bis sich das Wasser zurückzog und sich aus den Geschöpfen, die zuvor in seinen Tiefen gelebt hatten, die Berge bildeten. Noch immer findet man auf den höchsten Gipfeln Fossilien von Fischen. Der Geruch von Menschen war deutlich wahrnehmbar, aber er war bereits einen Tag alt, vielleicht zwei. Aber da war noch ein anderer Geruch. Und dann das Geräusch.

Der Wolf stand vor dem Hund und betrachtete ihn, als würde er eine Landschaft betrachten. Der Hund verfiel in Raserei, riss immer wieder an seiner Kette und wurde zurückgeschleudert. Er ließ die Augen rotieren, der Speichel troff ihm in Fäden aus dem Mund und zu Boden. Der Wolf stand ihm gegenüber, musterte ihn, auf der Hut, eine Pfote leicht angehoben. Lauthals bellend schoss der Hund vor und zurück. Der Wolf wog ab, befand, dass hier nichts zu tun war, drehte sich irgendwann um und ging seines Wegs, durch Wölkchen seines eigenen Atems schreitend.

Tagelang wanderte er nach Süden und kam dabei in immer tiefer liegende Gegenden. Die Lessinia, so sagt man, hat die Form einer Qualle: Die Hochebene ist der Schirm, und die zahlreichen südlichen Ausläufer sind die Tentakel. Zwischen den Ausläufern liegen schmale, bewaldete Täler, die *vaji*. Täler, die in den Wintermonaten kaum Sonne bekommen, von der Zeit geformt und vom Wasser gefurcht, Runzeln in der Landschaft. In der folgenden Nacht ging Slavc einen der Ausläufer entlang und hinab ins Flache. In der Nähe von Romagnano kam er an einem Amateurzoo vorbei, wo in einem Gehege drei Wölfe lebten, ein Weibchen und zwei Männchen. Ob er sie gesehen hat, gehört, oder ihren Geruch im Wind gewittert? Vielleicht zum ersten Mal auf seiner Wanderung begegnete er hier Vertretern seiner Art. Vier Monate lang – ein guter Teil seines Lebens und eine Ewigkeit für ein Tier, das ganz im Augenblick lebt – hatte er nicht seinesgleichen gesehen. Er blieb zehn Tage in der Gegend, so lange wie noch nie irgendwo, seitdem er das Territorium seines Rudels verlassen hatte. Doch die anderen konnten nicht zu ihm kommen, eingesperrt, wie sie waren. Und so zog er schließlich weiter.

Weit oberhalb des Ortes Grezzana tötete Slavc zum ersten Mal ein Nutztier. Ich stelle mir vor, wie er mit der ganzen Arroganz seiner Jugend diese schwächliche Beute verachtet. Ihren kläglichen Schrecken, ihre Unfähigkeit zu fliehen. Aber er hatte schon seit vielen Tagen nichts mehr gefressen. Das Tier zu töten, war wie einen Zweig zu brechen. Ein kurzer Moment wahrhaftiger Emotion in seinem dumpfen, stummen Leben, bevor Slavc es zu Boden riss. Ich stelle ihn mir vor, wie er neben dem zerfetzten Schaf steht, dessen noch dampfende Eingeweide vor ihm verteilt auf dem Boden liegen und mit ihrer Wärme den dünnen Reif auf der Wiese schmelzen lassen. Bis dahin kannte er nur mageres Wildfleisch: Reh, Wildschwein, Fuchs. Dieses Fleisch hier war milchig und fett. Er fraß sich satt. Er kam auf den Geschmack. Fünf Nächte später riss er zwei Ziegen. Zum ersten Mal seit hundert Jahren entstand in den östlichen Zentralalpen wieder eine enge Beziehung zwischen Wolf und Mensch.

Mittlerweile hatte er die Ebene von Verona erreicht und war nur noch ein, zwei Kilometer von den Vororten der Stadt entfernt. Er stand inmitten weitläufiger Obstplantagen mit Pfirsich- und Kirschbäumen. Die letzten Granatäpfel hingen an ansonsten kahlen Ästen, leuchtende Kugeln an einem weiteren trüben Tag. Startende Flugzeuge, landende Flugzeuge, das eintönige Brummen der breiten Landstraße. So einen Ort hatte er nicht gesucht. Hier fühlte er sich nicht mehr zu Hause. Die Lust an dummen Tieren, die so plötzlich in ihm erwacht war, hatte ihn hierhergeführt, und jetzt machte er kehrt und ging den Weg zurück, den er gekommen war, mit vollem Bauch und raschen Schritten.

Einen Tag später erreichte er den westlichen Rand der Lessinia, wo die Abhänge tausend Meter tief ins Tal der Etsch stürzen. Er ging die Kante der Hochebene entlang und suchte nach einer Möglichkeit abzusteigen. Monatelang war er nach Westen gegangen, und jetzt stieß er zum ersten Mal auf eine Grenze, die er nicht überwinden konnte. Die Etsch zieht hier eine breite, flache Schneise durch die Landschaft, einen fruchtbaren Korridor, der nach Norden in die Alpen hineinreicht, bis nach Trento, Bozen und Österreich. Von hier oben ist der Fluss ein graues Band, das sich über den Talboden schlängelt, hindurch zwischen abgeernteten Äckern, leeren Obstpflanzungen und Ortschaften, in denen die Häuser mit Terrakotta gedeckt sind. An diesem Tag war die Luft feucht und schwer. Der Boden nass, der Schnee geschmolzen. Hier oben gab es zu dieser Jahreszeit keine landwirtschaftlichen Nutztiere; sie verschwinden für den Winter und kehren erst zurück, wenn die Sonne wieder da ist. Doch weiter unten, in den höher gelegenen Dörfern der Lessinia, fand Slavc, was er suchte. Eines Nachts stieß er in der Nähe von Fosse auf ein einzelnes Pferd. Es schnaubte und stampfte mit den Hufen auf, verbreitete Schwaden eines angstgeschwängerten Geruchs. Das Tier war zu groß, als dass er es allein hätte überwältigen können. Er jagte es, bis es einen Felsvorsprung hinabstürzte, die langen, galoppierenden Beine in der Luft, und in den folgenden Nächten kehrte er regelmäßig an den Fuß des Felsens zurück und weidete den zerschellten Körper aus.

Er erkundete weiterhin die tiefer gelegenen Gebiete, immer auf der Suche nach einem Weg nach Westen. Am 19. März um 2:50 Uhr befand er sich im Gebüsch in der Nähe eines Anwesens bei Sant'Ambrogio di Valpolicella. Am 25. März um 1:20 Uhr schlich er irgendwo zwischen einer Kiesgrube und einer

Tennisanlage herum. Doch immer wieder war er auch auf der Hochebene von Lessinia. Immer wieder rief ihn irgendetwas dorthin zurück.

Am 27. März, so vermerken es die wissenschaftlichen Aufzeichnungen, »verändert sich das Bewegungsverhalten des Wolfs«. Er beginnt, »Territorialverhalten zu zeigen«. Mit anderen Worten: Er ist zu Hause angekommen. Was Wölfe dazu veranlasst, an einem Ort zu bleiben, ist ebenso rätselhaft wie ihre Motivation, auf Wanderschaft zu gehen. Die Landschaft hier war ihm vertraut. Das Tal der Etsch behinderte sein Fortkommen, was der monatelangen Vorwärtsbewegung, in die ihn eine Art Gravitationskraft gezogen hatte, ein unvermeidliches Ende setzte. Und hier konnte er gute Beute machen.

Doch es gab in dem Gebiet noch etwas anderes. An Zaunpfählen und an jungen Birken, an Exkrementen auf dem Boden bemerkte er die Gegenwart eines anderen Wolfs. Eines Weibchens, geschlechtsreif. Hatte Slavc in all den Monaten seiner Wanderschaft zu hoffen gewagt, irgendwo dort draußen auf eine Artgenossin zu treffen? Dass sein Weg nicht umsonst sein würde?

In der Nacht trug ihm der Wind ihr Heulen zu.

Hundert Jahre lang hatte es nirgendwo in den Alpen Wolfsrudel gegeben, nirgendwo auf diesen Zehntausenden von Quadratkilometern. Weder in Italien oder Frankreich noch in der Schweiz oder in Österreich. Hin und wieder tauchte ein einsamer Wolf auf der Wanderung auf, der aus den waldreicheren Gegenden Osteuropas gekommen war, ein umherziehendes Tier auf der aussichtslosen Suche nach Artgenossen, aber auch solche Exemplare hatten sich schon seit Jahrzehnten kaum noch gezeigt. Doch einst war hier ein Leben ohne den Wolf undenkbar. Ich stelle mir vor, wie die alten Birken in diesen Wäldern, an denen sich in den zurückliegenden Jahrhunderten Wölfe gekratzt haben, sie jetzt wieder begrüßen. Wo wart ihr? Und natürlich auch die Berge, die noch viel langsamer denken als die Bäume.

Auf historischen Landkarten, die in den Archiven schlummern, findet man den Wolf häufig: *Valle Lupina, Valle Luvaria, in ora Prete Lupis, la Cascata del Lupo*. Allein im Trentino, der Region nördlich von hier, verweisen 245 Orts- und Flurnamen auf den Wolf, und das nicht nur in den Bergen, sondern auch im Flachland. So gibt es etwa eine *via del Lovo*, die »Straße des Wolfs«, und in Peschiera am Gardasee eine Stelle namens *in ora Fosse Lovàre*, »neben der Grube, in der man Wölfe fängt«. In Italien tragen an die 1500 Familien den Namen Lovato, und viele davon leben hier in der Gegend. Slavc kam auch an der Höhle von Fumane im Valpolicella vorbei, die sowohl von frühen, anatomisch modernen Menschen als auch von Neandertalern bewohnt wurde und in der sich die ältesten Höhlenmalereien Italiens befinden, in rotem Ocker gehaltene Darstellungen von halb menschlichen, halb tierischen Wesen. Fragmente von Wolfsknochen weisen eindeutig darauf hin, dass hier vor 35 000 bis 40 000 Jahren Wölfe getötet wurden, vermutlich, um Felle zu gewinnen. In dieser Region war das Leben des Menschen lange Zeit mit dem des Wolfs verflochten. Solche Daten werfen die Frage auf, wer den berechtigteren Anspruch auf das Land erheben darf, Wolf oder Schaf.

Im Mittelalter durchlebte Italien eine Entwicklung, die Spuren hinterließ. Bäume wurden gefällt, die Wildtiere flohen, und die Wölfe richteten ihre Aufmerksamkeit auf den ständig wachsenden Markt für Nutztiere. 1303 bekam man in

Mantua drei Lire für einen lebenden Wolf und dreißig Soldi für einen toten. In Vicenza errichtete man eine Mauer um die Stadt, um die Schafe zu schützen. 1370 beauftragte die Stadtverwaltung von Udine einen Schmied, 400 Wolfsfallen herzustellen, weil die Wölfe »Kinder auf grässliche Weise verschlingen«. 1397 erhielt man in Verona fünf Lire für einen lebenden Wolf. In zahlreichen Regionen war die Jagd auf Wild wie etwa Rehe oder Gämsen ein Vorrecht des Adels; Wölfe hingegen durfte jedermann schießen. Eine Schonzeit existierte nicht. Obwohl die Menschen den Wolf buchstäblich im Visier hatten, gab es noch immer so viele Tiere, dass im Friaul bis ins 17. Jahrhundert hinein jedes Jahr achtzig von ihnen erschossen wurden.

In keiner Region lässt sich exakt bestimmen, wann dort »der letzte Wolf« gesichtet wurde. Es gibt weitaus mehr Geschichten als gesicherte Fakten. Viele Leute behaupten zu wissen, wann ein solcher letzter Wolf gesehen wurde, doch die wirklich letzten Tiere haben den Rest ihrer Tage gewiss weitab vom Menschen verbracht, zutiefst vereinsamt und verängstigt. Die Alten im Dorf Giazza behaupten, dass in der Lessinia der letzte Wolf 1860 erschossen wurde. Auf einem Feld steht ein Stein, der daran erinnert. Und nach allgemeiner Übereinstimmung wurde der letzte Wolf in den italienischen Alpen etwa 160 Kilometer nordöstlich der Lessinia erschossen, rund 15 Kilometer von der Stelle entfernt, an der Slavc in der Nähe der Hütte Malga Campobon italienischen Boden betreten hat:

*»Signor Mina Antonio, dem es durch große Anstrengung und unerschrockene Kühnheit gelang, am Abend des 24. Mai 1929 um genau 21:00 Uhr bei Campu Gon allein einen rasenden Wolf zu erlegen, der in einer Schafherde, die in der Gegend*

*verstreut weidete, Angst und Schrecken verbreitet hatte. Dabei konnte er auch ein Schaf retten, das das grausame, wütende Tier gebissen hatte.«*

Diese Notiz, verfasst von Antonio selbst, ist einer Fotografie beigefügt. Sie zeigt die Wölfin, ausgestreckt auf der Seite liegend, im Gesicht ein erstarrtes Grinsen. Ihr Fell ist blass, und als Erstes fällt auf, wie klein sie wirkt. Ihr Maul steht offen, die Zunge hängt heraus, die Ohren sind aufgestellt, die Augen schmal, aber geöffnet. Hinter ihr sitzen drei Männer, jeder mit einem Gewehr in der Hand, alle tragen Anzüge, zwei einen Hut, und alle starren direkt in die Kamera. *Was denn?*, so scheinen sie zu fragen. *Was hättet ihr denn getan?*

In dem kleinen Bergdorf Velo Veronese stelle ich in der Pizzeria auf dem Dorfplatz meinen Rucksack ab. Über dem Lokal liegt ein Hotel mit vier Zimmern. Hier werde ich ein paar Wochen lang bleiben. Heute ist Markttag: Pfirsiche, Artischocken und die Hartkäsesorten aus der Region. Die Kirche des Ortes ist beeindruckend; sie ist aus demselben rötlichen Kalkstein wie die Bauernhöfe. Die Gebäude des Dorfes schmiegen sich in der Form einer Träne um das Gotteshaus. Das Dorf liegt auf einer kleinen Hügelkuppe, und der Blick reicht sowohl hinab in den unteren Teil der Lessinia wie auch hinauf zur Hochebene im Norden.

Die Lessinia wird auf drei Seiten von tiefen Tälern und im Süden von der Ebene von Verona begrenzt. Der Verbund aus Bergen und Hochebene bildet eine eigene Einheit, 10 000 Hektar Land zwischen Verona und den Kleinen Dolomiten, ein bewaldetes und beweidetes Gebiet in den niederen Alpen, das nicht über 2000 Höhenmeter hinausreicht. Dieser

Landschaft fehlen die dramatisch aufragenden Gipfel, doch herrscht hier auch nicht die dumpfe Monotonie des Flachlands, wo die weißen Ortschaften in der gnadenlosen Hitze des Sommers dampfen und stinken wie Kadaver. Man findet Kalkstein, der über Tausende Jahre hinweg vom Wetter geglättet wurde, sanfte Weideflächen und schattige Wälder mit Walnuss und Birke.

Seitdem sich vor rund tausend Jahren Einwanderer aus Bayern hier angesiedelt, die Bäume gefällt und die Raubtiere durch Schafe ersetzt haben, folgt diese Gegend dem Rhythmus der Menschen und ihrer Tiere. Seit damals hat sich daran nicht wirklich etwas geändert. Das Leben hier ist von Beständigkeit geprägt, vom Kreislauf der Jahreszeiten und der Abfolge der Generationen. Dadurch kommen die Menschen gut mit dem Land hier aus. Es gibt Bergregionen, die in jeder Hinsicht beeindruckender sind, aber je länger ich mich hier aufhalte, desto mehr geht mir diese Gegend unter die Haut. Nur wenige Menschen kennen diesen Landstrich, selbst in Italien. Zumindest war das so, bis Slavc hier eintraf.

Nach etlichen Monaten im Zelt ist es ein unbeschreiblicher Luxus, in diesem Hotel zu wohnen. Betrieben wird es, wie auch die Pizzeria, von Manuela und Massimo. Massimos Eltern arbeiten ebenfalls mit, und hinter der Theke watschelt die kleine Tochter herum. Wenn sie die Küche am Abend geschlossen haben, essen alle gemeinsam, und manchmal laden sie mich ein, mich zu ihnen zu setzen. Massimo ist Jäger, begeistert zeigt er mir Jagdmagazine und spricht über den Wolf. Auf seinem Handy hat er Videos von Wölfen, und er erzählt mir davon, wie Bauern einmal auf dem Dorfplatz den grotesk zugerichteten Kadaver einer Kuh abgeladen haben, damit alle sehen konnten, was für ein barbarisches Geschöpf dieser angeblich so edle Wolf in Wirklichkeit ist. Einmal hat Manuela eine Karte für die Oper übrig, und zusammen mit ihrer Mutter fahren wir aus der Hügellandschaft hinaus und hinunter nach Verona, essen Risotto all'amarone und besuchen in der Arena eine dreistündige Aufführung von *Aida*. Am Himmel steht ein dicker Mond, und Verdis Musik rollt durch den Kessel der antiken Mauern, eine Tragödie rund um Pflicht, Nationalismus und Liebe.

Ich will den Sommer in der Lessinia verbringen. Meine Wanderung ist vorbei, so wie die von Slavc, doch als er hier ankam, begann eine neue Geschichte. Nach Ansicht aller Biologen, mit denen ich gesprochen habe, war Slavc' Wanderung zwar außergewöhnlich, doch weitaus verblüffender sei es, wie schnell der Wolf hier in der Gegend wieder Fuß gefasst hat – als wäre er nie weg gewesen. Nicht nur die Biologen wurden davon überrascht. Ein Wolf auf Wanderschaft ist das eine, aber erst, wenn Wölfe sesshaft werden und sich ein Territorium schaffen, verändern sie das Leben in ihrer Umwelt. Hier in der Lessinia wird das exemplarisch deutlich. Die Nachwirkungen von Slavc' Wanderung entfalten sich noch heute, beeinflussen Ökosysteme, die Politik und das Leben und die Träume der Menschen, die hier heimisch sind.

Einige Tage nach meiner Ankunft in Velo Veronese bin ich mit Luca Signori zum Abendessen verabredet. Wir treffen uns auf dem Parkplatz einer Pizzeria am Rand von Bosco Chiesanuova, dem hübschesten und am stärksten vom Tourismus geprägten Ort der Lessinia. Wendet man den Blick von der Ortschaft ab, präsentieren sich ein sternenübersäter Himmel und im Dunkeln liegende Wiesen. Luca hat sandfarbenes Haar, ein jungenhaftes Gesicht und trägt eine dunkelgrüne Fleecejacke und eine Outdoorhose, wie alle Menschen, die die meisten Stunden des Tages draußen verbringen. An einer kahlen Stelle am Kopf hat er eine breite, wulstige Narbe. Auf seinem Wagen prangt das Emblem des Naturparks Lessinische Berge: ein steinernes Bauernhaus, Weiden in hoher Lage, Weiden in tieferer Lage, Schnee, blauer Himmel, und das alles in kräftigen Farben, wie ein Fenster aus Buntglas. Luca arbeitet im Naturpark, seitdem er ein junger Mann war, also seit mehreren Jahrzehnten. Erst für den Corpo Forestale (die staatliche Forstwache), und dann, nach der Umstrukturierung, für das CUFAA (Comando unità forestali, ambientali e agroalimentari), eine militärische Einheit, die als »Naturpolizei« fungiert. Nirgendwo auf der Welt wäre er lieber als hier.

Wir gehen hinein. Im Hintergrund spielt Dave Brubeck *Take Five*. Das Lokal ist voll mit Wanderern aus Österreich und Deutschland, die draußen ihre Wohnmobile geparkt haben. Wir bekommen einen Tisch in einer Ecke, und ich bestelle Pizza »Monte Lessinia«, mit frühen Steinpilzen aus den umliegenden Wäldern und geräucherter Ricotta aus der Region, dazu eine Karaffe jungen Rotwein.

»Von Wölfen hier in der Gegend habe ich zum ersten Mal von einem Freund gehört«, sagt Luca, während wir auf das Essen warten. »Er ist Jäger und wohnt in Sant'Anna d'Alfaedo. Das muss so um 2010 herum gewesen sein. Er rief mich an und wollte wissen, ob es in der Lessinia Wölfe gibt. ›Was du da gesehen hast, müssen Hunde gewesen sein‹, habe ich geantwortet. ›Hier gibt es keine Wölfe.‹« Luca zuckt mit den Schultern, wie um zu sagen: So ist das nun mal. Heute kann er über seine Reaktion lachen. Aber man muss sich vor Augen führen, dass hier einen Wolf zu sichten in etwa so unwahrscheinlich war, wie dem Hund von Baskerville zu begegnen. Im Apennin gab es eine Handvoll Wölfe, weit im Süden jenseits der Po-Ebene, und auch im Westen an der Grenze zu Frankreich, also ebenfalls mehrere Hundert Kilometer entfernt. »Mein Freund blieb bei seiner Überzeugung, dass er Wölfe gesehen hatte«, erzählt Luca weiter. »Ich selbst habe die Sache bald darauf wieder vergessen. Ich glaubte, dass vor den Wölfen erst die Bären zurückkommen würden. Dann habe ich lange Zeit nichts mehr von Wölfen gehört.«

Im Sommer darauf stellte ein Bauer ihm dieselbe Frage. Das sei unmöglich, antwortete Luca. Er hatte lange genug bei den Streitkräften gearbeitet und ließ nur hieb- und stichfeste Beweise gelten, keine Geschichten. Außerdem war er jeden Tag in den Wäldern unterwegs. Seit seiner Kindheit hatte er davon geträumt, einmal einen Wolf zu sehen. Hätte es in der Lessinia Wölfe gegeben, so wäre er der Erste gewesen, der davon gewusst hätte. Aber der Bauer schüttelte den Kopf. »Ich weiß, wie Hunde aussehen«, sagte er.

Ein Tag Ende des Jahres 2011, kurz nach der Morgendämmerung. Im Norden Sloweniens, mehrere Hundert Kilometer entfernt, umrundete Slavc den Zaun des Flughafens Ljubljana, während Luca im Norden der Lessinia die Straße hinauffuhr, die zu dem Weiler Branchetto führt. Am eiskalten Himmel leuchteten noch vereinzelt Sterne – Orion, Capella –, die Landschaft war grau vom Schnee. »Ich weiß es noch, als wäre es gestern gewesen«, sagt Luca. »Der Kadaver lag direkt neben der Straße. Aber eigentlich war es nicht mal mehr ein Kadaver. Nur noch die Rippen. Nur noch die Wirbelsäule. Dass es eine Ziege war, wusste ich nur, weil sie auf dem Hof in Branchetto Ziegen haben. Aber sonst …« Er legt das Besteck zur Seite. »Noch nie zuvor hatte ich ein Tier in diesem Zustand gesehen. Wir konnten uns einfach nicht vorstellen, wer oder was einer Ziege so etwas angetan haben konnte.«

Die Überreste stammten von einer schwangeren Ziege. In derselben Nacht verschwand ein weiteres Tier. Zwei Wochen später tötete das Raubtier erneut. Diesmal biss es seinen beiden Opfern den Hals durch; eines davon wurde nur fünfzig Meter entfernt von Branchetto gefunden. Nur der Bock Carmelo kam mit dem Leben davon und lebte fortan auf dem Dach des Holzschuppens. Der Mann, dem der Hof gehörte, hatte kleine Kinder und jetzt nur noch eine Ziege. Er wollte wissen, was sich da vor seinem Haus abspielte. In der folgenden Nacht stellte er sich in einer der oberen Etagen ans Fenster und hielt Ausschau.

Kurz nach ein Uhr morgens trat etwas aus der Dunkelheit, das wie ein Hund aussah. Aber mit Hunden kannte der Mann sich aus, und dieses Tier bewegte sich auf gruslige, unwirkliche Weise. Als es an den Tieren, die es gerissen hatte, den Geruch von Menschen erschnupperte, machte es kehrt und verschwand wieder in der Finsternis. Sonderbarerweise hatten sich die Hunde des Hofs die ganze Zeit über still verhalten. Es musste ein Hund gewesen sein. Doch als Erstes war dem Bauern spontan ein anderer Gedanke gekommen: Das ist ein Wolf.

Nun hatte Luca genug gehört. Er lieh sich Fotofallen aus und stellte eine davon hinter Branchetto auf, die andere richtete er auf das Gerippe der Ziege, das ein Stück von dem Weiler entfernt lag. Der Winter lastete dicht und schwer auf dem Land. Kurze, warme Tage zwischen langen, dunklen Nächten. Ende Januar bekamen sie das erste Bild, eine körnige Schwarz-Weiß-Aufnahme. Das Tier ist am Rand des Fotos zu sehen, es hat den Kopf gesenkt, die Schnauze berührt fast den Boden. Seine Gestalt ist vom Licht der Kamera erhellt, und hinter ihm verschwimmt der Schnee mit der Dunkelheit, als stünde es auf einer Bühne. Die Spitze seines Schwanzes ist schwarz. Im Infrarotlicht leuchten seine Augen weißer als der Schnee.

Wie kann man an etwas glauben, das nicht existiert? Abgesehen davon, so meinte ein Kollege von Luca, stimmte mit dem Bild etwas nicht. Das Tier war zu klein. Der Schwanz war zu lang. Gelegentlich stießen sie bei ihren Rundgängen durch die Wälder auf Hunde, die frei herumliefen. Manche Besitzer, die unter der Woche in Verona arbeiteten, ließen ihre Tiere für diese Zeit von der Leine. Ja, dieses Tier musste ein Hund sein. Vier Tage später machte eine der Fotofallen ein weiteres Bild, einen Monat später noch eines. Luca schickte die Aufnahmen an Luigi Boitani, den führenden italienischen Experten in Sachen Wolf, der schon bald ziemlich viel zu tun bekommen sollte.

»Sehr wahrscheinlich ein Wolf«, lautete die Antwort.

Luca fing an, an Märchen zu glauben. Im April entdeckten sie im Schnee Exkremente. So voller Haare, dass es eher nach einem Wildunfall aussah. Das Ergebnis der genetischen Analyse ließ nicht lange auf sich warten. Luca hielt den Ausdruck in der Hand, und da stand es, schwarz auf weiß. Ein Wolf, stand da. Ein Jungtier. Ein Weibchen. *Canis lupus italicus*.

Die Wölfe waren zurück in der Lessinia.

Ein Weibchen. Wer war sie? Woher war sie gekommen? Wölfe beiderlei Geschlechts wandern ab und können dabei ähnlich weite Distanzen zurücklegen, egal, ob Männchen oder Weibchen. Weil es sich um ein Exemplar der Unterart *italicus* handelte, musste diese Wölfin von den rund hundert Tieren abstammen, die in den Abruzzen auf dem Apennin lebten und die Ausrottungsversuche überlebt hatten, doch es war äußerst unwahrscheinlich, dass sie auf direktem Weg von dort gekommen war. Zwischen den Bergen des Apennin und der Lessinia führt der Weg mehrere Hundert Kilometer durch flaches Land, durch eine der am intensivsten bewirtschafteten und am stärksten industrialisierten Regionen Europas. Vermutlich stammte sie von einem der Wölfe ab, die in den frühen 1990er-Jahren vom Apennin aus in die Westalpen vorgedrungen waren, was auch durch neue Umweltschutzmaßnahmen ermöglicht worden war. Dann hatte sie sich wohl über Hunderte Kilometer einen Weg durch die Alpen und durch kaum besiedelte Gegenden nach Osten gebahnt, bis sie die Lessinia erreichte.

Ob der Italienische Wolf eine eigene Unterart darstellt, ist noch immer umstritten. Weil er jahrhundertelang von allen anderen Wolfspopulationen getrennt war, ist er kleiner als der Europäische Grauwolf, etwa so groß wie ein kräftiger Deutscher Schäferhund; außerdem weicht die Form seines Schädels leicht ab, und er besitzt unverwechselbare genetische Marker. In sein graues Fell mischt sich ein wunderschönes Hellbraun, und auf dem Rücken, an der Schwanzspitze und an den Ohren trägt er längliche schwarze Zeichnungen, als wäre er mit Tinte bemalt worden. Die brennendste Frage war jedoch nicht, woher diese Wölfin gekommen war, sondern ob sie bleiben würde.

Wie wir heute wissen, entspann sich in jenem ereignisreichen Winter eine weitere Wolfsgeschichte. Als Luca zum ersten Mal nach Wölfen in der Lessinia gefragt wurde, lernte Slavc im Südwesten Sloweniens gerade, nach Stöckchen zu schnappen. Luftlinie war er 240 Kilometer entfernt. Als der Bauer von Bocca di Selva sich an Luca wandte, trug der junge Slavc ein Halsband. Und als Luca in Branchetto das Gerippe der Ziege entdeckte, war er schon unterwegs. Unter den Wolfsforschern in Europa hatte sich herumgesprochen, dass in den italienischen Alpen jetzt ein Weibchen lebte, und während Slavc sich seinen Weg nach Westen suchte, scherzten die slowenischen Wissenschaftler, sie könnten sich schon denken, wohin er unterwegs war. Die Italiener hatten Bilder von ihrem Wolf geschickt, als Slavc noch viele Monate und viele Kilometer entfernt war. Tinder zu zweit und mit einem ziemlich großen Radius. Doch die Monate vergingen, der Winter wurde zum Frühling, und das Ganze sah immer weniger nach einem Scherz aus.

Am 6. März 2012 erreichte Slavc die Lessinia, sehr zur Verblüffung der Italiener wie auch der Slowenen. Im Naturpark besorgten sie sich eine Antenne, mit deren Hilfe sie seinen Sender verfolgen konnten. Anders als ihrem Weibchen, das sich, wenn sie Glück hatten, höchstens dazu herabließ, in eine der Fotofallen zu laufen, konnten sie diesem Tier auf Schritt und Tritt folgen. Mehrere Wochen lang sahen sie zu, wie Slavc durch die Gegend streifte. Während der Arbeitszeit fanden sie andauernd Gründe, um die Stellen zu besichtigen, die er passiert hatte, und an den Wochenenden waren sie von morgens bis abends draußen unterwegs. Sie waren nachgerade besessen. Aus der Liebe zur Natur, die diese Männer als Kinder entwickelt hatten, hatten sie herauswachsen müssen, und jetzt waren gleich zwei Wölfe auf ihrem Fleckchen Erde.

»Wie ist deine Familie damit zurechtgekommen?«, will ich von Luca wissen.

Er lacht. »Ich war schon immer ein Einzelgänger. Für mich ist das ganz normal. Es gibt nichts Schöneres auf der Welt. Meine Familie kannte es daher nicht anders.«

Aber dieses Männchen bekamen sie einfach nicht zu fassen. Sie zogen durch die Lessinia, einem mythischen Tier auf den Fersen. Sie spürten die Stellen auf, an denen er gewütet hatte, fanden aber nur Blut und Knochen. Jedes Mal war er schon wieder weg, immer einen Schritt voraus, ein Räuber-und-Gendarm-Spiel, das zu einer Farce wurde und sie stets aufs Neue mit leeren Händen zurückließ, sowie mit großem, aber auch missgünstigem Respekt für die Klugheit dieses Wolfs. Als er die Hochebene erreicht hatte, war er ein effektiver Jäger geworden. Das belegte etwa das Pferd, das er in Sant'Anna über eine Felskante getrieben hatte. Sie stellten Fotofallen auf, die seine Beuten ins Visier nahmen, aber er kehrte nie dorthin zurück.

»Es gibt Wölfe, die sich nicht im Geringsten von Fotofallen stören lassen«, erzählt Luca. »Und dann gibt es die anderen.« Vielleicht weil er als Jungtier gefangen worden war, hatte Slavc jetzt einen besonders scharfen Sinn für jedes menschliche Wirken.

Dann, am 12. April, konnten sie ihn orten, in der Nähe von Castel Gaibana, auf dem Grat, der die nördliche Grenze des Naturparks darstellt. Südlich liegen die stillgelegten Skilifte von San Giorgio, im Osten fällt das Gelände ins bewaldete Valle di Revolto ab. Ein paar Tage zuvor war viel Schnee gefallen, dreißig Zentimeter. Das ist typisch für die Lessinia – man denkt, es ist Frühling, und am nächsten Tag stapft man durch kniehohen Schnee einen Berg hinauf. Das Licht der Sonne war hell und scharf, und die Hügel boten einen selten herrlichen Anblick. Der Wolf war erst vor wenigen Stunden hier gewesen.

Sie folgten seiner Spur und stiegen den Hang zum Grat hinauf. Die Abdrücke seiner Pfoten waren ihnen mittlerweile wohlvertraut, weitaus größer als die eines Fuchses, die Schritte länger. Das hier war ein großer Wolf, und seine Abdrücke waren besonders groß, anders als die kleineren des Weibchens.

Die Spuren eines Wolfs unterscheiden sich nicht sehr stark von denen eines Hundes, doch ein Wolf setzt die Hinterpfoten oftmals in die Abdrücke der Vorderpfoten, während sie beim Hund nebeneinander liegen. Das verleiht dem Wolf sein charakteristisches Profil, sodass es, wenn einem ein Wolf frontal entgegenkommt, aussieht, als schneide ein Messer durch die Luft. Gehen Wölfe hintereinander, treten sie an denselben Stellen auf, wobei der erste die Spur vorgibt, sodass man anhand der Abdrücke bisweilen nicht erkennen kann, wie viele es waren. Außerdem läuft ein Hund im Zickzack und folgt keiner geordneten Bahn, mäandert wie ein Kind umher, während ein Wolf zielstrebig schnurgeradeaus läuft, wie ein Pfeil, der von einem Bogen abgeschossen wurde. Ein Wolf kann über mehrere Kilometer hinweg den Kurs halten, so wie Psychogeografen, die auf einer geraden Linie eine Stadt durchqueren und dabei über Gartenzäune klettern und durch Fenster von Wohnhäusern steigen. Ein Waldhüter berichtete mir einmal von einer Wolfsfährte, die bis zu ihrem *sechs Kilometer* entfernten Ziel – der Stelle, an der der Wolf kurz zuvor ein Tier gerissen hatte – keine einzige Biegung machte. Als hätte irgendetwas *anderes* ihn geführt.

»Wir folgen also dieser Spur«, erzählt Luca weiter, »und dann sehen wir plötzlich eine zweite Spur, die auf die erste trifft.«

Es kam aus der Gegenrichtung, nicht weniger zielstrebig – ihr Weibchen. Und vor ihnen, festgehalten im Schnee, der Moment der Begegnung der beiden Tiere. Man stelle sie sich vor: zwei Wölfe, mit aufgerichtetem Schwanz, die einander langsam umkreisen und beschnuppern. Beide hatten seit Monaten keinen Artgenossen gesehen. Keinem hätte man es verübeln können, wenn er sich selbst für den letzten verbliebenen

Wolf auf der Welt gehalten hätte. Und dann überflutete es sie. Der Geruch des anderen, eines anderen Wesens derselben Art. Der Höhepunkt zweier getrennter Wanderungen, auf die sie jeweils ihr Leben gesetzt hatten. Auf einem Gebiet von mehreren Tausend Quadratkilometern gab es nicht ihresgleichen. Von einer Nadel im Heuhaufen zu sprechen, wäre maßlos untertrieben. War ihnen bewusst, wie unwahrscheinlich ein solches Aufeinandertreffen war? Ja, das muss es gewesen sein, auf die ein oder andere Weise.

Ihre Spuren wurden eins. Die beiden Wölfe stiegen weiter hinan, einer hinter dem anderen. Einer der Männer machte ein Foto. Es zeigt eine einzelne Spur, die sich in zwei Spuren teilt und dann wieder zu einer wird, immer wieder, wie eine Doppelhelix. Als könnten die beiden sich nicht zurückhalten. »Die Spur führte erst bergan und dann auf der anderen Seite wieder bergab«, sagt Luca. »Und es war eine wunderschöne Spur, denn wo sie bergab führte, konnte man erkennen, an welchen Stellen sie miteinander gespielt hatten. Wo sie sich im Schnee gewälzt und herumgetollt hatten und übereinander gepurzelt waren, war alles zerwühlt und von den Spuren nichts mehr zu sehen.« Die Zeichen ihrer Glückseligkeit, in die Schneedecke gedrückt, für alle sichtbar, bis es tauen würde.

»Wie hat sich das angefühlt?«, frage ich.

»Na ja«, sagt Luca und sucht nach Worten. Er streckt die Hände weit von sich, wie um das Ausmaß seiner Emotionen zu veranschaulichen. Seine Augen funkeln. »*Bello.*«

Die Bedienung kommt. Luca bestellt Tiramisu, ich den Kuchen mit Äpfeln und Walnüssen. Das Lokal hat sich geleert, wir beiden sind die letzten Gäste.

In diesem Frühling waren Slavc und seine Partnerin, die ein Lokaljournalist wegen der Nähe zu Verona kurzerhand

Julia getauft hatte, so gut wie ständig in den Zeitungen – das Traumpaar des Veneto: »Der Wolf setzt seinen Urlaub im Val Squaranto fort«, »Freispruch für den Wolf – Schäferhunde verantwortlich für das Massaker an Gämsen«, »Slavc ist heimisch geworden und geht auf Schafsjagd«, »Die beiden Wölfe der Lessinia haben beschlossen zu bleiben«. Die Berichterstattung war gemäßigt und im Großen und Ganzen positiv. Slavc und Julia gewöhnten sich ein.

Doch im August fanden zwei Jäger an einer Kreuzung in der Nähe des Dorfes Fosse ein totes Wolfsweibchen. Eine Fotografie zeigt ihren ausgezehrten, geschwächten Körper, die Zunge, die ihr aus dem Mund hängt. Bei der Obduktion fand man in ihrem Magen einen halb verdauten, mit Pestizid getränkten Köder. Hatte sich Julia ihren Namen zu Herzen genommen? Ihr Hals wies deutliche Flecken auf, was dafür sprach, dass sie gefesselt worden war. Brustkorb, Brustbein und Genick trugen Anzeichen von Gewalteinwirkung. Vermutlich war sie anderswo getötet und dann hierhergebracht worden, aber es war schwer, irgendwelche gesicherten Erkenntnisse zu gewinnen. Wahrscheinlich hatte sie viel gelitten. Auch für einen Laien war zu sehen, dass es sich um einen Italienischen Wolf handelte, doch das Team, das die Obduktion durchführte, stellte beträchtliche Unterschiede zwischen Julia und dem Tier fest, das da vor ihnen auf dem Tisch lag. Diese Wölfin war kleiner, älter und in schlechterem Gesundheitszustand, und die charakteristischen schwarzen Zeichnungen am Schwanz und an den Vorderpfoten sahen anders aus als die auf den körnigen Bildern der Fotofalle. Man ließ ein detailliertes genetisches Profil erstellen. Als es vorlag, herrschte Gewissheit: Dieser Wolf war nicht Julia. So unglaublich es auch schien, aber es gab in der Lessinia noch einen dritten Wolf. Oder es hatte einen gegeben.

Wie bei Julia ließ auch bei diesem Weibchen die Genanalyse darauf schließen, dass sie eine lange Wanderung durch die Westalpen hinter sich hatte, ausgehend von einer Region an der italienisch-französischen Grenze. War es möglich, dass sie Julias Duftmarken über eine so weite Strecke gefolgt war? Wieder einmal wurde klar: Eine solche Wanderung anzutreten, ist eine Sache, heil ans Ziel zu kommen, eine andere. Mehrere Monate, nachdem der Wolf nach Nordostitalien zurückgekehrt war, wurde dieses Weibchen, das nie einen Namen erhalten hatte, der erste von Menschen ermordete Wolf. Sie wurde eingeäschert. »Man hätte sie in einem Museum ausstellen sollen«, meint Luca.

Schon bald erkannte Luca, dass es sinnlos war, den Wölfen quer durch die Berge nachzustellen, wenn er sie beobachten wollte. Sie waren erst wenige Monate in der Lessinia und fühlten sich dort schon heimischer als er, der sein ganzes Leben in der Region verbracht hatte. Er musste lernen, ihr Verhalten zu verstehen, und darauf warten, dass sie sich ihm näherten. Er musste ein Fachmann werden.

Anfang Mai sah er die beiden zum ersten Mal zusammen. Bei den Wasserstellen in der Nähe von Parparo war mehrfach ein Wolf gesichtet worden, und eines Morgens zeigte Slavc' Halsband an, dass er sich wieder dort aufhielt, im Wald unterhalb der Teiche. »Ich kannte die Stelle gut«, erzählt Luca. »Nach Osten, in Richtung Giazza, konnten sie nicht, da waren die Felsen und die Überhänge. Wenn sie nach Süden in die Wälder gehen würden, würden wir sie natürlich verlieren. Aber wenn sie sich Richtung Westen oder Norden bewegten, bestand die Chance, dass wir sie auf den Wiesen entdeckten.

Ich habe meinen Kollegen angerufen und gesagt: ›Komm, wir gehen auf Observation.‹«

Luca traf in der Mitte des Nachmittags ein, sein Kollege eine Stunde später. Sie postierten sich oberhalb des Wegs, der nach Giazza hinabführt. Auf den Wiesen ästen Rehe, und Luca fragte sich, warum sie so ruhig wirkten, wo doch Wölfe in der Nähe waren, aber in diesem ersten Sommer mussten alle noch lernen, mit der neuen Situation zurechtzukommen. »Das war so, wie auf Wilderer zu warten«, erzählt Luca. »Man weiß, dass sie kommen werden, und kann nicht still sitzen bleiben. Man dreht durch.« Um halb neun Uhr war es fast dunkel, und wieder einmal hatten sie nichts gesehen. Ein weiterer verlorener Tag bei der Jagd nach dem Wolf. Luca packte seine Kameras ein. Er und sein Kollege fingen an, sich zu unterhalten. Bevor sie aufbrachen, sah Luca noch ein letztes Mal durch sein Fernglas. Und da entdeckte er sie.

»Slavc ging voraus, Julia hinter ihm. Es dämmerte, war schon fast dunkel. Aber – *madonna.* Ein zauberhafter Augenblick.«

Er tupft sich mit der Serviette die Lippen ab. »Ich war so aufgeregt wie noch nie. Ich habe am ganzen Körper gezittert. Ich war wie unter Drogen. Ich war so ergriffen, dass ich mich hinlegen musste.« Er deutet auf die Narbe auf seiner Kopfhaut. »Ich bin am Kopf operiert worden. Starke Emotionen tun mir nicht gut. Wenn ich zur Ruhe kommen will, muss ich mich hinlegen. Und das waren einfach zu viele Emotionen.«

Wir bestellen Grappa und Espresso. Luca holt sein Handy heraus und wischt durch das Fotoalbum. Als die Wölfe gekommen sind, hat er angefangen zu fotografieren. Eine regionale Zeitung berichtete davon, dass er an den Wochenenden seine Pistole gegen die Kamera tauschte, »als würde ein Spieler von Hellas Verona nach einem Match oder dem Training auch seine Freizeit im Stadio Bentegodi verbringen und sich dort fit halten«. Luca zeigt mir das Bild einer Wölfin, die er vor zwei Jahren im Wald gesichtet hat, eine von Slavc' und Julias Töchtern. Sie ist von Sonnenflecken gesprenkelt und geht gemessenen Schritts. Sie sieht direkt in die Kamera, und ihr Bauch ist dick von ihren Jungen. Ihr Fell ist gelb, orange und braun. Luca zählt für mich die schwarzen Streifen ihrer Zeichnung ab, eine Zeichnung wie die ihrer Mutter.

Dann zeigt er mir ein Video. Eine grüne Wand, eine Weide auf dem Hang eines Hügels. Es ist Frühling, die Vögel singen. Drei Wölfe laufen durchs Bild, queren den Hang in einer diagonalen Linie. Die Kamera zoomt hinein. Zwei der Tiere sind etwas kleiner als das dritte, das sich leicht abseits hält. Luca zeigt auf den größeren Wolf. »Slavc«, sagt er.

Mittlerweile trägt Slavc kein Halsband mehr. Am Ende seines ersten Sommers hier hat es sich wie geplant gelöst. Sie waren seinem Signal in eines der schmalen Täler gefolgt, die sich von Nord nach Süd durch die Lessinia ziehen, und gerade als sie dachten, sie hätten ihn, fanden sie im Laub auf dem Boden das Halsband. Wieder einmal war er ihnen entwischt. In dem Video sind jetzt, oben in der Ecke, zwei Kühe zu sehen, die sich offenbar von der Gegenwart der Wölfe nicht aus der Ruhe bringen lassen. Einer der beiden kleineren Wölfe bleibt stehen, direkt über einem Grasbüschel. Sein Schwanz ist aufgerichtet, wie von einem Faden nach oben gezogen. Als er weitergeht, kommt Slavc angeschlendert, schnuppert und winkelt ein Bein an. Dann trottet er weiter. Sein Maul steht offen. Seine Ohren sind aufgestellt. Dann hält er inne und wendet den Kopf, und für einen Moment sieht es so aus, als würde er direkt in die Kamera schauen. Als wüsste er, dass er beobachtet wird. Auf seiner Schnauze fängt sich das Sonnenlicht und färbt sie weiß. Die Kamera schwenkt zur Seite, als scheue sie vor der Intensität des Augenblicks zurück. Dann senkt Slavc den Kopf und trottet weiter. Er holt die beiden anderen Wölfe ein, und zu dritt steigen sie zur Kuppe des Hügels hinauf.

Dann sind sie verschwunden.

Es ist 3:30 Uhr morgens, und ich verletze die Vereinbarungen meines Mietwagenvertrages, weil ich in der oberen Lessinia abseits der befestigten Straßen über Schotterpisten fahre, die durch das Grasland unterhalb des Monte Tomba führen. Das Licht der Scheinwerfer hüpft durch die Nacht. Ein Hase mit riesigen Augen hoppelt über den Weg und verschwindet. Im Osten, jenseits des Tals, schlängelt sich ein zweites Paar Scheinwerfer die Konturen der Hügel entlang. Wir treffen uns an der Stelle, deren Koordinaten er mir gestern Abend geschickt hat, eine Stecknadel in einer Landkarte. Wir steigen aus, geben uns die Hand, flüstern *Buongiorno*, schnaubend vor Kälte.

Gaetano Pimazzoni hängt sich sein Stativ über die Schulter, und ich folge ihm, weg von den Autos und Hänge hinab, die feucht vom Tau sind. Gaetano hat einen dunklen, flaumigen Bart, und gegen die Kälte hat er sich einen Schal vors Gesicht gewickelt. Der Mond ist voll, und Gaetano geht schnell. Zwanzig Minuten lang trotten wir schweigend vor uns hin. Im Osten ein fahler Lichtschimmer über einem Berggrat. Die Hügel saugen einen leichten Wind vom Flachland herauf, der den Geruch nach Wasser, Pfirsichen und der trockenen Hitze des bevorstehenden Tages mitbringt.

Wir passieren ein paar der gedrungenen *malghe*, die noch im Schatten der Erde liegen. In der Lessinia gibt es etwa hundert dieser Bauernhäuser mit dicken Steinmauern. Sie sind die Wächter des Landes, zukünftige Ruinen. Der Wind streicht ungehindert über die Wogen dieses nackten Geländes, das bis auf den Grund abgegrast ist. Im Westen strahlt die Venus.

»Hier«, flüstert Gaetano irgendwann.

Wir stehen mitten auf einer Wiese. Er holt eine Matte aus seinem Rucksack und setzt sich darauf. Ich setze mich neben ihn. Dann reicht er mir eine Decke mit Tarnmuster, und ich lege sie mir wie einen Umhang über die Schulter. Er montiert seine Kamera auf das Stativ und schraubt ein gewaltiges Objektiv davor, das ebenfalls unter Tarnzeug verborgen ist. Und dann gleitet er in einen entrückten Zustand.

Gaetano fährt mehrmals pro Woche noch vor Sonnenaufgang von Verona hier herauf. Wir sitzen im Schneidersitz nebeneinander. Mit der Kamera sucht er die umliegenden Hänge ab. Wir starren in die Dunkelheit, und allmählich zeichnen sich die Umrisse der Hügel ab, geht das Schwarz in Blau über, wird auf einem Gipfel die Primaneve-Hütte mitsamt ihrem Funkmast sichtbar. In der Nähe ist die schwerfällige Gegenwart von Kühen zu spüren.

Wenn man lange genug hinsieht, verliert alles seine Tiefe. Wenn man lange genug hinsieht, vergisst man, warum man da ist. Ich bewege mich ein wenig und streife Gaetanos Knie, doch das ist die einzige Wärme, die ich spüre. Meine Finger verkrampfen sich. Meine Beine tun mir weh. Meine Nase läuft. Ich muss pinkeln. Ab und zu kommt aus der nächstgelegenen *malga* ein Gewitter aus Lärm und Licht, Sirenengeheul und kakofonischen Klängen. Dieses Mittel zur Abschreckung der Wölfe hat, wie alle anderen auch, so gut wie keine Wirkung. Anderswo spielt man AC/DC, und die Wölfe töten weiter, untermalt von Hardrock.

Die Zeit vergeht. Ich versuche, mich in einen meditativen Zustand zu versetzen, aber das fühlt sich an, als würde ich neben einem Mönch zu beten versuchen. Gaetano hat mir von der Kunst des Wartens erzählt, davon, wie schön das Warten sein kann, und ich versuche, an seine Worte zu denken und nicht an Kaffee. Nach und nach erhellt das Licht den Himmel. Es leuchtet an den Rändern der Wolken auf, während diese noch das stumpfe Grau der Morgendämmerung bewahren. Die Temperatur fällt um ein weiteres Grad. Zu dieser Stunde, wenn das Land vollkommen unberührt wirkt, scheint alles möglich.

Im Westen schimmern die Wolken jetzt rosa, und im Osten kann ich sehen, wo die Sonne aufgehen wird, ein sattes Gelb, das sich über den Horizont schiebt. Plötzlich erstrahlt im Westen ein Gipfel im Licht, und Krähen flattern auf. Als es etwas heller ist, deutet Gaetano auf eine unscheinbare Wiese an einem Abhang. Ich zucke mit den Schultern, verstehe nicht, was er meint. Er macht ein Foto, zieht es auf dem Display groß und zeigt es mir. Der Kadaver einer Kuh. »*Morto*?« Er nickt. »*Ieri*?«

Er schüttelt den Kopf. »Vor zwei oder drei Tagen«, sagt er lautlos.

Wenn ich ganz genau hinsehe, kann ich den dunklen Fleck inmitten der anderen Schatten erkennen, und während die Viertelstunden vergehen, zeichnet sich das Tier immer deutlicher ab. Mir wird klar, dass wir einen Tatort beobachten. Gaetano hofft, dass die Wölfe zurückkommen, um erneut zu fressen. In der Luft eine zuckende Bewegung, ein Falke saust direkt auf uns zu, dreht im letzten Moment ab und schießt über die Hügel davon.

Jetzt kommt die Sonne. Wie eine göttliche Erscheinung

bricht sie hinter dem Horizont hervor, und auf der Stelle steigt meine Laune. Gaetano hält seine Hände, die in Handschuhen stecken, ins Licht, um sie zu wärmen. Die Landschaft verändert sich rasend schnell. Dunkle Schatten, von denen ich mir noch vor zehn Minuten fast sicher war, dass es Wölfe sind, verlieren jetzt ihren Schrecken. Die Kühe trotten über die Weiden, um einen weiteren Tag lang zu grasen. Durch das Fernglas betrachte ich ihre Köpfe im schwachen Licht, von Fliegen umschwirrt. Es ist so still, dass ich sie kauen höre. Sie gehen an ihrer gefallenen Kameradin vorbei, erschreckend gleichgültig.

Und dann! Auf dem Grat oberhalb des Kadavers bewegt sich etwas, deutlich abgehoben vom sich aufhellenden Himmel. Ich schaue durch mein Fernglas. Das ist keine Kuh; es ist kleiner und grau. Adrenalin schießt mir durch die Adern, ein Gefühl, bei dem man sich für einen Augenblick fast wünscht, es wäre nicht echt, weil es so stark ist, dass es der Körper möglicherweise nicht erträgt. Meine Müdigkeit ist verflogen. Ich fasse Gaetano am Knie und flüstere eindringlich: »Da!«

»*Capriolo*«, sagt Gaetano. Ein Reh.

So ist es. Es hebt den Kopf, und jetzt kann ich es deutlicher erkennen. Der weiße Fleck am Hinterteil. Ich nehme die Hand von Gaetanos Knie. Aber mein Herz rast noch immer. Und während der nächsten halben Stunde bin ich höchst aufmerksam, suche mit dem Fernglas die Hänge ab, hinauf und hinunter, hinauf und hinunter. Ich bin überzeugt, dass der Wolf die Bühne betreten wird. Ich bin überzeugt, dass auch wir beobachtet werden, in unserer improvisierten Tarnung, in grün-braune Decken gehüllt irgendwo auf einem Hügel. Die Kälte spüre ich längst nicht mehr.

Er kommt nicht.

Doch ich glaube zu verstehen. Ich verstehe, warum Gaetano

immer wieder in der Morgendämmerung hierherkommt, zu jeder Jahreszeit und bei jedem Wetter, seitdem die Wölfe vor zehn Jahren hier zum ersten Mal gesichtet wurden. Es geht um das Gefühl, in die Welt eines Tieres einzutauchen. Ich selbst habe das erst sehr selten erlebt. Zweimal, als ich in Alaska auf Bären getroffen bin. Und einmal in Namibia, vor sehr langer Zeit, als eines Morgens ein Springbock in unser Lager kam. Wir lagen in unseren Schlafsäcken auf den Feldbetten und beobachteten ihn, und der Mann im Bett neben mir, ein Ortsansässiger von der Ethnie der Himba, flüsterte mir zu: »Schau genau hin. So ein wildes Tier wirst du verdammt noch mal *nie wieder* zu Gesicht bekommen.«

Genau dieses Gefühl habe ich jetzt wieder. Nicht wegen eines Wolfs. Sondern wegen der Möglichkeit, einen zu sehen.

Bald müssen wir aufbrechen. Um acht Uhr ist die Sonne ganz hervorgetreten, und Gaetano muss in die Arbeit. Er packt zusammen. Ich massiere mir die Beine, damit sie wieder durchblutet werden, und rappele mich auf.

»Keine Wölfe. *Niente.*« Gaetano zuckt mit den Schultern. Das gehört auch dazu. Beim nächsten Mal – *la prossima volta*. »Manchmal ist es schwer«, sagt er mit einem Lächeln, »in der Arbeit wach zu bleiben.«

Die Wölfe sind irgendwo dort draußen. Vielleicht beobachten sie ihre tote Beute, beobachten uns, warten darauf, dass wir verschwinden. Und dann gibt es noch etwas anderes, das man angesichts der Enttäuschung leicht vergessen könnte: dass ich um drei Uhr morgens aufgestanden bin und pflichtgemäß stundenlang im Dunkeln und in der Kälte ausgeharrt habe, damit ein Wolf *mich* ansieht.

Während wir zurück zu den Autos gehen, hängt der volle Mond noch immer am leuchtend blauen Himmel.

# 10

*Als ein Wolf an einer Hütte vorüberkam, sah er darin ein paar Schäfer, die zum Abendessen eine Hammelkeule verzehrten. Er trat vor sie und sagte: »Was für ein Gezeter würdet ihr machen, wenn ich täte, was ihr da tut!«*

Äsop, *Der Wolf und die Schäfer*

1220 lebte Franz von Assisi (der damals noch kein Heiliger war) in Gubbio im Apennin. Gubbio war schon damals ein beeindruckender Ort, mit einem römischen Amphitheater und einem neuen Dom, und das ganze Städtchen war von einer dicken Mauer umgeben. Franziskus hätte allen Grund gehabt, sich zu freuen, dass er wieder zu Hause war, doch auch in Gubbio herrschte ein Krieg.

Ein Wolf, der kürzlich in die Gegend gekommen war, hatte zunächst Schafe gerissen, aber schon bald eine Vorliebe für Schäfer entwickelt. Als Franziskus in Gubbio anlangte, war die Lage so bedrohlich geworden, dass niemand mehr die Stadt verlassen konnte, denn selbst wenn man sich bewaffnete, »als zöge man in die Schlacht«, würde einen der Wolf mit Sicherheit verschlingen. Ein Gemälde des Sieneser Malers Sassetta, das etwa zweihundert Jahre später entstand, zeigt eine Landschaft, in der Leichenteile liegen. Gubbio befand sich im Belagerungszustand.

Franziskus ging vor die Tore der Stadt, um den Wolf aufzusuchen. Er war bereits bekannt für seine Fähigkeit, mit Vögeln und Fischen zu sprechen, und diese heidnische Gabe schien nicht gegen ihn zu sprechen. Als er die Höhle erreichte, griff der Wolf ihn an. Franziskus blieb standhaft und schlug ein Kreuz. Im Namen Jesu befahl er ihm, kein Leid mehr zu verursachen. Der Wolf blieb stehen, schloss das Maul und legte sich Franziskus zu Füßen.

»Du hast großen Schrecken über dieses Land gebracht«, sagte Franziskus zu ihm. »Als Dieb und als ruchloser Mörder hast du den Galgen verdient. Alle Menschen klagen dich an, die Hunde verfolgen dich, und die ganze Stadt ist dein Feind. Aber ich will Frieden zwischen ihnen und dir stiften, Bruder Wolf. Damit du sie nie wieder angreifst, damit sie dir deine Untaten der Vergangenheit vergeben, und damit weder Menschen noch Hunde dich je wieder verfolgen.«

Der Überlieferung zufolge gab der Wolf ein Zeichen der Zustimmung. Auf dem Bild von Sassetta streckt er Franziskus den rechten Vorderlauf entgegen, wie ein Hund, der gelernt hat, Pfötchen zu geben. Die Bürger von Gubbio trugen ihren Teil zu dem Friedenspakt bei, indem sie versprachen, den Wolf zu füttern, falls er zu ihnen käme. Domestizierung als religiöse Erfahrung, als unmittelbares göttliches Wirken. Der Wolf wurde daraufhin so etwas wie eine fette streunende Katze. Als er zwei Jahre später an Altersschwäche starb, »betrauerte Gubbio den Verlust tief«. Franziskus starb nach weiteren vier Jahren; zwei Jahre nach seinem Tod wurde er von Papst Gregor IX. heiliggesprochen und 1939 zum Schutzpatron Italiens ernannt.

Doch ohne den Vermittler Franziskus vergaßen sowohl Menschen wie auch Wölfe ihre Pflichten der Vereinbarung.

In ganz Italien fiel der Wolf weiterhin Schafe und Schäfer an, und weder Menschen noch Hunde konnten ihm das verzeihen. Wie sich das Verhältnis zwischen Mensch und Wolf in den folgenden Jahrhunderten entwickelte, ist bekannt. Der Wolf wurde in Italien so systematisch und gründlich ausgerottet, dass in den 1960er-Jahren keine hundert Exemplare mehr übrig waren, in zwei voneinander getrennt lebenden Populationen im südlichen Apennin.

Aber der Blick auf Natur und Umwelt veränderte sich. In der damals vorherrschenden radikalen Manier sah man in der Natur so etwas wie eine verfolgte Minderheit. 1961 eröffnete der World Wildlife Fund in der Schweiz sein erstes Büro. 1970 wurde erstmals der Earth Day begangen. Ende 1973 trat in den USA der Endangered Species Act (Gesetz zum Schutz bedrohter Tierarten) in Kraft, und ein Jahr später wurde der Wolf in die Liste der bedrohten Tierarten aufgenommen. In Europa geschah dies 1979 durch die Berner Konvention. Im selben Jahr ernannte Papst Johannes Paul II. Franziskus zum Patron des Umweltschutzes und der Ökologie. Das Buch *Ein Sommer mit Wölfen* (1963) von Farley Mowat verkaufte sich millionenfach, wenngleich ein Kritiker ihm vorwarf, es sei in etwa so realistisch wie das Märchen von Rotkäppchen. In Kanada und in Russland befeuerte das Buch den Protest gegen die staatlich geförderte Tötung von Wölfen.

1970 riefen der WWF und die Verwaltung des Nationalparks Abruzzen, wo einige der letzten Wölfe Italiens lebten, die Aktion *Operazione San Francesco* ins Leben. Ihr Ziel war eine Versöhnung, wie Franziskus sie in Gubbio erwirkt hatte: Friede zwischen Mensch und Wolf. Die Menschen – und vermutlich auch die Wölfe – sollten darum gebeten werden, die Verbrechen der Vergangenheit zu vergeben. Wölfe sind nicht als nachtragend bekannt, doch was die Menschen anbelangte, war die Lage komplizierter. Die Organisatoren der Aktion besprachen sich mit Schäfern und hörten sich deren Sorgen an. Sie arbeiteten mit Pfarrern, Bürgermeistern und Schülern zusammen und ersetzten die Fiktion durch Fakten. Aus ganz Italien kamen Studierende in das neu errichtete Besucherzentrum, um in der Nacht die Wölfe heulen zu hören. Der Leiter des Nationalparks ließ sich fotografieren, wie er mit einem geretteten Wolf spielte, dem man den Namen Ezechiel gegeben hatte.

Der Erfolg war durchschlagend. Die Jagd und das Auslegen giftiger Köder wurden im gesamten Park verboten. 1973 ordnete das Ministerium für Landwirtschaft und Forsten eine dreijährige Waffenruhe an, die 1976 dauerhafte Gültigkeit bekam. Ende der 1970er-Jahre hatte sich in Italien der Gesamtbestand an Wölfen verdoppelt. Bis in die 1990er-Jahre verdoppelte er sich erneut, auch aufgrund neuer europäischer Gesetze. Julia, ihre Wanderung, ihr Vermächtnis – all das war nur möglich, weil auf beiden Seiten ein paar tapfere Individuen, die das Grauen der Vergangenheit vergessen konnten, bestimmte Entscheidungen trafen.

Heutzutage explodieren die Wolfsbestände in Italien geradezu, in einem Ausmaß, das selbst für europäische Verhältnisse dramatisch ist. Die höchste Schätzung liegt mit 3307 Tieren über den Zahlen aller anderen europäischen Länder. Italien war eine leere Bühne, die auf ihren Protagonisten wartete: Es gab Höhlen als mögliche Wohnstätten, Jungbäume als mögliche Marker für ein Territorium, Wild als mögliche Beute. Alles Leben strebt nach Entfaltung. Die Welt besitzt eine beachtliche Fähigkeit, sich zu erneuern. Niemand hatte es für denkbar gehalten, dass zehn Jahre nach der Ankunft von Julia und Slavc in der Lessinia die Wölfe sich wieder so nahtlos in das Geflecht der Region einfügen würden. Derzeit leben hier vier Rudel, zwei in der Mitte des Naturparks und zwei eher an den Rändern. In den ostitalienischen Alpen leben mindestens hundert Wölfe in etwa einem Dutzend Rudeln, die von der Lessinia ausgeschwärmt sind, und jedes Jahr werden es mehr. Manche der Nachfahren des ersten Paares sind nach Slowenien abgewandert und haben dort eigene Rudel gegründet.

2020 haben Wölfe allein in der Lessinia 173 Tiere auf Bauernhöfen gerissen. 2021 weitere 234 Stück. Dem gegenüber stehen mindestens 300 Wölfe, die in Italien jedes Jahr legal abgeschossen werden. Im Mai 2023 wurden in den Abruzzen neun Tiere vergiftet. In der Toskana wurde neben einem Kreisverkehr der Kopf eines Wolfs aufgehängt, dazu eine Nachricht, die mit »Rotkäppchen« unterzeichnet war. Man fand die Wölfe gehäutet, aufgehängt an Verkehrsschildern und Autobahnbrücken, als Warnung an die Wölfe oder an jene, die sich für sie einsetzen. Der Friede, den Franziskus und der Wolf von Gubbio ausgehandelt haben, ist so fragil wie eh und je.

Einige Zeit später schultere ich meinen Rucksack erneut, verlasse die Pizzeria in Velo und mache mich auf zu dem Weiler in der Nähe von Cerro Veronese, in dem Emma und Giacomo leben. Während der Pandemie habe ich bei Emma online Italienisch gelernt, und vor Kurzem sind die beiden – ein glücklicher Zufall – hierhergezogen, wie so viele andere junge Leute, die aufs Land ziehen, während die Dörfer weiter veröden, die Mieten in den Städten immer weiter steigen und eine neue Arbeitskultur und bessere Internetverbindungen die Arbeit von zu Hause zunehmend häufiger ermöglichen. Emma und

Giacomo sind wunderbare Menschen, und sie lieben ihr neues Leben hier. Mit ihrem Hund machen wir lange Spaziergänge durch die Wälder, und wir bestellen ihr Gemüsebeet, das von der Hitze ganz ausgelaugt ist. Ihr Haus ist alt, klein und kühl und innen ganz mit Holz verkleidet, und wenn ich auf dem Dachboden in meinem Bett liege, kann ich den dicken rötlichen Stein des Daches berühren. Die überwiegende Zeit des Jahres ist das Dorf fast leer, doch im Sommer kommen die Veroneser, beziehen ihre Sommerhäuschen und entfliehen der Hitze im Flachland. Die meisten von ihnen sind schon älter, und ihre Tage verbringen sie damit, im Schatten von Weinreben in ihren Liegestühlen zu liegen, zu plaudern und darauf zu warten, bis es Zeit für den Aperitif ist.

Der Bauernhof namens Malga Folignano di Cima liegt weiter oben, eine Stunde nördlich von Emmas und Giacomos Haus. Er ist von tiefen Tälern umgeben: im Norden und im Westen vom Vajo delle Ortighe, im Süden vom Vajo del Buso. Eines Nachmittags fahre ich hinauf und nehme Giacomo mit, damit er für mich dolmetscht, denn vor meiner Reise habe ich mich zwar nach Kräften bemüht, Italienisch zu lernen, aber nicht an die Dialekte gedacht. Nach Osten hin verläuft das Gelände flach, bevor es sanft in die höchsten Regionen der Lessinia ansteigt. Der Gesang von Vögeln zerreißt die Luft, und die Bergblumen zittern. Möglicherweise ist es hier oben kühler als unten, aber das lässt sich nicht mit Sicherheit sagen. Weiter im Süden verschwimmt die Po-Ebene im Dunst, über ihr ein dünner Streifen gekräuselter Wolken, der sich in beide Richtungen erstreckt, so weit das Auge reicht, wie Sturzwellen am Meeresufer.

Das Haupthaus des Gehöfts ist ein gedrungenes Steingebäude. Das Dach ist mit großen, rechteckigen Steinplatten gedeckt, und kleinere Platten bedecken die Nähte, sodass es fast wie eine Klaviatur aussieht. Ich komme auf Einladung von Modesto Gugole, dem Bauern, dessen Familie diese *malga* seit Generationen besitzt. Modesto ist schon über achtzig, sieht aber Jahrzehnte jünger aus. Er trägt einen grünen Overall und einen beigen Anglerhut, unter dem zu beiden Seiten dichte, graue Koteletten hervorragen. Wir setzen uns in der Stube an den Tisch. Der Raum ist schlicht, wirkt wie ein ausgehöhlter Steinblock. Es gibt einen Holzofen, ein Spülbecken aus Marmor und Schränke mit Glastüren, die mit Pasta und Polenta vollgestopft und mit Fotos von Modestos Enkeln geschmückt sind. Eine primitive Holzleiter führt zu den Schlafplätzen unter dem Dach. In den rußgeschwärzten Türstock ist das Erbauungsjahr geritzt: 1867. Modesto schenkt uns Kaffee mit einem Schuss Grappa und etwas Zucker ein.

»Mein Leben ist ein Erbe meiner Eltern und Großeltern«, sagt er langsam und mit rauer Stimme. »Sie haben diese Arbeit schon immer gemacht. Die Lessinia hat sich entwickelt, als es hier noch keine Wölfe gab. Meine Großeltern haben den Wolf ausgerottet. Dank unserer Arbeit haben sich hier viele Menschen angesiedelt. Früher gab es hier oben sehr viele Tiere.«

Manchmal kommen die Alten hier herauf, in Erinnerung an vergangene Zeiten, und erkundigen sich, was aus den Leuten geworden ist. Einst waren die *malghe* – die Bauernhäuser – gesteckt voll mit Menschen und Vieh. Die steinernen Schweinekoben sind noch immer zu sehen. Es gab Pferde, Esel, Schafe. Man stellte Käse her, und jeden zweiten Tag trugen die Esel die Laibe zum Verkauf hinab in die Städte.

Einige der *malghe* sind heute Hütten mit Übernachtungsmöglichkeit, und man verköstigt dort Touristen und nicht Kühe. Niemand in den Bergen stellt mehr Käse her, nur jeden zweiten Tag kommt ein Lastwagen und holt die Milch ab. Die meisten Bauern sind zu sehr mit anderen landwirtschaftlichen Arbeiten oder einer Erwerbstätigkeit beschäftigt, als dass sie ihre Sommer hier oben verbringen könnten, und nur selten haben sie Hilfe – ist es da verwunderlich, dass die Wölfe kommen?

Doch Modesto sorgt dafür, dass die Malga Folignano di Cima den ganzen Sommer über bewohnt ist. Er hat zwei Saisonkräfte, und jeden Tag fährt er noch vor Sonnenaufgang von seinem Haus in Campofontana herauf. Mit dabei sind seine beiden Söhne, Männer mittleren Alters, und erst nachdem die Kühe abends gemolken wurden, fahren sie wieder nach Hause. Seit er ein kleiner Junge war, steht Modesto jeden Morgen um vier Uhr auf, auch heute arbeitet er noch mehr als so manch anderer. In den letzten Jahren haben sie fünf oder sechs Kühe an den Wolf verloren, aber im Vergleich zu anderen Bauern, von denen Modesto weiß, hatten sie damit noch Glück.

»Die Lage mit dem Wolf ist ernst«, sagt er. »Ich liebe meine Kühe. Vor zwei Wochen wurde ein Hof ganz in der Nähe angegriffen. Sie haben alles gefressen. Der Bauer hat zu mir gesagt: ›Noch so ein Angriff, und ich höre auf.‹«

Modesto hat 160 Kühe. Neunzig davon verbringen den Sommer hier oben, der Rest bleibt unten in Campofontana. Der Rhythmus des Lebens in den Bergen wird von der Almwirtschaft bestimmt. Für den Sommer werden die Tiere auf die Almweiden gebracht, wo sie frisches Gras fressen und kräftig werden, und bevor der erste Winterschnee fällt, werden sie wieder ins Tal getrieben. Eine domestizierte Form der Migration, in der noch die früheren Massenwanderungen wild lebender Pflanzenfresser anklingen. Auf der ganzen Welt leben Bergbewohner seit Urzeiten auf diese Weise, und Almauftrieb und Almabtrieb werden in den Dörfern, durch die die Tiere ziehen, gefeiert. Viele Bauern machen das noch immer, die meisten bringen ihr Vieh jedoch mit Transportlastwagen hinauf und hinab. Modesto ist der letzte Milchbauer in der Lessinia, der diesen Weg zu Fuß zurücklegt. Für ihn besitzt die Tradition einen Wert, der dem modernen Leben fehlt. Er lädt uns ein, im Herbst wiederzukommen.

»2011 haben unsere Politiker einen Wolf in die Lessinia gebracht, wegen Geld und wegen Wählerstimmen«, erzählt Modesto. »Dieser Teil Italiens war arm. Aber ihnen war nicht klar, was für ein Desaster sie damit anrichten.« Er drückt eine Fingerkuppe auf die Tischplatte. »Seit zehn Jahren streite ich mich mit den Politikern. Sie sagen: ›Ja, wir haben das wegen dem Geld gemacht. Aber wir haben nicht bedacht, was danach passieren würde.‹«

Eine graue Katze kommt herein und schmiegt ihren kleinen Kopf an mein Fußgelenk.

»Die wohnen in der Stadt«, fährt Modesto fort. »Sie haben keine Ahnung von dem Leben hier oben. Es ist ihnen egal, wenn hier Höfe aufgegeben werden. Eine völlig andere Mentalität. *Sie* machen *ihre* Arbeit, sind aber nicht damit einverstanden, dass *ich meine* Arbeit mache, obwohl sie überhaupt nicht wissen, was ich mache. Die sollen sich zum Teufel scheren! Ich will doch auch nicht, dass die ihre Arbeit verlieren, auch wenn ich nicht weiß, was sie machen. Aber sie essen meinen Käse und trinken meine Milch. Die leben nicht in der Realität.«

»Würden Sie sagen, dass die Wölfe wichtiger sind als Sie?«

Er nickt. »*Bravo.*«

Die Katze klettert auf meinen Schoß und piekst mich mit ihren Krallen in den Oberschenkel. Ich verscheuche sie, sie springt wieder auf den Boden und beugt sich über eine Untertasse mit Milch, als stünde sie vor einer Beute.

Modesto betont, dass der Wolf nicht das einzige Problem ist, unter dem sie hier leiden. Die Milch von seinem Hof ist biologisch erzeugt, was einen besseren Preis einbringt; dennoch ist der Milchpreis zu niedrig, während alles andere – Strom, Benzin, Futter – wöchentlich teurer wird. Das Wetter ist so schlecht, wie Modesto es noch nie erlebt hat; es ist knochentrocken und drückend heiß, selbst in dieser Höhe. Die Sonne verbrennt das Gras, und die Kühe fressen es nicht mehr. Aber nichts ist so schlimm wie der Wolf.

»Das ist die größte Veränderung, die wir je erlebt haben«, sagt Modesto. »Ich weiß nicht, was ich Ihnen sagen soll, aber das wird alles in einer Katastrophe enden. Kühe zu halten, ist ohnehin schon hart, aber wenn jetzt noch der Wolf dazukommt, ist es einfach zu viel. Die Politiker müssen begreifen, dass entweder der Wolf hierbleibt oder wir.«

Er steht auf und verkündet, dass er wieder an die Arbeit muss. Er sitzt nicht gerne herum. Ich folge ihm nach draußen und in den Stall. Das Läuten der Kuhglocken hallt durch den Raum; vom anderen Ende her, wo die Tiere mit gesenkten Köpfen im antiseptischen Licht stehen, erklingt ihr Muhen. Draußen wummert der alte Generator. Modesto hat sich eine weiße Schürze umgebunden und steht jetzt in der Vertiefung aus Beton in der Mitte des Stalls. Seine beiden Helfer sind auch da. Einer von ihnen öffnet das Tor, und die ersten acht Kühe trotten in den Stall. Die Männer schaufeln Futter in den Trog, und während die Kühe beschäftigt sind, desinfizieren sie mit einer blauen Flüssigkeit die Zitzen, wischen sie sauber und bringen mit ein paar geschickten Handbewegungen die Milch zum Fließen. Dann klemmen sie die Pumpen auf die

Euter. Giacomo und ich sehen zu und sprechen über das mechanische, rhythmische Schlürfen hinweg mit den Männern. Die Kühe kauen und warten geduldig ab. Nach dem Melken, ein paar Minuten später, lassen die Männer die Tiere hinaus und versetzen ihnen einen Klaps auf den Hintern, damit sie schnell machen. Dann spritzen sie mit Wasserschläuchen die Gülle weg und fangen von vorne an, bis alle neunzig Kühe dran waren. Morgen früh werden sie die dreistündige Prozedur wiederholen, und so weiter jeden Morgen und jeden Abend, bis der Sommer vorüber ist. Über dem Einfülltrichter für das Futter hängt an einem Draht eine Abbildung des heiligen Franziskus, der die einfältigen Tiere segnet. Sie ist das einzig Ästhetische im Raum.

Nachdem sie mit der Arbeit fertig sind, sitzt einer der beiden jungen Männer in der letzten Wärme des Tages erschöpft auf einem Stuhl vor dem Stall. Er hält sein Handy, als hätte er gerade einen Bauchschuss abbekommen; er starrt es an, als hielte er seine Innereien in der Hand und wollte daraus die Zukunft vorhersagen. Hassan Tahiri ist siebenundzwanzig Jahre alt. Er hat ein breites Lächeln und kaputte Zähne. Wir unterhalten uns auf Italienisch, beide begeisterte Amateure. Ich sage, dass er erschöpft wirkt. Er erzählt, dass er jeden Morgen um halb vier die Kühe zum Melken zusammentreibt und erst nach Einbruch der Dunkelheit ins Bett kommt. Der Sommer ist ein einziger, endloser Tag, durchsetzt von mühsam ergatterten Augenblicken des Schlafs.

»Modesto arbeitet wirklich gerne!«, sagt er und grinst.

Ich frage ihn, woher er stammt. Aus Marokko, sagt er, so wie der andere junge Mann. »Dann bist du weit weg von zu Hause«, erwidere ich und komme mir im selben Moment dumm vor.

»Marokko ist ein herrliches Land«, sagt Hassan. »Aber ohne Geld ist es ein unmögliches Land.«

Als Junge hat er in den Hügeln außerhalb von Marrakesch auch schon mit Tieren gearbeitet, zusammen mit seinem Vater, seiner Mutter und dem Rest der Familie. Die weiche Luft der Morgendämmerung und die Rufe seiner Brüder; die dampfende Milch und seine schmerzenden Handgelenke. Manchmal kommt es ihm vor, als wäre er überhaupt nicht weit gereist. Marokkanische Kühe, italienische Kühe – das ist kein allzu großer Unterschied. Dann wieder kommt es ihm vor, als wäre er am anderen Ende der Welt gelandet.

»Hier in der Lessinia geht es mir gut«, sagt er. »Es gibt hier keinen Rassismus. Aber als Fremder spürst du eine gewisse Distanz.« Die Italiener haben ihn einen *migrante economico* genannt, einen Wirtschaftsflüchtling, als wäre das ein Schimpfwort. Als wollten sie, dass nur Menschen, die aus Kriegsgebieten geflohen sind, ihre Weintrauben, ihre Erdbeeren, ihren Tabak und ihre Tomaten pflücken – alles Jobs, die Hassan in den ersten Jahren hier gemacht hat – und ihre Hühner und ihre Truthähne schlachten. »Wovor bist du geflohen?«, wurde Hassan oft gefragt. Nun, geflohen war er vor gar nichts, obwohl die andauernde Trockenheit und die Ernteausfälle in seiner Heimat – der Ausfall der Tomatenernte, der Weizenernte und der Olivenernte – dazu führten, dass er nie an eine Rückkehr gedacht hat. Hier in Italien konnte er von einem eigenen Auto träumen, einer eigenen Werkstatt, einem eigenen Laden, wenn auch die wenigen ergatterten Stunden Schlaf pro Nacht dem Träumen nicht besonders zuträglich waren. Er ist jetzt seit sieben Jahren in Italien, und es ist sein erster Sommer in diesen Bergen.

Als Kind hat Hassan von Europa geträumt und von dem

Leben, das er dort führen könnte. Alle haben von Europa geträumt. Mit zwanzig verließ er sein Dorf, seine Eltern, seine sieben Brüder und das Grab seiner Schwester und flog von Casablanca nach Istanbul. Er verbrachte einige Wochen auf der asiatischen Seite und lernte dann einen Marokkaner kennen, der sagte, er könne ihn nach Griechenland bringen. Er verlangte 800 Euro. Acht Stunden saß Hassan mit anderen in einem Bus, der sie an einer Bucht in der Nähe von Izmir absetzte. Es waren Syrer und Marokkaner, viele von ihnen minderjährig. Es war März, und das Wetter war grauenvoll. Das Meer wogte schäumend hin und her, der Wind jagte über den Sand. Es gab zwei Boote, beide viel zu klein für die Menschen, die sich auf ihnen drängten. Neben Hassan stand eine Frau, die sich um vier Kinder kümmern musste. Sie bat ihn, ihr beim Einsteigen zu helfen. Die einzige Alternative war zurückzubleiben.

Das Wasser schwappte in das Boot. Die Gischt durchnässte sie bis auf die Haut. Es gab nicht ausreichend Schwimmwesten, nicht einmal die Möglichkeit, sich zu setzen. Die meiste Zeit standen sie schweigend da, die Augen zum Himmel gerichtet, und erwarteten ihr Schicksal. Die Männer schöpften das Boot aus, während das Wasser weiter um ihre Beine wogte. Als Griechenland schon in Sicht war, sank das andere Boot. Sie sahen, dass es unterging, dass es auf unnatürliche Weise zwischen den Wellen hin und her schwankte und zu lange brauchte, um sich wieder aufzurichten. Dann kippte es um und verschwand, verblüffend schnell. Jemand telefonierte, aber sie konnten nichts tun. Der Steuermann drehte um und hielt wieder Kurs auf die Türkei. Auf dem Rückweg kamen sechs von ihnen wegen der Kälte ums Leben. Drei davon Kinder. Den Überlebenden blieb nur eines: nicht darüber nachdenken. Es noch einmal versuchen.

Beim nächsten Mal schaffte Hassan es nach Lesbos. Er landete im Flüchtlingslager von Moria, damals das größte Lager dieser Art in Europa. Es beherbergte doppelt so viele Menschen, als dort eigentlich Platz hatten, und die Nächte verbrachte Hassan in unruhigem Schlaf in einem Schiffscontainer, schwitzend und nach Mücken schlagend, während in der Dunkelheit Kinder weinten. Er entkam von Lesbos auf einer Fähre, an den Unterboden eines Lastwagens geklammert. Dieses Bild eines Menschen, der sich unten an einem Transporter festhält, sagt alles über die unerbittlichen Gesetze des freien Handels und unüberwindlicher Grenzen. Von Athen fuhr er mit dem Bus nach Thessaloniki, und von dort ging er zu Fuß nach Norden, Richtung Nordmazedonien. Sein einziger Besitz waren eine Decke und die Kleidung, die er am Leib trug. Er folgte den Straßen, hielt sich auf den Banketten. Ging nachts, um Autos zu vermeiden. Die Straßenschilder waren in kyrillischer Schrift, doch wenn er sein Telefon aufladen konnte, hatte er eine Landkarte zur Verfügung. Seine Schuhe waren schon längst durchgelaufen.

Die Menschen waren sehr freundlich, die Polizei dagegen behandelte ihn übel. In Serbien wurde er zweimal festgenommen. Beim ersten Mal wurde er zurück nach Nordmazedonien geschickt, beim zweiten Mal wurde er geschlagen und durfte dann seines Wegs gehen. »Bitte sehr«, sagten sie. »Herzlich willkommen«, sagten sie, »wenn du unbedingt nach Europa willst.« Zu Hause hatte er von Europa geträumt, doch nicht von solchen Erlebnissen.

Er kam nach Belgrad, erreichte Ungarn. Im Vergleich zur ungarischen Polizei waren die Serben wahre Engel gewesen. Dann von Ungarn nach Österreich. Weitergehen, weitergehen, Tag für Tag. Über Österreich hatte er Gutes gehört, und in Innsbruck beantragte er Asyl. Drei Tage lang, so erzählt er, wurde er auf einer Polizeiwache gefangen gehalten, ohne Wasser oder etwas zu essen. Dann wurde er in ein Flüchtlingslager gebracht. Dort erfuhr er, dass sein Antrag abgelehnt worden war. Er floh nach Deutschland, doch weil er hörte, dass man dort jahrelang auf seine Papiere warten musste, ging er nach Süden. Einer seiner Cousins lebte in der Nähe von Verona. So kam er in diese Gegend hier. Die Flucht hatte acht Monate gedauert.

»Ich will einfach nur ein gutes Leben führen«, sagt Hassan. »Ich fliehe vor gar nichts.«

Modesto ist bei Weitem nicht der einzige Landwirt in der Lessinia, der sich diesen neuen Zustrom von Arbeitskräften zunutze macht. Etwas weiter westlich, ein paar Kilometer außerhalb des Dorfes Erbezzo, gibt es ein Ankunftszentrum für Migranten. Etliche der Menschen, die dort leben, haben Arbeit auf einer der *malghe* gefunden. Das Gebäude diente früher als Kommandozentrum der NATO; 2017 wurde es von der Präfektur requiriert und beherbergt seitdem ein *Centro di Accoglienza Straordinaria,* ein Notfallaufnahmezentrum für Migranten. Wie viele anderer solcher Einrichtungen in Italien und Europa war es als vorübergehende Unterkunft für außergewöhnliche Umstände gedacht, wurde dann jedoch zu einer dauerhaften, völlig ungeeigneten Wohneinrichtung. 2019 wollte die Beobachtungsstelle für Migration in Verona die Schließung des Zentrums erreichen, mit Verweis auf seine »abgeschiedene Lage« und die daraus folgende »Separation«.

Die Geflüchteten, die auf Lampedusa landen, werden in der Regel direkt hierhergebracht. Manche bleiben jahrelang. Für jeden von ihnen werden pro Tag zwanzig Euro aufgewendet, inklusive Bezüge. Seit den Kürzungen im Jahr 2019, als Matteo

Salvini stellvertretender Ministerpräsident und Innenminister war, gibt es keine Sprachkurse mehr, keine psychologische oder medizinische Betreuung. Die Bewohner sind zur Untätigkeit verdammt. Ich habe diese Unterkunft besucht, und obwohl ich schon in England und in Griechenland bei Flüchtlingsprojekten mitgearbeitet habe, habe ich noch nie etwas so Groteskes gesehen. Eine Anlage aus beigefarbenen Gebäuden, die auf einem Felsvorsprung thront, eingezäunt von herabhängendem Stacheldraht, ringsherum ein paar verstreute Baumgruppen. Im Winter ist dieser Ort bisweilen komplett von der Außenwelt abgeschnitten. Vor ein paar Jahren haben acht Bewohner versucht, während eines Schneesturms zu entkommen; sie wurden aufgegriffen, als sie auf dem Weg nach Verona waren. 2018 starb in diesem Zentrum der achtunddreißigjährige Nigerianer Eso Matthew an einem Herzinfarkt. Der Krankenwagen brauchte über eine Dreiviertelstunde, bis er bei ihm war.

Solche Ankunftszentren sollten in dicht besiedelten Gebieten liegen, damit die Integration erleichtert wird, doch davon kann bei dem nahe gelegenen Weiler Vaccamozzi mit seinen sieben Einwohnern kaum die Rede sein. Dieses Zentrum ist das abgelegenste im ganzen Veneto. »Solange sie da drin bleiben, mache ich mir keine Sorgen«, sagte einer der Einwohner von Vaccamozzi einer Regionalzeitung anlässlich der Eröffnung des Zentrums. »Aber die Vorstellung, dass sie hier herumlaufen, vor allem nachts, macht mir Angst.« Bei einer gut besuchten Veranstaltung für die Anwohner im August 2017 sprach der Bürgermeister von Erbezzo, Lucio Campedelli, davon, dass man »die Gegenwart von Fremden ertragen« müsse und dass Italien der Flüchtlingskrise begegne, indem es »die Invasion unterstützt«. »Wer glaubt, dass wir diese Menschen integrieren könnten, lebt auf dem Mond«, pflichtete ihm Raffaello Campostrini bei, der Bürgermeister des nahe gelegenen Ortes Sant'Anna d'Alfaedo. Mauro Gaspari, der stellvertretende Bürgermeister von San Martino Buon Albergo, sagte, angesichts der Tatsache, dass 2016 weniger als vier Prozent der Migranten, die nach Italien gekommen waren, Asyl erhalten hatten, sei es »klar, dass wir es hier nicht mit Flüchtlingen zu tun haben«. Er rief die Bürgermeister der Region auf, heldenhaft zu handeln.

Ich habe natürlich hauptsächlich die Wölfe im Kopf. Doch als ich diese Aussagen von Menschen gelesen habe, die für diese Bergdörfer ein moralischer Kompass sein sollten, drängten sich die Vergleiche auf. Wölfe und Migranten haben hier schon immer gelebt. Die Lessinia wurde vor rund tausend Jahren im Wesentlichen von Einwanderern aus Bayern besiedelt, und die Überreste des Zimbrischen, das noch an wenigen Orten, etwa in Giazza, gesprochen wird, erinnern an diese migrantische Vergangenheit. Die Zimbern waren Holzfäller, und mit der Dezimierung der Wälder verschwanden auch die Wölfe, bis sämtliche Erinnerungen gefällt waren. Die Behauptungen, auf die ich bei meiner Lektüre stieß – dass die Lessinier die Ersten hier gewesen seien, noch vor den Wölfen und den Migranten –, dehnen die Fakten bis zum Zerreißen. Die ersten Bewohner der Lessinia waren selbst Migranten, und Lessinia bedeutete: Wölfe. Aber die Leute schenkten jenen Behauptungen Glauben, und das war das Entscheidende. So wie sie glaubten, sie bräuchten weder die einen noch die anderen.

Ich frage Hassan, ob er schon einmal Wölfe gesehen hat.

»Natürlich.«

»Gibt es in Marokko Wölfe?«

Er ist sich nicht sicher; Füchse gab es aber auf jeden Fall. Sie kamen in der Nacht, rissen ein neugeborenes Lamm oder ein Zicklein und brachten dutzendweise Hühner um. Seine Familie mochte die Füchse nicht. Bevor Hassan hierherkam, hat er nicht viel über Wölfe nachgedacht, aber hier hat er schon vier- oder fünfmal welche gesehen. Ein Schatten im abendlichen Zwielicht. Einmal fuhr er noch vor der Morgendämmerung einen Feldweg entlang, als ein Wolf querte und lange in das Licht der Scheinwerfer starrte, gespenstisch und unnatürlich. Angeblich sind die Wölfe von Osten gekommen. Und Hassan mag sie nicht, so wie seine Familie die Füchse nicht mochte. Aber die Art, wie sie durch das Halbdunkel huschen, wie sie in diesem Gelände überleben, sich das nehmen, worauf sie Anspruch zu haben glauben, wie die Menschen hier über sie sprechen – all das berührt etwas in ihm. Er kann nicht genau sagen, was es ist. Aber es bewegt ihn.

Als ich eines Abends mit Emma und Giacomo beim Abendessen sitze, bekomme ich eine Nachricht von Paolo Parricelli, einem Ranger im Naturpark Lessinische Berge. Auf diese Nachricht warte ich, seitdem ich Paolo vor ein paar Wochen kennengelernt habe. »Morgen Vormittag begutachte ich in der Nähe von Sant'Anna d'Alfaedo ein gerissenes Rind«, lautet die Nachricht. Ob ich mitkommen wolle. Früh am nächsten Morgen holt er mich auf dem Parkplatz in Fosse ab, und wir schlängeln uns hinter dem Auto der Tierärztin die Hügel hinauf. Wir parken auf einem Feldweg neben einem ramponierten Pick-up. Ein Mann und eine Frau steigen aus, und wir alle geben einander die Hand.

Grillen stieben vor unseren Füßen davon. Das Thermometer zeigt neunundddreißig Grad, und es ist glühend heiß. Das

Paar, dem die Kuh gehört, führt uns durch hohes Gras an die Stelle, wo es passiert ist. Die Frau trägt ein Unterhemd, Jeans und Stiefel, nach einem langen, sonnigen Sommer ist ihre Haut dunkel. Der Mann hat ein zusammengerolltes Seil geschultert und sieht aus, als hätte er gerade einen Querfeldeinlauf absolviert: Käppi, Shorts und ein Leibchen, aus dessen Ausschnitt graues Haar hervorsteht, alte Turnschuhe und fadenscheinige Socken. An seinen Armen und Beinen zucken dünne Muskelstränge, in seinen geröteten Augen liegt ein erschöpfter Blick.

Bevor wir das Tier sehen, riechen wir den Gestank, den süßlichen, klammen Geruch des Todes, der durch die Hitze des neuen Tages aufsteigt. Die Kuh liegt neben einem Rosenstock. Ihr Kopf steht in einem unnatürlichen Winkel ab, und eine Fliege kriecht über einen ihrer Augäpfel, doch abgesehen von diesen irritierenden Details sieht es aus, als würde sie sich nur ausruhen. Ich gehe um den Strauch herum, um sie von der anderen Seite zu betrachten. Die Hinterbacken sind fast gänzlich verschwunden, vom Ende des Rückens bis zu den Knien ist kein Fleisch mehr vorhanden, als wäre alles mit einer stumpfen Klinge abgetrennt worden. Übrig sind nur zerfetztes Gewebe und ein Trümmerhaufen aus Innereien, Blut und Kot, in dem es jetzt von Maden wimmelt, sodass es aussieht, als pulsiere im Inneren des Tieres noch seine Seele. Mir wird übel, und ich halte mir einen Arm vors Gesicht.

»Ceradini hat das Weibchen gesehen. Er sagt, sie ist doppelt so groß wie ein Hund und hat auch Junge«, berichtet der Mann. »Gestern haben wir die Kuh vermisst, und ich habe mir große Sorgen gemacht. Sie war noch nie abgängig.«

Die Tierärztin trägt Gummistiefel, ein altes Band-T-Shirt und um den Arm eine OP-Maske, die wie eine rudimentäre

Flosse wirkt. Sie schlüpft in ein Paar Handschuhe, zieht ein Skalpell aus der Gesäßtasche und setzt einen Längsschnitt in den Hals der Kuh. Dann zieht sie die dicken Schichten Haut und Fett ab und legt die Luftröhre frei, das fettige hellrosafarbene Fleisch einer gesunden Kuh. Fliegen umkreisen sie, während sie arbeitet.

»In der Nähe von Claudios Hof waren fünf Gämsen«, sagt die Frau und sieht der Tierärztin zu, wie sie den Kadaver aufschneidet. »Die haben ganz friedlich gegrast. Warum sind die Wölfe nicht auf die losgegangen?«

»Zu aufwendig.«

»Gämsen sind zu schnell.« Ein eingespielter Ablauf, typisch für Eheleute, unzählige Male eingeübt und jetzt für uns aufgeführt. »Aber wieso soll der Wolf ein natürlich lebendes Wesen sein, wenn er sich den Bauch nur mit den Tieren vollschlägt, die wir auf die Weide bringen?«

»Hier ist ein Bluterguss«, sagt die Tierärztin und zeigt auf einen dicken, unförmigen Blutklumpen unter der Haut, den sie gerade freigelegt hat. »Sie hat noch gelebt, als sie sich über sie hergemacht haben. Kein Verzehr nach Eintreten des Todes.«

»Sie haben sie bei lebendigem Leib gefressen?«, fragt der Bauer.

Die Tierärztin nickt. »Die einen haben sie am Bauch angegriffen, die anderen am Hals.«

Die Bisse in den Nacken schließen einen Hund als Angreifer aus; ein Hund würde eine Kuh nie auf diese Weise erlegen. Der Anblick ist grauenerregend. Über die Weide verläuft eine dreißig Meter lange Schneise aus blutigem, niedergetrampeltem Gras, als wäre eine Planierraupe hindurchgewalzt. Während das Tier noch lebte und um sich schlug, haben die Wölfe ihm die Lenden weggefressen. Diese drei Menschen kennen den Tod in vielen Formen, aber das hier erschüttert sie alle. Wie sehr sie gelitten hat, ist nicht abzuschätzen. Die inneren Organe der kalten Nachtluft preisgegeben. Wie viele Wölfe es wohl waren? Wie lange hat der Todeskampf der Kuh gedauert?

»Armes Mädchen«, sagt der Bauer. »Sie war so eine Süße.«

»Am Anfang hat sie gekränkelt«, erzählt die Frau. »Sie konnte keine Milch verdauen. Ich habe mich um sie gekümmert. Sie war wie ein Baby für mich.«

»Frauen können mit Tieren besser umgehen«, sagt der Mann. »Das ist einfach so.«

»Als ich sie hier entdeckt habe, musste ich weinen«, sagt die Frau. »Manche Dinge sind einfach zu viel.«

Die Tierärztin richtet sich auf und wischt sich mit dem Unterarm den Schweiß von der Stirn. Sie schätzt, dass die Kuh seit drei Tagen tot ist. Ein Bauer sieht in der Regel einmal die Woche nach seiner Herde, weshalb ein Riss wie dieser tagelang unbemerkt bleiben kann. Wenn hier oben Nebel herrscht, verliert man leicht die Orientierung, und wenn eine Färse ihre Herde verliert und zu einer anderen stößt, können die Wölfe angeblich riechen, dass sie nicht dazugehört. Dass sie verletzlich und verwirrt ist. Wölfe suchen sich die Tiere aus, die verloren sind.

Als die Tierärztin mit ihrer Arbeit fertig ist, zieht der Mann ein Taschenmesser aus seinen Shorts, durchtrennt den Riemen um den Hals der Kuh und nimmt die große, kuppelförmige Glocke an sich. Sie ertönt einmal und schweigt dann. Der Mann beugt sich zu dem Tier hinab, bindet mit dem Seil die Vorderbeine zusammen, und dann ziehen er und seine Frau es zu dem Feldweg. Später wird ein Transporter kommen und den Kadaver abholen. So ist es Vorschrift. Außerdem würde das tote Tier Touristen abschrecken; allerdings bedeutet das, dass sich die Wölfe eine neue Beute suchen müssen.

Als wir wieder bei den Autos sind, nimmt die Tierärztin ihre Unterlagen vom Beifahrersitz, lehnt sich an die Motorhaube und macht sich an die Dokumentation. Sie trägt die wichtigsten Punkte der Obduktion ein und bestätigt die Vermutung: »Wolf.« Wer ein Tier durch Wolfsriss verliert, hat Anspruch auf Entschädigung. Doch der bürokratische Vorgang kann Monate dauern.

»Ist das das fünfte Mal?«, fragt die Tierärztin.

»Das sechste Mal in diesem Sommer«, sagt die Frau. »Und hoffentlich das letzte Mal. Ich klopf auf Holz.«

Der Mann legt die Hände wie zum Gebet aneinander und bewegt sie auf und ab; die theatralische Geste eines Fußballspielers, der die rote Karte bekommt und seine Unschuld beteuert. »Das ist doch eine beschissene Situation. Das ist es doch alles nicht mehr wert.«

»Es muss endlich erlaubt sein, die Wölfe abzuschießen«, sagt die Frau. »Ich habe nichts gegen Wölfe, aber sie gehören nicht hierher.« Das habe ich nun schon so oft gehört – niemand hat etwas gegen Wölfe, eigentlich, aber sie gehören nicht hierher –, dass ich mich frage, wo überhaupt noch Platz für Wölfe sein soll.

»Angeblich kann man sich in Asagio eine Art Falle besorgen, die mit Gummigeschossen auf die Wölfe schießt, wenn sie auftauchen«, sagt der Mann.

»Nein, das funktioniert anders«, entgegnet die Tierärztin. »Wenn es irgendwo viele Wolfsrisse gibt, kann man eine Anlage aufstellen, die dem Bauern eine Nachricht aufs Handy schickt, sobald Wölfe auftauchen. Der Bauer ruft dann die

Ranger an, und die kommen am nächsten Tag mit Gummigeschossen. Das ist keine Maschine, die mit Gummigeschossen schießt.«

Der Mann zuckt mit den Schultern. »Aha. Kann schon sein.«

»Manche Leute streichen den Kühen Teer auf den Rücken, weil sie glauben, das schützt sie«, sagt die Frau.

»Wir haben alles versucht«, sagt der Mann. »Und nichts hat funktioniert. Bei San Bortolo haben sie einen Zaun errichtet, einen Meter siebzig hoch. Der Wolf ist drübergesprungen und hat die Ziegen gefressen.« Er nimmt sein Käppi ab, betrachtet die Innenseite und streicht sich mit der Hand durch die grau melierten Haare.

»Ihr solltet euch öfter mal hier zeigen und die Wölfe ein bisschen erschrecken«, schlägt Paolo vor. »Macht Lärm. Lauft rum, damit sie euch sehen.«

Der Mann schüttelt den Kopf. »Es ist ja nicht so, dass ich den ganzen Tag im Bett liege. Heute bin ich um zwei Uhr morgens aufgestanden.«

»Ihr braucht das nicht oft zu machen. Ich weiß nicht, ob es etwas bringt, aber ihr könntet es zumindest versuchen.«

»Tut mir leid, Paolo, aber das mach ich nicht. Ich arbeite jeden Tag fünfzehn Stunden. Und dann auch noch nachts? Da dreh ich ja durch. Das wäre doch Irrsinn.«

»Die Politik muss entscheiden, ob sie uns Bauern hier noch haben will«, sagt die Frau. »Sie sollten Wachen aufstellen in der Nacht.«

Zwei Wanderer kommen vorbei. Sie tragen neonfarbene, wasserabweisende Kleidung und verspiegelte Sonnenbrillen und verwenden Wanderstöcke. Ihr kleiner Hund kläfft nervös den Kadaver der Kuh an, der jetzt am Straßenrand liegt.

»*Buongiorno*«, sagt einer der beiden leichthin, während die beiden Welten aufeinanderprallen.

»*Salve*«, sagt der Bauer und nickt gravitätisch.

»Ich kann da nichts machen«, beteuert Paolo. Weil weder ein Wolf noch ein Politiker in der Nähe ist, bei dem sie ihrem Ärger Luft machen können, kriegt ihn jetzt Paolo ab, ein Repräsentant der Obrigkeit. »Redet mal mit Valdegamberi.«

»Und Valdegamberi sagt, wir sollen mit der Regierung des Veneto reden«, entgegnet die Frau. »Und die sagt: Redet mit Rom. Und Rom sagt: Redet mit Brüssel. Und so schieben sich alle gegenseitig den Schwarzen Peter zu. Das haben wir doch alles schon durch. Aber wem gehört denn dieses Land hier?«

Die Tierärztin schiebt die Unterlagen über die Motorhaube des Pick-ups.

»Wir müssen nun mal damit leben«, sagt der Mann, während er unterschreibt. »Aber immerhin bekomme ich meine fünftausend Euro …«

»Ich will keine fünftausend Euro«, sagt die Frau. »Ich will meine Kühe zurück.«

Am nächsten Tag breche ich in aller Frühe nach Podestaria am Nordrand der Hochebene von Lessinia auf. Neben der dortigen *malga* und einer Berghütte steht eine alte Kirche, die dem heiligen Bartholomäus geweiht ist. Heute, am 24. August, ist sein Gedenktag, und traditionellerweise werden in dieser Region an diesem Tag die Herden von den Almweiden in die Täler gebracht. Die Bauern sitzen in den Kirchenbänken, halten ihre Strohhüte auf dem Schoß. Über dem Altar hängen zwei Tafeln aus gehämmertem Kupfer mit Darstellungen von Jesus Christus. *Grata Perenne Memoria Della Sua Prima Vista Pastorale.* Noch nie war mir die doppelte Bedeutung von

»pastoral« so klar. Eine Herde von Männern, die um spirituelle Orientierung bitten, um ihrerseits ihre eigenen Herden beschützen zu können.

Als sich nach den Gebeten alle draußen versammeln, ist es Zeit für die ersten Getränke. Es ist Viertel nach neun Uhr morgens. An der Seitenwand eines Pick-ups prangt ein großes Poster, das einen eleganten Wolf im dunklen Smoking zeigt, der aussieht, als gehe er auf eine Dinnerparty. Die Schnauze ist rot durchgestrichen. »Die Berge werden dir nie gehören«, steht darunter. Viele der Bauern tragen weiße T-Shirts mit der Aufschrift *Io sto con gli allevatori* – »Ich stehe auf der Seite der Viehzüchter«. Weiter südlich, in Richtung des Monte Tomba, donnert es zwischen den Bergkämmen.

Das jährliche Treffen in Podestaria findet seit vierzig Jahren statt. Bei einer Zeremonie werden die *bacani* gekrönt, die Bauern des Jahres, und die Züchter präsentieren stolz ihre Tiere. Aber dieses Jahr haben sie keine Tiere mitgebracht. Nächsten Monat, bei der Fiera del Bestiame in Erbezzo – die seit 115 Jahren begangen wird und die wichtigste Zusammenkunft im bäuerlichen Kalender der Lessinia ist –, wird es genauso sein. Anstelle von Kühen, Kälbern und Schafen werden Pappkartons mit den Umrissen der Tiere ausgestellt, um zu veranschaulichen, wie eine Zukunft ohne Landwirtschaft aussehen würde. Diese Treffen sind bis jetzt nur bei katastrophischen Ereignissen wie Kriegen oder Pandemien ausgefallen. In diesen Tagen spielt sich wieder ein solches Ereignis ab. Vor Kurzem hat jemand auf einer Weide eine weiße Flagge gehisst, als symbolisches Zeichen der Kapitulation. Auf einem kleinen Schild darunter stand auf Italienisch »Protest aus Verzweiflung«, und darunter die alte italienische Redewendung *in bocca al lupo*, wörtlich »im Mund des Wolfs«. Ähnlich wie bei »Hals-

und Beinbruch« wünscht man sich damit Glück, indem man das Gegenteil sagt. Ursprünglich wurde der Spruch von Jägern verwendet. Die gängige Antwort darauf lautet: *crepi lupo*, »der Wolf soll verrecken«.

Mitte des Vormittags haben die meisten der Bauern schon ein paar Bier intus, und bis die Polenta fertig ist, dauert es noch mindestens eine Stunde. Die Stimmung ist inzwischen leicht angespannt. Stefano Valdegamberi, ein Lokalpolitiker der rechtspopulistischen Lega und Abgeordneter im Regionalparlament, steigt auf den Pritschenwagen, der als Bühne dient. Laut einer kürzlich veröffentlichten Untersuchung des Organized Crime and Corruption Reporting Project stand er in Diensten des Kremls und betrieb in der EU prorussische Propaganda, auch wenn er selbst das abstreitet. Er war bei mehreren Parlamentswahlen als Beobachter in Russland und zeigte sich »beeindruckt von der allgemeinen Transparenz«. Wie auch immer sich das verhält, hier oben ist er ein sehr populärer Mann. Er stammt von einem Bauernhof in der Lessinia, ist einer von ihnen. Auf seiner Facebook-Timeline finden sich neben prorussischer Propaganda und Gedanken zum Zimbrischen (dem alten Dialekt der Region, den Valdegamberi fließend beherrscht) auch einige Fotos, die ihn mit seinen Schafen zeigen. Als 2018 in der Lessinia rechtswidrig ein Wolf erschossen wurde, verurteilte die Tierschutzorganisation Lega Anti Vivisezione (LAV) den Abschuss auf Facebook mit einem Statement und postete dazu ein Foto des toten Tieres. »Das nächste Foto ist eins von der LAV!«, kommentierte Valdegamberi, eine Morddrohung, die er später schulterzuckend herunterspielte mit Verweis darauf, er verwende oft »Ironie oder Paradoxien, um die Leute zum Nachdenken zu bringen«.

Viele Landwirte glauben, Valdegamberi sei der Einzige, der

ihnen wirklich helfen will. 2021 brachte er einen Gesetzentwurf ein, der »die Eindämmung des Wolfs in den Gebieten, wo er schwere Schäden an den Viehbeständen anrichtet« zum Ziel hatte. Umweltschutzorganisationen kritisierten den Entwurf und brachten vor: »Die Wolfsfrage in der Lessinia kann nicht durch staatlich verordnete Tötungen gelöst werden, die als Reaktion auf soziale Spannungen und zu Propagandazwecken durchgeführt werden.« Als ich einige Tage später mit Valdegamberi in seinem Heimatort Badia Calavena bei einem Espresso sitze, erzählt er, ihn habe weniger die erwartbare Reaktion der »Ideologen« – damit meint er die Tierschutzapostel – auf seinen Vorschlag geärgert, sondern die der anderen Politiker und der Bauernverbände. Die Coldiretti, Italiens größten Bauernverband, nennt er seinen Erzfeind. »Wenn sie etwas erreichen wollen, setzen sie in der Politik alle Hebel in Bewegung«, klagt er. »Aber sie wollen die Umwelt noch mehr schützen als die Umweltschützer.« Das ist der Boden, den Valdegamberi an diesem Morgen in Podestaria in seiner Rede beackert, und als er wieder herabsteigt, sich setzt und Alex Vantini, der Präsident des Coldiretti-Ortsverbandes Verona, auf den Laster klettert, ist die Menge streitlustig.

»Ich will nicht verhehlen, dass es keine leichte Sache ist, heute hier zu sein und in einer solchen Situation euer Präsident zu sein«, setzt Vantini an und klingt dabei, als wäre er heute lieber nicht hier und lieber nicht in einer solchen Situation Präsident. »Nicht nur wegen der Probleme mit den Tieren, sondern auch wegen der steigenden Rohstoffpreise und der Trockenheit. Wir haben gerade gehört, wie weit die Positionen der Politiker und die der Bauern auseinanderliegen. Ich vertrete euch, und ich will, dass ihr, die Bauern, hinter mir steht. Wer das tut, soll jetzt zu mir auf die Bühne kommen.«

Niemand bewegt sich. Vantini sieht sich um. »Warum kommst du nicht zu uns runter?«, ruft einer.

»Wir sind nicht für Koexistenz«, fährt Vantini fort und weicht von seinem Redemanuskript ab. »Es nervt mich, dass Politiker, selbst hier auf dieser Bühne, immer den Bauernverbänden die Schuld geben. Wir haben mehrfach betont, dass wir dafür sind, die Bestände zu regulieren.«

»*Cos'hai fatto?*«, ruft der Mann von vorhin zurück. »Aber was hast du *unternommen*?« Er schiebt sich durch die Menge nach vorne. Er hat sich die verspiegelte Sonnenbrille ins stachelige Haar geschoben, und ein Tattoo mit Flammen schlängelt sich einen seiner Arme hinauf.

Vantini formt mit Daumen und Zeigfinger einen Ring und fährt mit der Hand auf und ab, um seine Worte zu unterstreichen, als würde er einen Takt schlagen. »Warum applaudiert ihr jemandem, der einen Gesetzentwurf eingebracht hat, der nicht angenommen wurde?«, ruft er mit Bezug auf die Rede Valdegamberis.

»Der tut wenigstens was!«

»Wenn das Gesetz auf dem Tisch liegt, werden wir dafür stimmen. So ist das Vorgehen. Aber wir machen selbst keine Gesetze.«

Doch von diesem »Vorgehen« haben hier mittlerweile so ziemlich alle die Schnauze voll. Kein einziges »Vorgehen« hat ihre Kühe gerettet. »Dann lies doch mal die Gesetze!«, ruft der Mann, der jetzt vor der Bühne steht. »Ich kenn die auswendig!«

Einige äußern sich zustimmend. Vantini wirkt völlig überfordert. Sie stehen jetzt vor ihm, laut rufend. Ich verstehe nicht alles, was sie sagen, aber es klar, dass sich ihr gesamter Frust und all ihre Ängste auf den Wolf konzentrieren, wie Sonnenlicht, das von einer Lupe gebündelt wird. Mein Adrenalinpegel steigt, als sich die beiden Parteien gegenüberstehen. Dann macht Vantini dem ein Ende, verlässt die Bühne und setzt sich wieder auf seinen Platz. Er wirkt irritiert und schockiert.

Der Mann mit dem geflammten Arm heißt Enrico Beltramini. Nachdem sich die Lage wieder beruhigt hat, gehe ich zu ihm und stelle mich vor, und er lädt mich zu sich nach Hause ein, zu Bier und Fleisch. Ein paar Tage später folge ich der Einladung und begebe mich in ein kleines Dorf in der Nähe von Velo Veronese. In der modernen und top ausgestatteten Küche setze ich mich an den Tisch, Enrico schärft ein Messer, bis es glänzt, und schneidet von einem Stück Lende drei Steaks ab. Er hat zehn Jahre lang als Schäfer in der Lessinia gearbeitet, bis einer seiner Hütehunde den Hund eines Touristen angefallen und ihm eine Pfote abgebissen hat. Heute arbeitet er als Metzger.

»So wie der Wolf!«, sagt seine Freundin lachend und sieht von ihrem Handy auf.

»Der Wolf ist ein interessantes Tier«, sagt Enrico vom Herd aus über die Schulter. »Er ist klug. Der perfekte Soldat. Mein Gott, wie ich ihn hasse. Aber ich respektiere ihn. Weil er ein großartiges Tier ist. Der König. Er ist weder gut noch böse. Der Wolf tut, was der Wolf eben tut. Ganz einfach.« Ich glaube, auch Enrico ist, obwohl er den Wolf so sehr hasst, einer von denen, die nichts dagegen hätten, als Wolf wiedergeboren zu werden.

Er legt die Steaks in eine Pfanne mit rauchendem Öl und serviert sie kurz darauf, noch blutig. Dann setzt er sich mir gegenüber an den Tisch. Auf dem anderen Arm, dem ohne Flammen, trägt er ein Tattoo mit zwei gekreuzten Handfeuerwaffen, umschlossen von den kunstvoll geschriebenen Worten »Beltramini Clan«.

»Die Leute sagen, wenn ein Wolf mich sieht, läuft er davon.« Er bewegt einen Finger hin und her. »Nein. Der Wolf hat vor nichts Angst. Der Wolf interessiert sich nicht für uns. Er wird andauernd unterschätzt. Er ist der Spitzenprädator in der Nahrungskette. Wenn er demnächst einen Menschen frisst, wäre das nicht verwunderlich.« Als ich ihm erzähle, dass es Menschen gibt, die sich für die Wiedereinführung des Wolfs in Schottland einsetzen, lacht er, als wäre die ganze Welt verrückt geworden. »Wir haben sie doch nicht ohne Grund fast ausgerottet«, erwidert er. »Es gibt zu dem Thema haufenweise Geschichten.«

Wie jedes ehemalige Wolfsterritorium kennt auch die Lessinia eine stattliche Anzahl von Wolfsgeschichten, die den Wolf weithin überdauert haben. 1655 wurde die bedauernswerte Maddalena aus Camposilvano von einem Wolf gefressen. Er zerfetzte die rechte Seite ihres Oberkörpers, als sie vor dem Haus die Wäsche wusch (angeblich meidet der Wolf die linke Flanke, weil dort das Herz sitzt). Oder der Mann aus Gaspari, der gerne auf Hügelkuppen ging und dort heulte, um seinen Nachbarn Angst einzujagen, eines Tages aber so lebensecht heulte, dass er dadurch einen Wolf anlockte. Das Tier verfolgte ihn bis zu seinem Stall. Der Mann kam mit dem Leben davon, doch seine Haare wurden weiß, und er stotterte bis ans Ende seiner Tage.

Nachdem wir unser Fleisch verzehrt haben, zeigt Enrico mir auf seinem Handy die Fotos, die er gesammelt hat, ein erschütterndes Album des Krieges.

»Schau, hier. Dem hat er die Lungen rausgerissen. Da war nichts mehr zu machen. Und hier. Und hier. Das hier ist eine

Bushaltestelle, wo Kinder auf den Schulbus warten. Siehst du das? Erst zieht er ihm die Haut ab, und dann frisst er es. Wie bei einer Orange! Als Erstes frisst er die Leber, dann die Weichteile, dann das Fleisch.« Enrico tippt sich an die Schläfe. »Der Wolf ist klug«, sagt er noch einmal.

Bei dem Bild eines Wolfs aus der Lessinia hält er inne. »Schau, hier. Dieser Wolf hat garantiert einen Hundeanteil in sich. Zu viele Wölfe sind Mischlinge. Dadurch kommen die Gene durcheinander. Es gibt heutzutage keine Italienischen Wölfe mehr. Wir verlieren diese Rasse. Wir verlieren den echten Italienischen Wolf.«

Nächsten Monat wird in Italien ein neues Parlament gewählt, nachdem die Regierung von Mario Draghi im Juli zerbrochen ist. Alles deutet auf einen Sieg der Fratelli d'Italia hin, einer Partei mit neofaschistischen Wurzeln. Würde das einen Unterschied für die Probleme der Menschen hier machen?

»Der Wolf ist ein Problem der Berge«, sagt Enrico. »In den Bergen gibt es wenige Stimmen zu holen, in den Städten dagegen viele. Wer sagt, wir dürfen den Wolf töten, bekommt deswegen nicht mehr Stimmen. Der einzige Politiker ist Valdegamberi. *Forte*, Valdegamberi. Ihm ist die Tradition wichtig, die Art, wie die Menschen in der Lessinia leben. Er ist sehr gut. Sehr intelligent. Er ist der Einzige, der sich für die Lessinia einsetzt, weil er von hier ist. Wer einmal nach Rom gegangen ist, kümmert sich nicht mehr um uns.«

Eine Gesetzesänderung, die den Abschuss von Wölfen erlaubt, würde in Gegenden wie dieser hier vermutlich nicht viel bewirken, es sei denn, es käme zu einer restlosen Ausrottung. Wie erwähnt kann durch den Abschuss von Wölfen paradoxerweise sowohl die Anzahl der Wölfe als auch die der Risse steigen, weil dadurch Rudel destabilisiert werden und die Tiere auf Beute gehen müssen, die leichter zu jagen ist. Außerdem sind die Wölfe, die erlegt werden, meistens Jungtiere, die ansonsten möglicherweise abgewandert wären, sodass ein solcher Abschuss nur lokale Auswirkungen hätte. Und dennoch ertappe ich mich bei dem Gedanken, ob in der gegenwärtigen Situation eine Lockerung der Abschussregeln nicht die einfachste Lösung wäre, solange dadurch weder die hiesigen Populationen noch der Schutzstatus des Wolfs gefährdet würden. Das Gefühl der Ohnmacht, das die Bauern verspüren, richtet weitaus mehr Schaden an als alles, was die Wölfe tun. Wenn man den Schutzstatus des Wolfs absenkt, etwa auf die Stufe des Schakals oder der Gämse, wäre es leichter, mit Mischlingen oder Problemwölfen umzugehen oder mit den Tieren, die bis in die Vororte der großen Städte vordringen. Und noch wichtiger: Dann stünde der Wolf nicht länger als heiliges Tier da, wäre kein Totem der städtischen Eliten mehr. Wer auf dem Land lebt, sieht mit eigenen Augen, dass es dem Wolf prächtig geht, und wenn diese Menschen nichts dagegen tun können, wenn sie ihr Land und ihr Vieh nicht mehr schützen können und ihre Lebensgrundlage bedroht sehen, führt das nur zu einer noch tieferen Spaltung. Die Umweltschützer behaupten, den Schutzstatus zu senken, würde einen gefährlichen Präzedenzfall schaffen, aber wenn nicht in irgendeiner Weise berücksichtigt wird, was das alles für die Bauern bedeutet, frage ich mich, wie eine Lösung aussehen soll.

»Früher oder später wird diese Fassade einstürzen«, sagt Enrico und sieht mir in die Augen. »Irgendwann wird es krachen. Vielleicht morgen, vielleicht in zehn Jahren, aber früher oder später wird etwas passieren. Denn der Wolf ist einfach zu viel. Er ist eine zu große Belastung. In jeder Hinsicht.«

# II

*Das Grasland ist das Große Leben und doch unglaublich zerbrechlich. Wenn das Gras einmal zerstört wurde, ist das Grasland den Angriffen der Sandstürme schutzlos ausgeliefert, die schlimmer wüten als Schneestürme. Stirbt das Grasland, sterben Rind, Schaf, Pferd, Wolf und Mensch mit ihm.*

Jiang Rong, *Der Zorn der Wölfe*

Mattia Cacciatori liegt im Bett und lauscht dem Regen, der auf das Dach des Wohnwagens prasselt. Kein sehr heimeliges Geräusch, wenn man weiß, dass man bei den ersten Sonnenstrahlen aufstehen und vor die Tür gehen muss. Wenn man weiß, dass die Schafe sich im Regen aneinanderdrängen, keinen Schlaf finden, vergeblich versuchen, möglichst nicht nass zu werden, bald aber ganz durchnässt sind und auch die Lämmer klitschnass und frierend.

Wenn seine Schafe nicht schlafen können, kann auch Mattia nicht schlafen. Er spürt, wenn es ihnen nicht gut geht. Manchmal träumt er von ihnen. Er träumt, dass ein Lamm geboren wurde oder ein Mutterschaf eine Totgeburt hatte, und wenn er aufwacht, stellt er fest, dass das wirklich passiert ist. Früher hat Sofia ihn damit immer geneckt. Wenn sie die Herde in der Obhut eines Freundes gelassen haben und ins Val Camonica zu Sofias Mutter zum Mittagessen gefahren sind, war Mattia den ganzen Tag unruhig und konnte nicht aufhören, von seinen Schafen zu reden. Und er hat ihr gesagt, irgendwann werde auch für sie kein Tag mehr vergehen, an dem sie nicht an die Herde denken würde. Dann hat sie gelacht und gesagt: »So ein Blödsinn! Du vielleicht, aber ich? Niemals.« Als ihre Wanderjahre vorüber waren, dachte sie manchmal wehmütig an Menschen zurück, aber für Schafe hatte sie nie viel empfunden. Doch erst vor einer Woche sind wegen der Hitze drei Lämmer verendet, und Sofia konnte nicht aufhören zu weinen. Sie weinte lange. Wenn mit den Schafen etwas nicht stimmt, spürt Mattia das an einem bestimmten Gefühl im Hals. Das ist eine Geisteskrankheit, sagt er manchmal im Scherz, aber eine von der guten Sorte. Ein bisschen so, wie wenn man verliebt ist.

Sofia liegt neben ihm und schläft. Dicht an dicht liegen sie in der Mitte der durchhängenden Matratze. Mattia schmiegt sich an ihren warmen Körper und legt die Hand auf ihren leicht gewölbten Bauch. Darin sein Sohn oder seine Tochter, noch wissen sie es nicht. Sofia hat heute Geburtstag, aber abgesehen davon wird es ein Tag wie jeder andere auch sein. Sie wird fünfunddreißig. Mattia ist dreiunddreißig.

Doch vielleicht ist nun endlich die Trockenheit vorbei. Gestern Morgen hat es auch schon so stark geregnet. Noch vor drei Jahren oder sogar noch vor einem Jahr konnte Mattia nicht draußen sein, wenn es regnete. Er verfluchte das Wetter. Wenn es regnet, kann man nicht einmal lesen. Doch heutzutage ist das anders. Er springt herum, er tanzt und singt und schaut nicht ständig auf die Uhr. Mit jedem Jahr wird er mehr und mehr ein echter Schäfer. Nicht schlecht für einen Großstadtjungen aus Verona.

Die Schafe brauchen natürlich Regen, allerdings nicht so

viel auf einmal, nicht so viel, dass sie nicht mehr fressen oder das nasse Gras ihre Bäuche aufbläht. Aber Regen ist immerhin besser als kein Regen. Monatelang hatte es gar nicht mehr geregnet. Der Teich war ausgetrocknet, das Gras dünn wie Papier, die Halme *coltellini*, kleine Messer. Die Schafe mussten jeden Tag acht Stunden lang fressen, um ihren Magen mit diesem minderwertigen Futter zu füllen. Ein Vollzeitjob. Probleme mit dem Wasser gibt es jeden Sommer, aber noch nie war es so schlimm wie dieses Jahr. In ganz Europa ist die Lage schlimm, doch nirgends so schlimm wie in der Lessinia. Aus dieser Region fließt das Wasser ab wie durch ein Sieb. Jeden Tag muss Mattia hinunter nach San Giorgio fahren, seinen 500-Liter-Tank mit Wasser füllen und ihn wieder herauftransportieren. Das Wasser ist für viele Menschen schon seit langer Zeit ein Problem, meint Mattia. Für arme Menschen. Für die, die in der Wüste leben. Aber jetzt bricht eine Zeit an, in der wir alle lernen müssen zu überleben.

Irgendwie findet er zurück in den Schlaf. Im Traum ist er wieder in der Wüste in Bolivien. Gemeinsam mit Freunden macht er Rast, sie essen, die öde Landschaft erstreckt sich in alle Richtungen bis zu den Berggipfeln am Horizont, und der Himmel ist so blau, dass einem schwindlig wird. Vielleicht hat die Trockenheit in Mattia eine Art Wahnsinn ausgelöst, sodass nun auch seine Träume ausgetrocknet sind. Doch manchmal, wenn er es sich erlaubt, vermisst er diese Orte. Andererseits vermisst er sie überhaupt nicht.

Als er aufwacht, liegt er zunächst still da, bis ihm klar wird, dass er aufgewacht ist, weil der Regen aufgehört hat. An den Rändern des nicht ganz passgenauen Rollos sickert Licht herein. Mattia richtet sich auf, und das Buch, in dem er gestern Abend gelesen hat, fällt polternd auf den Boden. Sofia schläft weiter. Wegen der Schwangerschaft ist sie meist erschöpfter als er. Das Baby soll erst im Januar kommen, doch schon jetzt spürt Mattia ganz deutlich die Verantwortung. Noch vor drei Jahren lebte er allein. Nun sind sie zu zweit, und bald werden sie zu dritt sein. Er zieht die Schuhe an, stellt die Kaffeekanne auf die Gasflamme und öffnet die Tür, die auf einen neuen Tag hinausführt.

Der Himmel ist wolkenlos, das Gras durchnässt, und von weiter unten im Tal steigen Wolken herauf. Viola und Pioggia, die beiden Hütehunde, sind schon wach und schleichen, von Zuneigung getrieben, um Mattias Beine. Er packt beide Hunde an der Schnauze und krault sie hinter den Ohren. Dann kratzt er sich den Bauch und sieht zum Himmel auf. Noch weht eine morgendliche Brise, doch schon bald wird es wieder heiß sein. Dann ist es mit dem Regen wieder vorbei. Die umliegenden Gipfel – Castel Gaibana und Castel Malera – leuchten bereits im Licht der Sonne. Zur Gaibana führt ein stillgelegter Sessellift hinauf, doch seit Jahren ist dort niemand mehr Ski gefahren. Kein Schnee. Mattia entfernt sich ein paar Schritte vom Wohnwagen, um zu pinkeln.

Das Läuten der Glocken und der Geruch der Schafe dringen durch die kalte, reine Luft. Die Tiere drängen sich in ihrem Gehege aneinander, das durch einen Elektrozaun gesichert ist, um den ein zweiter Elektrozaun verläuft. Zwischen den Zäunen liegen die vier Wachhunde – Bruma, Folco, Rollo und Pannolino, allesamt weiße Maremmen-Abruzzen-Schäferhunde – und dösen in der aufkommenden Wärme wie ein Rudel Löwen. Mattia nennt das Gehege seine Burg. Meistens schlagen die Hunde an, weil nachts eine Kuh vorübergeht – als hätten sie noch nie eine Kuh gesehen –, aber noch nie hat Mattia ein Schaf an einen Wolf verloren.

Die Herde besteht aus etwa 300 Tieren. Ein Teil gehört zur Rasse Bergamasca, große, weiße und zottelige Tiere mit herabbaumelnden Ohren, die wie Zöpfe aussehen. Die anderen sind Brogna; sie sind kleiner, grobschlächtiger und tragen Kleckse auf dem Fell, die wie alte Teeflecken aussehen. Eine alte, regionale Rasse, die die Zimbern für den Verkauf in Venedig gezüchtet haben und die schon fast ausgestorben war, als ein paar Schäfer sie wiederbelebt haben. Angeblich geben sie gute Milch, gute Wolle und gutes Fleisch, aber in Wahrheit geben sie nichts von all dem. Ein weiteres Tier, für das die Logik des Kapitalismus keine Verwendung hat. Aber wer sich um die Logik des Kapitalismus schert, wird kein Schäfer.

Als ich eintreffe, ist es schon heiß. Die Sonne steigt, das Land schwitzt, schwacher Dunst steigt auf. Ich trinke mit Mattia und Sofia Kaffee, dann folgen wir der Herde bergan. Auf Mattia und Sofia bin ich in einem Lokal in Velo Veronese gestoßen. Dort hatte ich Lamm gegessen, das von ihnen stammte, und der Kellner erzählte mir von den beiden. Sie fallen in der Lessinia aus dem Rahmen, weil sie Schafe und nicht Kühe halten, und sie fallen aus dem Rahmen, weil sie Mitte dreißig sind und nicht Mitte achtzig. Ich konnte Kontakt zu Mattia aufnehmen, und er hat mich eingeladen, sie hier oben auf den Sommerweiden zu besuchen. Um zehn Uhr gibt es kein einziges schattiges Fleckchen mehr, und wir drei sind oben am Südhang, schwitzen und schlagen uns mit Fliegen herum.

Sofia hat einen aus Holz geschnitzten Ohrring, ihre Zöpfe ragen unter dem Anglerhut hervor, und ihr ständiges Lächeln ist ansteckend. Mattia ist groß, hat einen Bart und ebenfalls einen Anglerhut auf dem Kopf. Beide tragen alte, vom Wetter strapazierte Kleidung. Beide sind kräftig und gelenkig, ihre

Körper geprägt vom harten Alltag, den die Schafe ihnen abverlangen. Die Herde bewegt sich, und wir bewegen uns mit ihr. Das Gras vibriert und summt von Heuschrecken. Ich habe meinen Hut vergessen, aber die beiden haben mir einen geliehen. Wir werden den ganzen Tag hier draußen verbringen.

»*Pioggia. Vai sui. Vai sui. Passa avanti. Cerca, cerca, vai, vai. Vieni qua. Vieni. Cazzo. Vieni qua. Porco dio! Vieni. Brava.*« Mattias Rufe fliegen wie Vogelgezwitscher durch die Luft, es ist der klingende Rhythmus der Landschaft, in dem er seine Hunde anweist, wie sie die Schafe führen sollen. »*Viola! Pioggia! Titta, titta, titta, titta!*« Kleine Vögel stieben aus einem Busch auf und flattern davon, während die Hütehunde hin und her jagen. Zwei Tage Regen haben genügt, damit das Gras wieder in sattem Grün steht. Ein herrlicher Anblick.

Mattia zeigt mir, bis wohin sich die Weide erstreckt. Im Osten dürfen sie die Tiere bis in die Schlucht hinabführen, aber nicht weiter. Bergbauern erhalten Subventionen von der EU, weil es mühsam ist, in einem so rauen Klima für seinen Lebensunterhalt zu sorgen, mit einer Arbeit, die sich im Grunde seit Jahrtausenden nicht verändert hat. Je höher gelegen und je steiler das Land ist, das man bewirtschaftet, desto mehr Geld bekommt man; allerdings findet kaum ein Bauer, dass das zum Leben ausreicht. Fast die ganze Lessinia ist in Privatbesitz, liegt seit Generationen in den Händen einiger weniger großer Familien, die nur allzu gern einem landlosen Schäfer gestatten, seine Tiere auf ihrem Besitz weiden zu lassen, und die Subventionen selbst einstreichen. Wenn man eine *malga* mieten will, erhöhen sie die Preise entsprechend. Mattia schätzt, dass sie, nur indem sie hier sind, ihrem Verpächter rund 40 000 Euro einbringen.

»Die leben alle in Verona«, sagt Sofia.

»Und haben einen Ferrari oder einen Lamborghini in der Garage.«

»Aber auch, wenn solche Leute mit einem Fiat Cinquecento und in einer einfachen Jacke hier auftauchen – man sieht an ihren Schuhen, dass sie nie richtig gearbeitet haben. Das gibt es überall in Italien. Aber vor allem in der Lessinia.«

»Als der Besitzer uns das Land gezeigt hat, wusste er nicht einmal, wo die Grenzen verlaufen«, erzählt Mattia. »Ich habe ihn gefragt, wo der andere Teich ist, und er wusste es nicht.«

Mattia und Sofia haben sich während der COVID-Pandemie kennengelernt. Ihre Geschichte gehört zu den positiven aus dieser Zeit. Sofia war als Freiwillige auf den Hof gekommen, wo Mattia sich gerade mit seiner Herde aufhielt. Sie hatte zwei Wochen bleiben wollen, saß dann wegen des Lockdowns drei Monate lang fest und blieb schließlich ganz. Jetzt leben die beiden auf einem Berghang, mit 300 Schafen und einem Baby in Sofias Bauch, und keiner kann sich mehr ein Leben ohne den anderen vorstellen, das irgendeinen Sinn hätte.

Sofia stammt aus einer kleinen Stadt in den Bergen nördlich von hier, war aber ein paar Jahre lang in der Weltgeschichte unterwegs. Sie hat in der italienischen Botschaft im Kongo gearbeitet, bis sie erkannte, dass sie dadurch die Welt nicht würde verändern können. Sie hat den Job gekündigt und ist auf Reisen gegangen. Sie hat Togo bereist, Nordafrika, den Nahen Osten. Sie hat mehrere Jahre in Südostasien gelebt. Doch irgendwann wurde auch dieses Leben zur Routine: Orte verlassen, Menschen verlassen, Abschied nehmen, wieder und wieder. Gefangen im eigenen Paradies. Und was sie suchte, fand sie schließlich dort, wo sie angefangen hatte.

Zwischen Herbst und Frühjahr ziehen sie mit ihrer Herde

durch die Täler in der Umgebung ihres Hauses und lassen sie überall dort grasen, wo die Nachbarn es ihnen erlauben. Die älteren Leute sind gerührt von diesem jungen, verliebten Paar, das auf traditionelle Weise lebt. Manchmal gibt ihnen jemand in einer Bar etwas aus, oder eine Frau bringt ihnen eine Flasche Grappa auf die Weide, damit sie sich wärmen können.

»Man muss aufpassen, dass man nicht zum Alkoholiker wird«, sagt Sofia und grinst.

Und im Sommer sind sie hier oben. Für diese Monate leben sie. Im fünften oder sechsten Wintermonat können einem die vertrauten Täler aufs Gemüt schlagen; die uralte, tief sitzende Wanderlust ist dann nicht mehr zu unterdrücken. Im April, Mai passiert etwas in den Herzen der Menschen. Auch die Tiere spüren es. Wenn der Frühling kommt, werden sie unruhig und blicken hinauf zu den Gipfeln. Eines Tages ist dann der Zeitpunkt gekommen. Dann machen sich alle – Hunde, Schafe, Menschen, die jungen Lämmer sicher verstaut in den Satteltaschen der Esel, das Baby in Sofias Bauch – zu Fuß in die Berge auf, dem Lauf der Jahreszeiten folgend wie die Ozeane der Anziehungskraft des Mondes.

»Wir haben riesiges Glück«, sagt Sofia. »Wir sind vollkommen unabhängig. Wir können unsere Tage so gestalten, wie wir wollen. Wir dürfen dieses wundervolle Leben führen.«

»Es ist erstaunlich, dass ihr so viel Zeit miteinander verbringt«, bemerke ich.

»Jede einzelne Minute!«, entgegnet Mattia und lacht.

»Aber wir fühlen uns immer noch wohl damit. Oder, Mattia? Sag schon!«

Mattia lächelt und nickt. Die beiden sind unübersehbar glücklich miteinander.

»Wahrscheinlich schweigt ihr oft lange.«

Mattia schüttelt den Kopf. »Sie redet ziemlich viel!«

»*Ma dai*!«, erwidert Sofia lachend und knufft ihn. »Manchmal verbringen wir den Vormittag getrennt«, erklärt sie. »Wir teilen uns die Schicht auf.«

»Die Leute halten uns für verrückt«, sagt Mattia und grinst. »Mich halten sie für verrückt, weil ich mit meiner Herde zusammenlebe wie ein Tier, und Sofia halten sie für verrückt, weil sie mit mir zusammenlebt.«

Die Leute halten sie für verrückt, weil sie Schafe statt Kühe halten und weil sie dem Wolf keine Blutrache geschworen haben. Aber alle mögen sie auch mehr oder weniger, weil sie jung sind, mehr oder weniger, das heißt mindestens eine Generation jünger als fast alle anderen Bewohner der Lessinia. Das Geschwisterpaar, das in der *malga* auf der anderen Seite des Tals lebt – ein Mann und eine Frau –, ist Mitte siebzig. Sie stehen um fünf Uhr morgens auf und arbeiten bis acht Uhr abends, ganz auf sich allein gestellt. Der Mann, der jenseits der Hügel lebt, ist fünfundsechzig. Modesto ist zweiundachtzig. Sie alle mögen Mattia und Sofia, weil sie glücklich und verliebt sind. Aber sie wissen auch, dass sie anders sind, dass sie andere Ansichten haben und in einer anderen Welt leben, und Andersartigkeit war in den Bergen noch nie gern gesehen, wo man den Gefahren des täglichen Lebens nur durch Stabilität und Beständigkeit begegnen kann.

Mattia pflanzt seinen Hirtenstab in den Boden, stützt sich darauf und betrachtet seine Herde, lässt den Blick über die Gegend schweifen wie ein Turmfalke. Nichts entgeht ihm. Er weiß, dass die Touristen ihn für ein schlichtes Gemüt halten. Wie kann ein Mann den ganzen Tag damit verbringen, vor sich hin zu starren?

»Als Hirte musst du gute Augen haben«, sagt er. Er zeigt

auf einzelne Tiere in der Herde. »Die dort ist trächtig, es kann jeden Tag so weit sein. Ich behalte sie genau im Auge. Die da drüben hat ein Problem mit einem Vorderbein. Und die dort mit den Zähnen.«

Genau hingesehen hat er schon sein ganzes Leben, nur hat er früher dabei durch eine Kamera geschaut. Er hat im gesamten Nahen Osten gearbeitet. Anderthalb Jahre lang war er im Gazastreifen. Von dort ging es weiter nach Syrien, von Syrien nach Ägypten, von Ägypten in die Türkei. Er hat vieles gesehen und vieles fotografiert, und das Adrenalin hat ihm die Kraft dazu verliehen. Überall, wo er war, hat er auch Schäfer gesehen. In der Türkei bekam er ein Gummigeschoss in den Bauch, als er die Proteste im Gezi-Park dokumentierte. Er wurde in einen Bus gepfercht, einer Leibesvisitation unterzogen und zwei Nächte in einer Zelle festgehalten. Ihm drohten sieben Jahre Haft, doch die italienische Botschaft schaltete sich ein. Er wurde abgeschoben und sah von Italien aus zu, wie neun Menschen ihr Leben verloren und über achttausend verletzt wurden. Heute, neun Jahre später, lebt er als Schäfer in den Bergen, und Erdoğan ist noch immer Präsident der Türkei.

Mit sechsundzwanzig Jahren geriet Mattia in die Werbebranche – denn da war das Geld. In gewisser Hinsicht war er sehr erfolgreich; zu seinen besten Zeiten hatte er fünfzehn Assistenten. Damals begegnete er zum ersten Mal einer Ziege. Es war während einer seiner kurzen Auszeiten auf dem Bauernhof eines Freundes in Ligurien. Um zwei Uhr morgens weckte ihn sein Freund und bat ihn, ihm beim Melken zu helfen. Und dann saß er da, die Hände am Euter der Ziege, und ließ Milch in den Eimer fließen.

»Ich dachte: O mein Gott«, berichtet er. »Genau das will ich machen. Mit der Fotografie erschaffe ich nichts. Mit dem hier erschaffe ich Leben. Ich kann mich selbst versorgen.«

Mattia ist nicht der einzige Journalist, der jetzt Dreck unter den Fingernägeln hat – oder die Hand im Darm eines Schafs. Ein Freund, mit dem er in Palästina gearbeitet hat und der einmal den Preis für das Pressefoto des Jahres gewonnen hat, ist Bauer geworden. Er hat Kinder, eine Frau, einen Hof. Denn was bringt das alles, wenn man nicht glücklich ist?

»In der Stadt halte ich es nicht lange aus«, sagt Mattia. »Dabei ist es nicht mal Rom, sondern Verona. Aber auch das ist mir zu viel. Ich muss dann wieder hier heraufkommen und Holz hacken.«

In der Nacht kann man die Stadt von hier oben aus sehen, sie leuchtet wie die Glut eines sterbenden Feuers.

»Das Einzige, was den Leuten in der Stadt wirklich zugesetzt hat, war das Coronavirus«, sagt Sofia, die hinter uns im Gras sitzt. »Für die Leute in der Stadt war das furchtbar. Für uns dagegen ist es furchtbar, wenn es nicht regnet. Das ist unser wichtigstes politisches Anliegen. Wir kämpfen nicht für die Linken oder für die Rechten. Wir kämpfen für Wasser.«

»Gibt es irgendjemanden, der eure Interessen vertritt?«, will ich wissen.

»Der Klimaschutz steht für niemanden an erster Stelle. Das ist wie in dem Film *Don't look up*.«

»Die Veränderungen, die wir zurzeit erleben«, ergänzt Mattia, »so was hat es seit sechshundert Jahren nicht gegeben. Seit sechshundert Jahren.« Es spricht einiges dafür, seine Zeit damit zu verbringen, genau hinzusehen. Als Mattia noch als Fotograf tätig war, sagte er in einem Interview: »Ich will mich als Teil der unbarmherzigen Geschichte der Menschheit fühlen.« Unbarmherzig ist diese Geschichte nun zweifellos geworden, und Mattia ist unbestreitbar ein Teil davon. Er ist jeden Tag draußen, bei jedem Wetter, jeden Tag, das ganze Jahr über.

»Die Bauern töten ihre Kühe«, fährt Sofia fort. »Hier oben gibt es kein Wasser. Wenn sie sie wieder in den Stall bringen, können sie sich das Heu nicht leisten, also was bleibt ihnen anderes übrig? Diesen Winter werden viele Bauern ihre Höfe aufgeben.«

Mattia und Sofia haben mit dem Gedanken gespielt, auf eine sardische Schafrasse umzustellen, die mit Trockenheit besser zurechtkommt. Das würde bedeuten, die Brogna aufzugeben – aber welchen Sinn hat eine traditionelle Lebensweise noch, wenn die Welt nicht mehr dieselbe ist wie früher?

»Ich schaue mit Sorgen in die Zukunft«, sagt Mattia. »Alles verändert sich zu schnell.«

Die Maremmen-Abruzzen-Schäferhunde stromern durch die Herde, Tiere wie große Wolken, aber die Schafe schenken ihnen keine Beachtung. Sofia zieht die Beine an, umfasst sie mit den Armen und rollt sich lachend auf den Rücken. Ich lege mich ebenfalls hin und lausche dem sanften, rhythmischen Geräusch der Glocken.

»Wünschst du dir, dass dein Kind so aufwächst?«, frage ich sie nach einer Weile.

»Für ein Kind ist so ein Leben schön«, antwortet sie. »Nicht als Urlaub, sondern als normales Leben. Vielleicht wird es die Schafe lieben lernen, vielleicht auch nicht. Aber wirklich glücklich macht mich, dass er oder sie eine Verbindung zu all dem haben wird, die ein Leben lang Bestand hat.«

Mittlerweile haben wir Pioggia und Viola, die Hütehunde, schon länger nicht mehr gesehen. Normalerweise entfernen sie sich nicht einfach so. Mattia sucht immer wieder mit dem Fernglas den Horizont ab. Die eine Hälfte der Herde befindet sich jetzt im Talboden und wandert auf das benachbarte Stück Land. Es würde lange dauern, hinunterzugehen und die Tiere zurückzuholen, und Mattia sieht ungerührt zu ihnen hinab. Er weiß ganz genau, dass er in Zeiten wie diesen ohne seine Hunde hilflos wäre. Sie sind seine Ohren, seine Beine, Ausführende seines Willens.

Ich sehe ebenfalls ins Tal hinab. Am Himmel kreist, durchdringend zwitschernd, ein vereinzelter Vogel. Mattias Eltern haben ihm diese Welt nahegebracht. Dann war er lange weg, kam aber wieder. Ich sitze neben ihm im Gras und verspüre eine große Sehnsucht nach dem Leben, das ich meinen Kindern gerne geben würde, obwohl ich genau weiß, wie sehr ich es idealisiere. Mattia und Sofia sind Menschen ganz nach meinem Herzen. Ich kann mir gut vorstellen, dass wir Freunde werden. Und ich glaube, in gewisser Weise idealisieren sie ihr Leben genauso. Aber spricht das dagegen, so ein Leben zu führen?

»Ich habe Kulturanthropologie studiert«, erzählt Sofia. »Dabei kam es mir manchmal so vor, als wäre ich der Gegenstand meiner Forschungen und nicht selbst die Forscherin.« Und wenn Mattia noch Fotos machen würde, würden sie vermutlich allesamt Schafe zeigen.

»Wie ich höre, werden viele junge Leute Schäfer«, sage ich.

»Echt?«, fragt Sofia, richtet sich auf und blickt sich theatralisch um. »Und wo sind die alle?«

Aber es ist so. Überall schießen Schulen für Schafhaltung aus dem Boden. Erst dieses Jahr wurde im Apennin in den Abruzzen eine eröffnet. Die Schulen in Spanien haben lange Wartelisten. Die Escuela de Pastoras del siglo XXI in Kantabrien bildet ausschließlich Frauen aus und hat zehnmal mehr Bewerberinnen als Plätze.

Ja, es hat etwas Lächerliches, Kurse zu besuchen, um Schäferin zu werden. Mattia findet das nicht gut – es riecht nach Vereinheitlichung, Regulierung, Papierkram, nach all dem, was er vermeiden will. Früher brachte der jüngste Sohn einer Familie die Herde für den Sommer auf die Weide, und der brauchte auch keine Ausbildung. Den ganzen Sommer über behielt er die Tiere im Blick, allein mit den Sommergewittern, seinen Gedanken und hin und wieder einem Wolf. Bezahlt wurde er dafür nicht. Später wurden diese Jungen zum Schulbesuch gezwungen, gaben ein Handwerk auf, das über Generationen hinweg weitergegeben worden war, und lernten Lesen und Rechnen. Heute sind die Schäferschulen das Einzige, was noch übrig ist, um das verloren gegangene Wissen zurückzugewinnen.

Diese Nachfrage entspricht einem Bedarf, und nicht nur einem Bedarf an Schäferinnen und Schäfern. Seit Heidis Zeiten stand dieser Beruf nicht mehr so hoch im Kurs wie heute. Im Lauf der letzten hundert Jahre hat uns der Kapitalismus von einem mühsamen, nach Lanolin und Schafspisse stinkenden Leben befreit und uns in eine strahlende Zukunft mit Hochhäusern und Zoom-Konferenzen katapultiert, mit E-Scootern und mehreren Sorten Nussmilch, mit Synthetikfasern und künstlicher Intelligenz. Und das führt nun dazu, dass junge Leute alles hinter sich lassen und mit einer Handvoll Schafen in den Bergen leben wollen. In den Dolomiten habe ich einen jungen Mann getroffen, der eine Ausbildung zum Schäfer machte. Er hatte zehn Jahre lang in einem Altersheim gearbeitet, während der Pandemie jedoch so viele Menschen sterben sehen, dass er es dort nicht mehr aushielt. »Warum willst du mit Tieren arbeiten?«, habe ich ihn gefragt. »Weil Tiere nicht lügen«, war seine Antwort.

Schäfer sind den Wölfen zwar vielleicht nicht wohlgesinnt, doch Wölfe schaffen Jobs. Aber wer kann es sich leisten, einen Schäfer zu beschäftigen? Nach Ansicht von Max Rossberg von der European Wilderness Society im österreichischen Tamsweg sehen wir in der Figur des Schäfers jemanden, der »den Klimawandel verlangsamt«, und bezahlen ihn oder sie mit dem Geld aus $CO_2$-Steuern. Ein umstrittenes Thema. »Regenerative Landwirtschaft« ist zu einem Schlagwort geworden, das von der Umkehr des Klimawandels bis zur Verbesserung des Mutterbodens alles verspricht. Regenerative Weidehaltung hat angeblich alle möglichen positiven Effekte, von der Minderung des Lawinenrisikos (auf abgeästem Gelände ist die Schneedecke stabiler) über natürliche Düngung (durch das Ausbringen von Mist) bis hin zur Förderung der Artenvielfalt (indem ein Flickenteppich von Habitaten geschaffen wird), aber der größte Nutzen liegt in der Speicherung von Kohlenstoff. Wenn Gras regelmäßig abgeäst wird, so die Befürworter, bildet es tiefere Wurzeln aus und zieht dadurch Kohlenstoff aus der Atmosphäre. Die Gegner argumentieren, dass dieser Kohlenstoff nur für begrenzte Zeit gebunden wird und dass Vieh durch Rülpsen und Furzen weitaus mehr Treibhausgase ausstößt, als durch das Grasen gespeichert wird. Betrachte man die ausgestoßenen Emissionen, so sei Weidehaltung schlimmer als Massentierhaltung, da Tiere dort ein weitaus kürzeres Leben hätten und dadurch weniger Verschmutzung verursachten.

Die Debatte ist so komplex wie polarisiert. Die industrielle Tierhaltung ist ohne Frage eine äußerst destruktive Praxis, und es entstehen immer mehr gangbare Alternativen. Doch weltweit gibt es noch immer etwa 300 Millionen Viehhirten, und in zahlreichen Gegenden bilden sie einen wichtigen

Bestandteil des Wirtschaftskreislaufs, weil sie auf ansonsten nicht nutzbarem Land Pflanzen mithilfe von Tieren in Proteine verwandeln. Die Forderung nach Abschaffung dieser Tätigkeit führt zu mehr Fragen als Antworten. Die italienische Regierung hat vor Kurzem Einfuhr, Verkauf und Produktion von Laborfleisch verboten, mit dem Argument, dadurch die italienische Tradition zu schützen; allerdings bleibt unklar, inwieweit solche Entscheidungen aus Solidarität mit den Viehhaltern getroffen werden und inwieweit sie von der Agrarlobby beeinflusst werden. Die meiste Zeit unseres sesshaften Daseins – bis zum Beginn der industriellen Landwirtschaft – waren domestizierte Tiere keine quantifizierbare Technologie, die messbare Daten lieferte, sondern stellten unsere ursprüngliche Verbindung zur Natur dar. Der Aktivist und Schriftsteller Wendell Berry nannte die Landwirtschaft ein Gespräch mit der Natur. Heute ist sie von diesem Ideal offensichtlich weit entfernt. Doch hier oben auf dem Berg bei Mattia und Sofia ist die Natur nicht das Andere, wie im Zoo oder auch in den Wäldern, sondern etwas, das mit uns in Verbindung steht. Die meisten von uns werden niemals so ein Leben führen. Dennoch: Wenn ich bedenke, welche Beziehungen zwischen den Menschen, den Schafen, dem Land und dem Wolf bestehen, komme ich nicht um den Gedanken herum, dass wir, sollten wir all das verlieren, etwas sehr Wertvolles verlieren würden.

Plötzlich entdeckt Mattia unten im Taleinschnitt irgendetwas, das sich rasch bewegt. Er blickt durch das Fernglas, weiß aber schon, dass das seine Hunde sind. Er ruft nach ihnen, schimpft über sie. Er beobachtet sie, wie sie in vollem Tempo den Talboden entlang und dann quer über den Hang hinaufrennen, wie Wellen, die durch die Landschaft schießen. Als sie näher kommen, werden sie langsamer, schleichen mit hängendem Kopf und gesenktem Schwanz auf ihn zu, sich ihrer Schuld zutiefst bewusst. Als sie vor ihm stehen, lassen sie sich hechelnd auf den Boden sinken. Beide schnaufen wie Dampflokomotiven. Mattia umarmt sie, noch immer fluchend. Er prüft den Geruch von Pioggias keuchendem Atem.

»Pizza?«, fragt Sofia.

Mattia schüttelt den Kopf. »Knochen.«

Er schickt die Hunde zurück zur Herde, damit sie dort für Ordnung sorgen.

Ich werde den ganzen Tag mit Mattia und Sofia verbringen, und im Verlauf dieses langen Sommers, den ich mich in der Lessinia aufhalte, werde ich sie immer wieder besuchen. Jedes Mal freue ich mich darauf. Es ist wohltuend und friedlich, hier oben in den Bergen zu sein, einfach nur dazusitzen, in die Landschaft zu schauen und der Herde zu folgen. Jeden Tag könnte ich das nicht machen, aber jetzt, da ich in der Bibliothek sitze und dieses Buch schreibe, denke ich oft an diese Tage zurück.

Eines Spätnachmittags lädt Sofia mich ein, zum Abendessen zu bleiben. Während sie kocht, helfe ich Mattia bei dem, was abends zu tun ist. Die Hunde treiben die Herde zusammen, Mattia schließt das Gehege und schaltet den solarbetriebenen Generator an. Eines der Brogna-Schafe hat einen aufgeblähten Bauch. Seine linke Flanke ist angeschwollen wie ein Berg. Mattia schiebt sich durch die Herde und packt das Tier am Hinterbein; es ist zu erschöpft, um sich zu wehren. Er klemmt es sich zwischen die Beine, legt ein Ohr auf seinen Bauch und fordert mich auf, es ihm gleichzutun.

»Ich höre nichts«, sage ich.

»Ganz genau«, sagt er. »Da ist alles verstopft.«

Aus dem Wohnwagen ist Sofias Stimme zu hören. Sie singt beim Kochen, auf Englisch.

*»Well, I know that you're in love with him*
*'Cause I saw you dancin' in the gym.*
*You both kicked off your shoes.*
*Man, I dig those rhythm and blu-ues!«*

»Seit zehntausend Jahren halten die Menschen Schafe«, sagt Mattia, während er ein Kräuterextrakt mischt und eine Spritze damit aufzieht. »Aber niemand arbeitet mehr auf die traditionelle Weise. Heutzutage rufen die Leute wegen jeder Kleinigkeit den Tierarzt. Die alten Schäfer, die können das noch. Geben ihnen Rotwein. Oder Kaffee. Schneiden eine Ader auf, wenn ein Tier Bauchschmerzen hat. Für mich ist jedes Problem ein Problem. Für sie ist es eine Aufgabe, für die sie eine Lösung finden. In Äthiopien habe ich einmal gesehen, wie ein Junge einem Schaf ein Feuerzeug an den Hintern gehalten hat.«

»Warum hat er das gemacht?«

Mattia zuckt mit den Schultern. »Keine Ahnung. Aber danach war das Tier wieder putzmunter.« Er klemmt dem Mutterschaf die Spritze in einen Mundwinkel und drückt ihm die Lösung in die Kehle. Dann markiert er es auf dem Rücken mit einem blauen Zeichen und lässt es laufen. Das Tier hüpft verschreckt davon, ein einziges Durcheinander von Gliedmaßen. »Wenn das nicht hilft, ist sie in zwei Tagen tot«, sagt Mattia.

*»So bye-bye, Miss American Pie*
*Drove my Chevy to the levee*
*But the levee was dry.*

*And them good old boys were drinkin' whiskey and rye*
*Singin', this'll be the day that I'll die.*
*This'll be the day that I die.*«

Die Venus ist aufgegangen. Im Fenster des Wohnwagens brennt eine Kerze, ein Leuchtfeuer in der Dunkelheit. Die Schafe legen sich wiederkäuend nieder, still und friedlich inmitten des sanften Klingens ihrer Glocken. Wir waschen uns die Hände, gehen hinein und setzen uns. Sofia stellt mir einen Teller mit Reis und Bohnen hin. »Falls du was anderes willst – was anderes gibt's nicht!«, sagt sie.

Ich habe Bier und als Nachtisch Pfirsiche mitgebracht. Wir sitzen an dem kleinen Tisch, sodass unsere Knie sich berühren. Ich frage die beiden, wie sie zu den Wölfen stehen.

»Theoretisch sind wir für die Wölfe«, sagt Sofia.

Lange wussten sie nicht, wie sie sich zu dem Thema verhalten sollten. Mattia stammt aus der Stadt, so wie seine Familie und alle seine Freunde. Er hatte immer links gewählt. Also hätte er für den Wolf sein müssen. Aber jetzt war er für das Leben mehrerer Hundert Tiere verantwortlich. Er und Sofia haben noch nie ein Schaf an den Wolf verloren, kennen aber viele Schäfer, denen das widerfahren ist. Erst letzten Winter war ein Rudel hier in der Gegend, das ein Auge auf ihre Herde geworfen hatte. Sie haben die Wölfe nie gesehen, aber viele Anzeichen entdeckt, Kot und Fährten. Aber dann hat Mattia ein Buch gelesen und zu einer Haltung gefunden.

»*Der Zorn der Wölfe*«, sagt er. »Von einem chinesischen Autor, Jiang Rong. Es erzählt von den Nomaden in der Mongolei, die in der Steppe Vieh halten. Es geht um Hirten, wie wir es sind. Und es ist ein wunderbares Buch, denn es erklärt, was die Wölfe für die Natur tun, wie wichtig sie für uns sind. Das ist unglaublich. Sie fressen wilde Tiere und unsere Tiere, aber jedes Tier wird stärker, wenn es einen Konkurrenten hat. Der Wolf macht die Natur stärker. Die Chinesen wollen den Wolf loswerden, aber die Nomaden wissen: Wenn es keine Wölfe mehr gibt, bedeutet das den Tod der Natur. Deswegen respektiert der Autor den Wolf. Ein wunderbares Buch.«

Auf dem Unterarm trägt Mattia ein Tattoo, das an ein Armband erinnert: vier parallele Linien, die beiden inneren nahe beieinander, dann auf jeder Seite mit etwas Abstand eine weitere. Früher stand das Tattoo für einen Weg, für Mattias nicht endenden Weg als Fotograf. Heute sieht er darin einen Kreis. Wenn man den Kreis durchtrennt, löst er sich auf. Diese Bedeutung besitzt der Wolf mittlerweile für ihn. Schon nach kurzer Zeit in der Lessinia hatte Mattia begriffen, dass es nicht die Schafe waren, die hier starben. Es war die gesamte Gegend.

»Wir sind hier nur Gäste«, sagt Mattia. »Wenn man sich dafür entscheidet, in der Natur zu arbeiten, darf man sich nicht über die Natur beschweren. Die Natur gibt uns so viel, und wir müssen ihr im Gegenzug etwas zurückgeben. Vor zwei Jahren haben zwei Adler ein paar unserer Lämmer getötet. Soll ich deswegen alle Adler erschießen? Wir können nicht überleben, indem wir alles andere umbringen. Für ein gutes System braucht man jeden einzelnen Bestandteil des Systems. Wir haben diesem Planeten zu viel genommen, und jetzt sagt der Planet: Leckt mich doch am Arsch.«

Ich trinke mein Bier aus. Bald muss ich aufbrechen. Der Wohnwagen, die Berge um uns herum, alles wird von der Kerze zusammengehalten, die auf dem Tisch inmitten von uns dreien steht.

»Die Schafe ermöglichen uns, Leben zu erschaffen«, fährt

Mattia fort. »Ohne die Schafe gibt es kein Geld. Keine Hunde. Ohne Schafe – keine Sofia. Kein Baby. Seit zehntausend Jahren teilen wir unser Leben mit Tieren. Ohne Wolle sind wir nichts. Ohne Fleisch. Ohne Milch. Wir müssen zusammenbleiben, um gegen die Natur zu überleben. Nein, nicht gegen die Natur«, verbessert er sich. »In der Natur. Um in der Natur zu überleben.«

»Alles Handeln ist politisch«, ergänzt Sofia. »Wenn man sich um das Land kümmert, sorgt man für die Zukunft.« Aber die Zukunft ist nicht mehr das, was sie einmal war.

Die Hunde bellen wieder los, bellen irgendetwas an da draußen in der Nacht.

Hochsommer. Hundstage.

Slavc wandert durch die Berge, über das ausgelaugte und gelbliche Gras der Lessinia. Wer ihn schon oft beobachtet hat, erkennt vielleicht eine gewisse Steifheit in den Hüften, doch ansonsten wirkt er so kräftig, so wach und so imposant wie stets während der letzten zehn Jahre. In der Natur werden Tiere nicht schwächer, sondern machen so lange weiter, bis sie nicht mehr können, bis zu dem Tag, an dem sie sich in eine Ecke zurückziehen und sterben. Er ist jetzt schon lange hier. Kann er sich noch an den Weg erinnern, der ihn hierhergeführt hat? An den Ort seiner Geburt? Weiß er noch, wie diese Gegend war, als hier noch keine Wölfe lebten? Die Sonne fühlt sich gut an in seinen alten Knochen.

Er befindet sich inmitten seines Rudels. Sie kommen an einer Herde Kühe vorbei, die ihnen keine Beachtung schenken. Letzte Nacht haben die Wölfe wieder ein Tier gerissen, ein Kalb auf der anderen Seite des Berggrats, daher müssen sie jetzt nicht auf die Jagd gehen. Es scheint, als wüssten die

Kühe das, als spürten sie, was in den Wölfen vorgeht, und als wüssten sie, dass im Moment Platz genug für sie alle ist.

Das Ende der unbeschwerten Zeit naht. Den ganzen Sommer über bieten diese Hänge ausreichend Nahrung, aber schon bald wird auch das letzte Vieh verschwunden sein und erst im Frühjahr wieder zurückkehren. Bald wird das Wetter umschlagen. In einer lockeren Reihe wandern die Wölfe einer nach dem anderen in höhere Lagen.

An Slavc' Seite läuft nicht Julia, sondern ein anderes Weibchen. Sie wurde Orecchio Mozzo getauft, »abgebissenes Ohr«, wegen des charakteristischen Risses in einem Ohr. Man weiß nicht genau, woher sie stammt. Vielleicht ist sie ein Nachkomme, vielleicht ist sie aus einer anderen, weit entfernten Gegend zugewandert. Letztes Jahr wurde sie zum ersten Mal hier im Naturpark gesichtet. Ihre fünf Jungen trotten hinter ihr, mit den noch etwas zu großen Köpfen und Füßen von Jungtieren, behände und voll jugendlicher Energie. Wenn die Erwachsenen stehen bleiben, legen sich die Jungen auf den Boden und räkeln sich wie Katzen im Sonnenlicht des Spätnachmittags.

Orecchio Mozzo ist hier, weil Julia nicht hier ist. Schon lange hat sie niemand mehr gesehen, weder Luca noch Paolo oder Gaetano oder einer von den anderen. Mittlerweile vermutet man, dass sie letzten Winter ums Leben gekommen ist und dass sie in einem Kampf mit dem Rudel aus der östlichen Lessinia getötet wurde. Mit einem Rudel, das nur hier ist, weil auch sie hier ist, weil sie hierher gewandert ist. Tödlich verletzt durch ihresgleichen. Sie wurde zwölf Jahre alt – ein beachtliches Alter für einen wild lebenden Wolf. Etliche Monate später kamen Gerüchte über angebliche Überreste auf, doch als man sie suchte, konnte man nichts finden. Julia kam in der Paarungszeit ums Leben; Slavc blieb wenig Zeit, um zu trauern. Sie waren bis zum Schluss zusammengeblieben, und die zehn Jahre ihrer Partnerschaft gingen so schnell zu Ende, wie sie begonnen hatten. Wieder einmal bestimmte das Schicksal über ihre Leben. Und im nächsten Monat war Orecchio Mozzo von Slavc trächtig.

Eines der Jungen hat ein Murmeltier entdeckt und jagt ihm nach, hüpft eifrig den Hang hinauf. Eine Kuh hebt den Kopf, sieht ihm zu, wie es davonsaust.

Es ist Anfang Oktober, Kastanien bedecken den Boden, werden von den Autos auf dem Asphalt zerquetscht. Die Kirschbäume lodern wie Signalfeuer. Einige Wochen lang war es kalt und feucht – noch nicht triefend feucht, aber feucht –, doch jetzt ist der Sommer noch einmal zurückgekehrt, als *estate San Martino*, eine Art Indian Summer in Italien.

Als ich heute Morgen zu Modesto hinaufgefahren bin, leuchteten die Hügel in Herbstfarben, die Buchenwäldchen hellbraun, sandfarben und rostrot, und der Nebel hing tief in den Tälern. Der Himmel war von Kondensstreifen durchzogen. Die Wasserstellen für das Vieh waren endlich voll mit Regenwasser, kleine Himmelsteiche. Jetzt um zehn Uhr ist der Himmel sattblau, und Modesto bringt seine Kühe ins Tal, bevor der Winter sie überrumpeln kann. Er hat mich eingeladen, dabei zu sein und ihn und seine Helfer zu begleiten.

Die Herde besteht aus neunzig Stück Vieh. Wir tragen alle T-Shirts, und es ist nur schwer vorstellbar, dass der Winter jeden Tag hereinbrechen kann. Aber die Männer – und es sind fast nur Männer – reden davon, dass für morgen Schnee vorhergesagt ist. So schnell kann es gehen. Sie haben Ruten aus Haselsträuchern dabei, haben graue Bartstoppeln, tragen

Käppis und Hosen in Tarnfarben und treiben die Kühe vor sich her. Sie sind aus allen möglichen Orten gekommen, aus Dörfern in der Nähe und sogar aus Bergamo. Am Wegesrand stehen Familien, die einen Wochenendspaziergang machen, Fotografen von Lokalzeitungen und Jungen im Teenageralter, die von ihren Vätern hierhergebracht wurden, weil die finden, dass jeder Mann diese Erfahrung einmal gemacht haben muss.

Die Kühe sind kaum zu bremsen. Ich bin mittlerweile gut trainiert, doch ich habe Mühe, mit ihnen Schritt zu halten. Sie kennen den Weg so gut wie ihre Treiber. Im vergangenen Jahr ging eine verloren und erreichte den heimischen Stall erst etliche Tage später. Aber die Tiere wollen auch ein letztes Mal die Hochweiden genießen, bleiben hin und wieder stehen und grasen am Wegesrand, während die Männer sie umringen, rufen und gestikulieren, als gäben sie jemandem in weiter Ferne ein Zeichen. Zwei der Treiber sind beritten, galoppieren Kühen hinterher, die sich absondern, andere laufen über die Wiese, halten die Tiere auf dem Weg und treiben sie ins Tal.

Wir gehen inmitten der Kühe. Auf den schmalen Wegen stupsen sie uns immer wieder in den Rücken, man spürt ihren warmen Atem. Wenn ich mich nicht zusammenreiße, werde ich leicht nervös, wenn mir so große Tiere so nahe kommen. Um mich herum dissonantes Glockengeläut. Hochtönende und tieftönende Glocken, mit warmem oder schneidendem Klang, Akkorden in Dur oder in Moll. Es sind große Glocken, die an dicken Riemen um die Hälse der Kühe hängen, und in der Mitte der Herde, im selben Tempo dahinschreitend wie die Kühe, die vor und neben und hinter mir trotten, empfinde ich dieses Getöse als etwas Unheimliches. Aus der betäubenden Atonalität entsteht eine Art Harmonie, ein zusätzlicher Klang am Rand des hörbaren Spektrums, ein Dröhnen, das aus der Summe sämtlicher Glocken erwächst, sodass ich geradezu von Klang fortgespült werde.

Ein Bussard zieht seine Kreise. Wir erreichen die Straße und gehen an dem stillgelegten Skigebiet von San Giorgio vorbei. Ein Stück oberhalb von hier stand bis vor Kurzem der Wohnwagen von Mattia und Sofia, aber sie sind vor einer Woche ins Tal gezogen. Ältere Paare haben zu beiden Seiten der Straße geparkt, liegen neben ihren Autos in Liegestühlen und bringen sich selbst den letzten Sonnenstrahlen des Sommers zum Opfer dar. Modesto bildet mit seinem Transporter die Nachhut, Hassan geht zu Fuß, in der Hand eine lange Gerte, läuft hierhin und dorthin und schlägt im Vorübergehen auf alles, was ihm unter die Finger kommt. Er grüßt mich wie einen alten Freund. Ich schließe mich ihm an.

»Letzte Woche war es sehr kalt«, erzählt er. »Es hat geschneit. Die Kühe wollten ins Tal. Nach dem Melken sind sie rausgegangen und den Hang hinabgelaufen.« Er lächelt. »*Casino.*«

Er freut sich darauf, nicht mehr in den Bergen zu sein. Er freut sich darauf, wieder Sonntage zu haben; seit Monaten hatte er keinen einzigen freien Tag. Ab nächster Woche arbeitet er in einer Autowerkstatt in San Bonifacio in der Nähe von Verona. Er hofft, dabei so viel zu verdienen, dass er sich eine Reise nach Marokko leisten kann. Seit sechs Jahren war er nicht mehr zu Hause.

An der Malga Pàparo di Sotto, direkt oberhalb von Pozza dei Confini, hält die Herde an, damit die Nachzügler aufholen können. Modesto steigt aus und geht herum, überprüft seine Tiere, schüttelt Hände. Die Stimmung ist festlich. Dann ziehen wir weiter die steile Straße hinab ins Valle di Revolto. Je tiefer wir kommen, desto stärker spüren die Kühe ihr Zuhause, und die Männer müssen aufpassen, dass sie nicht zu schnell werden und dann womöglich stolpern und sich ein Bein brechen.

Wir erreichen den Wald. Auf dem Boden liegen ganze Haufen von Kastanien, und die Blätter der Buchen leuchten gelb im Licht des frühen spätherbstlichen Nachmittags. Die ersten Blätter fallen schon zu Boden. Irgendwo die Schüsse eines Jägers, der Vögel jagt. Es ist irritierend, Kühe zu sehen, die in Serpentinen durch einen herbstlich gefärbten Wald trotten, als wären sie von wilderer Natur, als sie eigentlich sind. Die Männer scheuchen sie immer wieder zurück auf den Weg, gehen neben ihnen her. Es wäre fatal, wenn ein Tier hier ausrutschen würde. Der Hang ist steil, der Weg alt und in den Fels gehauen. An einer Stelle führt er ein ganzes Stück in einem Tunnel durch das Gestein.

Es ist unvorstellbar, was für eine Plackerei es gewesen sein muss, dem Berg diesen Weg abzutrotzen. Diese Pfade erzählen von einer jahrhundertealten Tradition, einer Tradition, die noch von einem einzigen Mann aufrechterhalten wird, der seinem Lebensende entgegensieht. Wie schnell wird es gehen, bis dieser Pfad von Bäumen überwachsen ist? »Wir haben die Lessinia geformt«, sagt Modesto gern, doch ebenso sehr hat die Lessinia ihn geformt. Ich denke an Stane zurück, an Ivan, Lena, Michael, Enrico, Mattia, Sofia und alle anderen. Dieses Schauspiel hier würde ihnen gefallen.

Wir verlassen den Wald und gelangen in den Talboden. Giazza ist ein kleines Dorf, umgeben von steil abfallenden, bewaldeten Hängen, das mit einem trotzigen Kirchturm, der sich wie ein Finger in die Höhe reckt, seinen Platz in der Wildnis behauptet. Fast das ganze Dorf hat sich am Straßenrand versammelt und sieht uns zu. Alte Frauen und Männer, die die

Kühe taxieren. Andere, die Handys hochhalten. Und Kinder, die ein Leben vorüberziehen sehen, wie sie es niemals führen werden und das eigentlich schon seit Jahren verschwunden ist. Ein pastellblauer Fleck auf einer verputzten Hauswand ist alles, was von einem Wandbild der Jungfrau Maria übrig geblieben ist.

Hinter dem Dorfplatz machen wir Rast, die Kühe bilden Grüppchen und blockieren die Straße. Kleine Bäche aus Kuhpisse fließen über den Asphalt und bilden im Rinnstein Pfützen. Fliegen umschwirren die Kühe, der Speichel tropft ihnen in Fäden von den Lippen, ihre Mäuler stehen offen, die Zungen hängen heraus. Eine Kuh versucht halbherzig, eine andere zu besteigen. Sie sind erschöpft, so wie wir alle, und wir haben noch etliche Kilometer vor uns. Jemand verteilt Espresso in kleinen Plastikbechern.

Auf den Feldern gestapelte Silageballen. Wir gehen auf der Strada Provinciale 10 den Talboden entlang, und hinter uns stauen sich Wohnmobile und Busse. Schließlich verlassen wir die Straße und wenden uns hinauf nach Campofontana.

Die Kühe wissen, dass sie bald zu Hause sind. Sie laufen schneller, drängeln sich durch die offenen Gatter auf die Wiesen und fangen sofort an zu grasen. Die Männer trennen die Kühe von den Kälbern, und nachdem das erledigt ist, die Futtertröge gefüllt sind und die Tiere getrunken haben, ist es später Nachmittag. Keiner von uns hat seit dem Frühstück vor vielen Stunden etwas gegessen. In sechs Stunden haben wir zweiunddreißig Kilometer zurückgelegt.

Vor Modestos Haus stehen Tische mit Tischdecken. Einer der Männer holt von der Baustelle nebenan ein paar Gerüstbretter und legt sie über die Stühle, damit Bänke entstehen. Die Frauen haben gekocht und bringen das Essen. Es gibt überreichlich. Ich verschlinge zwei Teller Pasta, bevor mir klar wird, dass das erst das *primo* war. Danach gibt es ein *secondo*, ein *spezzatino* vom Rind mit Polenta, Kohl und Salat, und anschließend Käse, Brot, Wein, Kaffee mit einem Schuss Grappa sowie Kirschen, die von Likör nur so triefen. Nie hat mir ein Essen besser geschmeckt. Wir sitzen beisammen, lachen und schwatzen, hören Geschichten von früheren Almabtrieben und betrinken uns mit Freude. Hassan isst nicht mit uns. Auch Modesto kann ich nirgendwo entdecken. Jemand sagt, er sei schon ins Bett gegangen. Morgen wird er wieder um vier Uhr aufstehen, wie bis jetzt an jedem Tag seines Lebens.

Ich bade geradezu im Italienischen. Wie lange wird diese Lebensweise noch Bestand haben? Die Berge waren lange Zeit nicht nur die letzte Bastion von Raubtieren, sondern auch der Kultur. So wie die Artenvielfalt in der Krise steckt, leidet auch die kulturelle Vielfalt, und schon lange bin ich der Ansicht, dass beide sich gemeinsam regenerieren müssen, wenn unser Dasein auf diesem Planeten noch irgendeinen Sinn haben soll.

Jede Ausrottung ist eine Geschichte brutaler Gewalt. Der letzte Riesenalk Großbritanniens wurde 1840 auf St. Kilda zu Tode gesteinigt; er war so plötzlich aufgetaucht und von so gruseliger Erscheinung, dass man in ihm eine Hexe vermutete. Wir können keine einzige Masche der Netze lösen, die uns alle verbinden, ohne dass das weitreichende Folgen hat. Ökosysteme zerfallen, Gesellschaften straucheln, Visionen verlieren ihre Strahlkraft. Dennoch ist es leichter, sich die Wiederkehr der Mammuts vorzustellen als eine Menschheit, die ihre Lebensweise grundlegend ändert.

Nachdem ich nun jahrelang über Wölfe nachgedacht und ihren Weg zurück nach Europa verfolgt habe, betrachte ich sie als Treiber der Disruption. Sie bewegen sich schnell und zerstören Dinge. Sie provozieren, sowohl als Sinnbild als auch in ökologischer Hinsicht. Sie verlangen nach Antworten. Können wir Raum abtreten? Können wir Risiken ertragen? Können wir mit Veränderungen umgehen? Können wir uns erlauben, uns wieder in die Welt zu verlieben? Wenn wir, was ja erforderlich ist, zumindest Teile unseres Anspruchs auf die Natur aufgeben wollen, dann ist es der Wolf, der uns fragt, ob wir wirklich glauben, dazu in der Lage zu sein. Wenn die Wölfe uns in der Million Jahre ihrer Präsenz auf der Erde etwas gelehrt haben, dann, dass *sie* extrem anpassungsfähig sind. Wie alle Arten, die auf lange Wanderschaften gehen – Menschen wie Tiere –, schon immer wussten, ist Bewegung eine existenzielle Notwendigkeit. Dass sich in Krisenzeiten nichts kontrollieren lässt. Dass wir uns in Zeiten der Not auf den Weg machen.

Was bedeutet Umweltschutz heutzutage, da so vieles ins Wanken gerät? Wir werden nicht in alte Zeiten zurückkehren, zu denen es noch Wölfe gab. Wir bewegen uns auf etwas Neues zu, das noch nicht abzusehen ist. Wir stehen kurz vor einer Katastrophe, und das ist kein Zustand, in dem wir verharren können. Die Zukunft ist mal furchterregend, dann wieder scheint sie vor Chancen nur so zu strotzen, und es liegt an uns, sie zu gestalten. Ich war immer skeptisch, wenn der Wolf als Symbol der Hoffnung gesehen wurde, doch jetzt weiß ich, dass sich nur jene davor hüten sollten, die im Wiedererstarken des Wolfs ein Anzeichen dafür sehen, dass die Welt gesundet. Für den Wolf ist unsere Zeit sehr wohl eine Zeit der Hoffnung. Damit hatte er weiß Gott nicht rechnen können. Dass wir unsere Türen jenem Tier öffnen, das einst verteufelt wurde wie kein anderes, und ihm erlauben, auf seinem alten

Terrain ein neues Leben zu begründen, ist vielleicht der verblüffendste Aspekt von all dem.

Ein Ende des Festmahls ist nicht in Sicht. Mehr Wein wird gebracht, in großen Dreiliterflaschen. Ich bin müde. Irgendwann verabschiede ich mich von den anderen und breche auf, gehe die Wege zurück, die wir gekommen sind. Es ist Stunden her, dass wir sie gegangen sind, und alles riecht noch nach Kuh.

# Epilog

*Italien, 2023*

Slavc ist tot, und ich bin zurück in der Lessinia.

Erneut ein Frühling. Es ist März, und auf den Tag genau vor elf Jahren hat Slavc diese Gegend zum ersten Mal betreten. Der jüngste Bericht, der diesen Monat veröffentlicht wurde, erwähnt zwei Rudel im Naturpark Lessinische Berge sowie zwei weitere, die jeweils im Grenzgebiet der Lessinia leben: das Carega-Rudel und das Rudel des Walds von Giazza. Insgesamt wohl etwa sechsunddreißig Wölfe. Im ganzen Veneto gibt es mindestens fünfzehn Rudel, deren Territorien zusammengenommen ein Fünftel der Region ausmachen. Nachkommen zweier Tiere, die diese Berge in immer größerer Ausdehnung bevölkern. Wölfe, die Wölfe zeugen, die Wölfe zeugen. In den zehn Jahren, die sie gemeinsam verbrachten, hatten Slavc und Julia Schätzungen zufolge etwa zweiundvierzig Junge. Letztes Jahr gab es in der Lessinia 207 Wolfsrisse: 157 Rinder, 45 Schafe, vier Esel und ein Lama. Seit Oktober 2022 ist Giorgia Meloni, die Vorsitzende der rechtsextremen Fratelli d'Italia, Ministerpräsidentin von Italien.

Ich treffe erneut den Fotografen Gaetano Pimazzoni. Noch immer habe ich keinen Wolf in freier Wildbahn gesehen. Es ist eine Stunde vor Sonnenaufgang, und ich fahre die schmale Straße hinauf, die kurz vor Branchetto links abzweigt und hangaufwärts führt. Das Scheinwerferlicht streift über Schneeflecken, die noch verstreut in der Landschaft liegen, über die Unordnung der Zeit zwischen den Jahreszeiten. In einem Bildstock am Straßenrand flackert eine elektrische Kerze. Ich biege auf den großen Parkplatz am Rifugio Bocca di Selva ein. Ich bin der einzige Besucher. Es ist Sonntag, und in ein paar Stunden wird hier Hochbetrieb herrschen, doch jetzt steht nur ein Wohnmobil in der anderen Ecke. Ich klappe den Sitz zurück und schließe die Augen.

Das letzte Foto von Slavc wurde am Morgen des 13. August 2022 aufgenommen. Es zeigt ihn, wie er mit gesenktem Kopf in einem steilen Buchenwald steht. Dass er danach nicht mehr gesichtet wurde, hatte allerdings nichts zu besagen. Als wir gestern Abend telefoniert haben, erzählte Gaetano mir, dass er seit November keinen einzigen Wolf gesehen hat; dabei ist er an mehreren Tagen pro Woche hier draußen. Wieder einmal bewundere ich die Hingabe, mit der er sich einer anderen Spezies widmet. Dass wir Menschen trotz all unserer Fehler noch immer in der Lage sind, in unvergleichlicher Weise unsere Aufmerksamkeit dem Leben anderer Arten zu schenken.

Doch eines Tages wurde Orecchio Mozzo, Slavc' neue Gefährtin, mit einem anderen, jüngeren Männchen gesichtet, das sich wie das dominante Männchen des Rudels verhielt. Später kam die Nachricht, dass ein Jäger letzten Herbst im Wald die Knochen eines Wolfs gefunden hatte. Vor zwei Wochen erreichte diese Nachricht Paolo Parricelli, den Ranger des Naturparks. Er ging zu der Fundstelle und sammelte ein, was übrig geblieben war. Die DNA-Analyse bestätigte, was ihm sein Bauchgefühl schon gesagt hatte: Auch der zweite Pionier der Lessinia war tot. Letzten Dienstag brachte *L'Arena*, die Zeitung aus Verona, die das Leben von Slavc und Julia zehn Jahre lang im Stil eines Klatschmagazins verfolgt hatte, einen Nachruf.

Slavc ist zwölf Jahre alt geworden, so wie Julia. So wie das Leben eines hundertjährigen Menschen einen Abschnitt der Menschheitsgeschichte umfasst, verhält es sich auch mit diesen beiden Tieren. Als sie zur Welt kamen, war der Wolf fast verschwunden, und die Bestände hatten erst kurz zuvor wieder zu wachsen begonnen. Beide begegneten auf ihren langen Wanderungen keinem einzigen Rudel. Heute gilt der Wolf in Europa als »nicht gefährdet«. Slavc und Julia sind tot, aber der Sinn, den ihr Dasein gestiftet hat, lebt fort. Ihre Wanderungen waren nicht vergebens. Sie waren europäische Pioniere, und in ihren Leben spiegelt sich die Geschichte des Wolfs.

Als Gaetano seinen Fiat neben meinem Auto parkt, öffne ich die Augen. Ich steige aus, schüttle ihm die Hand, die in einem Handschuh steckt, und sehe ihm zu, wie er seine Ausrüstung vorbereitet. Dann gehen wir los, schnellen Schritts. Es tut gut, ihn zu sehen, obwohl unsere Treffen immer auf diese Weise abgelaufen sind und wir nie mehr als ein paar Worte gewechselt haben. Wir folgen einem Weg, auf dem im Winter eine Langlaufloipe verläuft; der Kies bildet in der Dunkelheit ein blassgraues Band. Der Himmel ist bewölkt, nur vereinzelt sind Sterne zu sehen.

Wir steigen einen kleinen Einschnitt im Gelände hinab und auf der anderen Seite wieder hinauf. Dann verlässt Gaetano den Pfad und geht einen steilen Hang nach oben. Wir überqueren einen Grat und steigen auf der anderen Seite in eine Rinne hinunter, die auf den bewaldeten Talboden zuläuft und immer schmaler wird. Neben einem Baum, vor einem Felsblock, bleiben wir stehen. Der Boden ist schneebedeckt. Gaetano breitet eine Plane aus. Dann setzen wir uns hin und warten.

Nach und nach nimmt die Landschaft Farbe an und gewinnt an Konturen. Unter uns erstreckt sich der Wald, jenseits und oberhalb davon ein weiterer kahler Hügel und die sich abwechselnden Streifen aus Schnee und Fels des dahinter liegenden Bergrückens. Eine *malga* mitsamt Nebengebäuden duckt sich in die Dunkelheit. Wir sitzen. Wir halten Ausschau. Wir warten.

Ein Reh geht vorüber, hebt abwechselnd die Beine aus dem Schnee. Es ist genauso angespannt wie wir, und obwohl es uns nicht sieht, sind wir in diesem Moment alle Teile ein und derselben Welt. Angetauter Schnee bildet Ringe um die Füße der kleinen Fichten. Später werde ich in der Zeitung lesen, dass Wölfe in dieser Nacht weiter unten, in der Nähe von Badia Calavena, Schafe gerissen haben.

Das morgendliche Warten fällt mir von Mal zu Mal leichter. Die Kälte setzt mir weniger zu. Ich erstelle in Gedanken keine Listen mehr mit Dingen, die ich an dem Tag noch erledigen muss, oder zähle die Viertelstunden. Manchmal vergesse ich sogar gänzlich, weshalb wir hier sind, und … blicke einfach nur vor mich hin. Wenn man auf diese Weise Ausschau hält, wird man selbst ganz Tier. Mit dem Fernglas suche ich die Hügel ab, stürze mich auf jeden Flecken Licht, der sich zeigt. Vögel fliegen über unsere Köpfe hinweg; ich kann ihre Flügelschläge unterscheiden. Im Wald hämmert ein Specht. Vereinzelte Grashalme ragen wie Schnorchel aus dem Schnee.

Dann sehe ich plötzlich etwas, ein Huschen, unterhalb der *malga* in der Ferne. Eine graue Gestalt in der grauen Landschaft, die rasch den Hang bergab quert. Ich halte das Fernglas ganz ruhig und halte den Atem an. Um diese Jahreszeit sind hier oben weder Kühe noch Schafe. Das Tier ist größer als ein Fuchs. Es bewegt sich nicht wie Wild. Es ist … Ich wage kaum, es zu denken. Ich will so sehr, dass es das ist, was ich mir erhoffe, dass es unmöglich erscheint. »Gaetano«, flüstere ich. »Da.«

Als ich den Finger ausgestreckt habe, hat das Tier die Baumgrenze erreicht und ist in dem Wald verschwunden, der zu unseren Füßen das Tal bedeckt.

Jetzt ist es da drin. Ich richte das Fernglas auf die Bäume. Es ist *da drin.* Das Licht nimmt zu, die Bäume hellen auf, und natürlich sehe ich das Tier nie wieder. Eine halbe Stunde vergeht. Eine Stunde. Mittlerweile kann es überall sein. Habe ich es mir nur eingebildet? Aber heute Morgen ist mir das nicht so wichtig. Diese Sehnsucht, dieses brennende Verlangen, einem Wolf in die Augen zu sehen – heute verspüre ich es nicht.

Irgendwann ist die Sonne ganz aufgegangen, und wir stehen auf. Wir strecken uns. Wir pinkeln. Wir gehen wieder bergan. Gaetano weist mich auf Wolfsspuren hin, die schon eine Woche alt und von der Sonne beschädigt sind; jeder Abdruck ist zur Größe eines Esstellers geschmolzen.

Auf dem Weg zurück zum Parkplatz finden wir alten Wolfskot. Er ist voller Haare, wie abgeschnittene Zöpfe. Der Tag bricht an. Es wird ein schöner Tag, und während wir noch unterwegs sind, stößt die Sonne durch die Wolkendecke der Morgendämmerung und bringt die letzten Reste von Schnee auf der Carega zum Lodern. Es fühlt sich an, als wären wir auf dem Heimweg von einer Party, wie in der Phase nach einer durchgemachten Nacht, in der man das Gefühl hat, man könnte bis in alle Ewigkeit wach bleiben, und wir plaudern entspannt und ganz vertraut. Wir sprechen über den Tod von Slavc und den Tod der Natur, und darüber, wie wohltuend es ist, früh aufzustehen und eine Zeitlang einfach nur dazusitzen und die Welt zu betrachten.

»Glaubst du, das war ein Wolf?«, frage ich Gaetano.

»Könnte sein«, antwortet er. »Das könnte sein.«

Ein Mann kommt uns entgegen. Er ist früh zu seiner Sonntagswanderung aufgebrochen und von Kopf bis Fuß in leuchtende Primärfarben gekleidet. »Glück gehabt?«, fragt er und deutet auf Gaetanos Stativ.

Gaetano zuckt mit den Schultern. »Nichts. Noch immer nichts.«

»Da drüben habe ich gerade einen Wolf gesehen«, sagt der Wanderer und deutet zur Straße. »Vom Auto aus. Er war etwa zwanzig Meter entfernt.«

»*Complimenti*«, entgegnet Gaetano freundlich. »Viel Spaß bei der Wanderung.«

Woraufhin der Mann die Stöcke schwingt und weitergeht. Gaetano und ich erreichen den Parkplatz, geben uns die Hand und machen uns auf den Weg, jeder in seine Richtung.

Während ich die Straße entlangfahre, die sich von den Bergen in die Ebene hinabschlängelt, überkommt mich die Müdigkeit. Mein Flug geht erst mittags. Ich weiß nicht, wann ich wieder hierher zurückkehren werde. Ich nehme mir vor, in der nächsten Bar auf einen Kaffee und eine Brioche anzuhalten. Und in Gedanken gehe ich zurück zu diesen wenigen Augenblicken, in denen sich dort oben etwas bewegt hat. Ich hatte mir immer vorgestellt, was für ein dramatisches und tiefgreifendes Erlebnis es sein würde, einen Wolf zu sehen. Dass mein Blick und sein Blick – aus seinen bernsteinfarbenen Augen – sich treffen würden. Dass ich zumindest sicher sein würde, einen Wolf zu sehen. Doch der Wolf ist noch immer das Geheimnis, das er war, als ich losgezogen bin, um ihn zu suchen.

Aber es scheint mir passend, dass ich nur einen Schemen von ihm gesehen habe. Mehr als Schemen bekommen wir von den Dingen nicht zu Gesicht. Und davon ausgehend, machen wir aus dem Wolf, was auch immer wir aus ihm machen wollen.

*Slavc: 2010–2022*
*Julia: 2010–2022*

# Nachbemerkung

*Ramsgate, England, Oktober 2025*

»Ich entgegne ihm, dass die EU-Gesetzgebung nicht geändert wird, weil ein Teil von Österreich das will.«

Kaum einer der Sätze, die ich geschrieben habe, ist so schnell veraltet wie dieser. Er stammt aus meinem Gespräch mit Erwin Angerer, dem Landesparteiobmann der Kärntner FPÖ. Angerer bringt darin seine Überzeugung zum Ausdruck, das sogenannte Wolfsproblem in Europa könne nur entschärft werden, indem man den Schutzstatus des Tieres verändert. Damals hielt ich diese Vorstellung für abstrus. Ich ahnte jedoch nicht, wie viele andere Teile Europas das auch wollten.

GW950m, der Wolf, der angeblich das Pony von EU-Kommissionspräsidentin Ursula von der Leyen getötet hatte, setzte eine ganze Reihe von Ereignissen in Gang. Die Untersuchung, die von der Leyen angeordnet hatte, mündete in den Vorschlag, den Schutzstatus des Wolfs abzusenken; dieser Vorschlag wurde im September 2024, nachdem Deutschland in letzter Minute seine Meinung geändert hatte, von einer Mehrheit der EU-Mitgliedsstaaten angenommen. Im Juli 2025 trat die Vereinbarung offiziell in Kraft, und damit beginnt ein neues Kapitel für unser Verhältnis zum Wolf.

GW950m ist noch immer auf freiem Fuß.

Die neue Regelung ist kein Blankoscheck. Der Wolf genießt jetzt denselben Schutzstatus wie etwa die Gämse oder der Goldschakal und ist nur noch »geschützt« und nicht mehr »streng geschützt«. Viele Menschen, darunter auch Wolfsforscher, haben mir erklärt, dass es nicht unbedingt schlecht sein muss, wenn die Regulierung von Populationen gelockert wird. In Verona etwa kommen die Wölfe der Stadt immer näher, und vielleicht muss man ihnen ein bisschen Angst einjagen. Wie bereits erwähnt, erschien mir die Ohnmacht, die die Bauern gegenüber der Bedrohung durch den Wolf empfinden, schon oft als die größte Gefahr von allen.

Gleichwohl. Während der Wolf aufs Ganze gesehen aufblüht, sind die Populationen in sämtlichen biogeografischen Regionen Europas mit einer einzigen Ausnahme in einem »ungünstigen oder unzureichenden Erhaltungszustand«. Es ist fragwürdig, ob die Erlaubnis, nur ein bisschen zu töten, ein guter Weg ist, um das verbliebene Schutzgut zu schonen, oder ob sie, nachdem das Heilige profaniert wurde, ein weiteres Zurückfallen rechtfertigt. Von den Niederlanden über Griechenland bis nach Schweden hört man überall den Ruf nach einer umfassenden Entnahme, verstärkt vonseiten der Politik und der Medien. Die Absenkung des Schutzstatus des Wolfs ist nur ein Teil einer anhaltenden Entwicklung, im Zuge derer die Umweltschutzstandards der EU immer weiter aufgeweicht werden. Grund hierfür sind Bauernproteste und das Schielen der Politik auf den rechten Rand, im Bemühen, von dort Terrain zurückzuerobern.

»Würden in der Welt Logik, Rationalität und wissenschaftliche Strenge herrschen, dann wäre diese Entscheidung nicht gefährlich«, so Luigi Boitani, Italiens führender Experte in Sachen Wolf. Doch wie ich auf meinen langen Wanderungen quer durch Europa festgestellt habe, ist dem nicht so.

Auch in dieser Hinsicht ist es erhellend, die Welt des Wolfs als Spiegel der Politik zu betrachten. Bei den Wahlen zum österreichischen Nationalrat im September 2024 erhielt die FPÖ den größten Stimmenanteil; gleichwohl ist es einer fragilen Mehrheit bis jetzt gelungen, sie von der Regierungsmacht fernzuhalten. Giorgia Meloni hat ihre Macht gefestigt und wird immer mehr zu einer der einflussreichsten Politikerinnen Europas. In Deutschland, Frankreich und Großbritannien führen die rechtsextremen Parteien die Meinungsumfragen an. Und was die USA angeht, nun … dort herrschen keine guten Zeiten für Wölfe, und auch nicht für Menschen, die versuchen, sich ein Leben außerhalb des dominierenden Narrativs aufzubauen.

Eine andere Welt ist möglich. Kurz nach meiner Wanderung kam in Slowenien eine linksgerichtete Koalition an die Regierung, die auf der Stelle den Zaun entlang der slowenisch-kroatischen Grenze abbauen ließ. Slavc' Geburtsrevier wuchs wieder zusammen. Wenn wir aus Slavc' Leben eines lernen können, dann dies: Selbst wenn die Lage hoffnungslos ist, selbst wenn ungewiss ist, was hinter dem Horizont kommt, ist es sinnvoll, im Morgengrauen aufzubrechen und danach zu suchen.

Es gibt in der Welt etliche Menschen, die das tun. Und sie suchen nach Ihnen.

# Danksagungen

Ohne die Unterstützung durch mehrere Stipendien hätte ich dieses Buch niemals schreiben können. Mein aufrichtiger Dank gilt der Society of Authors und dem K Blundell Trust, dem Oppenheim-John Downes Memorial Trust sowie dem Royal Literary Fund, der mir den J. B. Priestley Award zugesprochen hat. Als ich mit der Überarbeitung des Textes begann, fand ich im Broughton Sanctuary einen Platz zum Arbeiten.

Mehrere Firmen waren so großzügig, mir Ausrüstung für meine Wanderung zur Verfügung zu stellen. Mein Dank geht an Varg (Kleidung) und an Klean Kanteen (Wasserflaschen), die mich wieder einmal unterstützt haben, sowie an Klättermusen für weitere Kleidungsstücke und Taschen; an Meindl für Wanderstiefel, an Olympus für das Fernglas und die Fotoausrüstung sowie an die stets hilfsbereiten Mitarbeiter in der Kartenabteilung bei Stanfords.

Viele Menschen, die mich bei meinem Vorhaben unterstützt haben, werden in dem Buch erwähnt. Euch allen danke ich dafür, dass ihr mir gezeigt habt, wie ihr lebt, mir ein Bett zur Verfügung gestellt habt, wenn es dringend nötig war, und mir eure Geschichten anvertraut habt. Viele andere, die aus diesen oder jenen Gründen keinen Eingang in dieses Buch gefunden haben, haben an dem Ergebnis ebenfalls ihren Anteil.

Adela Pukl gilt mein Dank für die langen Gespräche über den Karneval in Slowenien, Christa Tuczay für ihre Fachkenntnisse in Sachen Werwölfe, und Joel Pullin dafür, dass er sich sämtliche Werwolffilme angesehen hat, die je gedreht wurden, sodass ich das nicht tun musste. Außerdem geht mein Dank an Toby Jones und seine Familie, die mir Parma gezeigt und mich über das Schicksal des Wolfs in Italien auf dem Laufenden gehalten haben; an Jacques Willemen, der für mich in Holland die Wolfsaugen und -ohren gespitzt hat. Lisa Zaffuto und Saqib Rehman haben mir das Asylsystem im Veneto erklärt; Silvia Montanaro und Silvana Fasoli brachten mir die Details der Naturweidewirtschaft in der Lessinia nahe; und Max Rossberg von der European Wilderness Society hat in Österreich dasselbe geleistet. Emma Marris beantwortete mir all meine Fragen zu den Wölfen im Yellowstone-Park. Don McLean erlaubte mir, den Text von *American Pie* zu verwenden. Und ein riesiges Dankeschön geht an Paola Selva, die in Italien für mich gedolmetscht hat, sowie an Eva Lems in Österreich und Blažka Čemažar in Slowenien.

Francesco Romito und Alessandro Brugnoli haben jenseits der italienischen Grenze geduldig meine Fragen zu Wölfen weitergeleitet. Das Team der Biotechnischen Fakultät an der Universität von Ljubljana hat dasselbe in Slowenien getan. Insbesondere möchte ich Hubert Potočnik erwähnen, der das Projekt vom ersten Moment an tatkräftig unterstützt hat. Ohne deine ungebrochene Begeisterung und deine Hilfe gäbe es dieses Buch nicht.

Durch die Herzlichkeit bestimmter Menschen, denen ich entlang Slavc' Route begegnet bin, fühlen sich manche Orte in den Alpen so sehr wie zu Hause an, dass ich fast schon begonnen habe, dort mein eigenes Territorium zu markieren. Annika Lems und Paul Reade in Millstatt, Manuela Ponmari, Massimo D'Agostino und alle anderen in der Pizzeria Lessinia, Kate Cozza in Verona – ohne euch wäre diese Wanderung weitaus mühsamer gewesen und hätte weitaus weniger Spaß gemacht. Einen besonderen Dank möchte ich Emma Barana Sartori und Giacomo Cristiano aussprechen, fürs Dolmetschen, für Risotto, Italienischunterricht, Wanderungen, geheimnisvolle Schnäpse und eure warmherzige und großzügige Freundschaft.

Um ein Buch zu schreiben, braucht man ein ganzes Rudel. Helen Conford, Amanda Betts und Madhulika Sikka haben alle viel Zeit, Klugheit und Energie in jede einzelne Seite gesteckt und dadurch diese Geschichte so gut gemacht, wie sie nur werden konnte. Außerdem möchte ich Francis Geffard für seine unermüdliche Unterstützung danken. Die Leute bei C&W, darunter Kate Burton und Sophie Lambert, die beste Agentin von allen, haben *Wolfspfade* in alle Welt getragen und überall ein Zuhause für das Buch gefunden. Vielen Dank auch an Sarah Fuentes und Veronica Goldstein von United Talent. An alle, die die unterschiedlichen Fassungen gelesen und endlos mit mir über Details diskutiert haben, Effie, Claude, Ulli, Gareth, Harry, James und meine Familie – eure Hinweise waren Gold wert. Danke an Amber, Chris und alle anderen bei Faith in Strangers, wo ich dieses Buch vom ersten bis zum letzten Wort geschrieben habe. Ohne eure Gesellschaft und euren Humor wäre ich nach und nach verrückt geworden. Und an Mum und Dad und Nan. Ich kann mich unendlich glücklich schätzen, dass ihr mir eure unerschöpfliche Liebe und euren Beistand schenkt.

Und zum Schluss ein Dankeschön an meine wunderbaren Kinder Leika und Svalan – ich hab's geschafft! Und an meine Frau Ulli, die mir durch ihre Liebe, ihre Energie, ihre Fantasie, ihren Glauben und ihre unerschütterliche Überzeugung, dass

Kunst essenziell ist, ermöglicht hat, dieses Buch zu schreiben, während der Rest des Lebens weiterlief. Auf einer kleinen Bergstraße in Slowenien wurde mir auf einmal klar, dass wir heiraten sollten. Ich könnte nicht glücklicher sein. Wollen wir die nächste Wanderung alle gemeinsam machen?

# Auswahlbibliografie

An dieser Stelle möchte ich nur einige der Bücher, Artikel und Webseiten nennen, auf die ich mich während der Recherche und dem Verfassen von *Wolfspfade* am meisten gestützt habe. Eine vollständige Liste der Quellenangaben findet sich auf www.adamweymouth.com.

## Bücher und Artikel


Anonymus, *Fioretti di San Francesco. Blümlein vom heiligen Franziskus.* dtv, 1984.

Arnds, Peter O., *Wolves at the Door: Migration, Dehumanization, Rewilding the World.* New York Bloomsbury Academic, 2021.

Berger, John, *Why Look at Animals?* Penguin Books UK, 2009.

Berizzi, Paolo, *L'Educazione di un fascista*. Feltrinelli, 2020.

Bismara, Claudio, »Note su lupi e lupesse a Verona tra medioevo e Rinascimento«. In: *Studi veronesi* (Online), 2020–09, Vol. 5, S. 83–97.

Cason, Diego; Nardelli, Michele, *Il monito della ninfea. Vaia, la montagna, il limite.* Bertelli, 2020.

Cesco-Frare, Piergiorgio, »Tunin e il Lupo«. In: *Le Dolomiti Bellunesi*, 2000.

Chatwin, Bruce, *Traumpfade*. Hanser, 1990.

Cheshire, James; Uberti, Oliver, *Die Wege der Tiere: ihre Wanderungen an Land, zu Wasser und in der Luft – in 50 Karten.* Hanser, 2017.

Dundes, Alan (Hg.), *Little Red Riding Hood: A Casebook.* University of Wisconsin Press, 1989.

Eckert, Astrid M., *Zonenrandgebiet: Westdeutschland und der Eiserne Vorhang.* Bundeszentrale für politische Bildung, 2023.

Ehrenreich, Barbara, *Blutrituale*. Kunstmann, 1997.

Eisler, Robert, *Man into Wolf: An Anthropological Interpretation of Sadism, Masochism and Lycanthropy*. Routledge and Paul, 1951.

Girard, René, *Der Sündenbock.* Benziger, 1988.
Gow, Derek, *Hunt for the Shadow Wolf.* Chelsea Green Publishing, 2024.
Graves, Will N., *Wolves in Russia: anxiety through the ages.* Calgary Detselig Entreprises, 2007.
Grimm, Jacob; Grimm, Wilhelm, *Kinder- und Hausmärchen.* 1812.
Johnson, Harold R., *Cry Wolf: Inquest into the True Nature of a Predator.* University of Regina Press, 2020.
Jones, Tobias, *Italien – das dunkle Herz des Südens. Eine kritische Liebeserklärung.* Kindler, 2004.
Köhler-Rollefson, Ilse, *Hoofprints on the Land.* Chelsea Green Publishing, 2023.
Krange, Olve; Skogen, Ketil, »When the lads go hunting: The ›Hammertown mechanism‹ and the conflict over wolves in Norway«. In: *Ethnograpy*, November 2011, 12, S. 466.
Kranjc, Andrej, »The Origin and evolution of the term ›Karst‹«. In: *Procedia – Social and Behavioural Sciences*, Dezember 2011, 19, S. 567–570.
Kurlander, Eric, *Hitler's Monsters: A Supernatural History of the Third Reich.* London Yale University Press, 2017.
Lems, Annika, »Cultures of unwelcome: Understanding the everyday histories of exclusionary practices – A view from across the German border«. In: *International Migration*, Juni 2023, 61, 3, S. 72–86.
Leser, Julia; Pates, Rebecca, *The Wolves Are Coming Back. The politics of fear in Eastern Germany.* Manchester University Press, 2021.
Linnell, J. et al., »The fear of wolves: A review of wolf attacks on humans«. Norsk institutt for naturforskning, 2002.
Lopez, Barry Holstun, *Of Wolves and Men.* Scribner, 1978.
Macfarlane, Robert, *Im Unterland: eine Entdeckungsreise in die Welt unter der Erde.* Penguin, 2019.
McGillicuddy, Michael, »NEW from 1928: the Vatican gifts a live Capitoline wolf to Mussolini's Rome«. 2020.
Marris, Emma, »A good story: media bias in trophic cascade research in Yellowstone National Park«. In: Kareiva, Peter; Marvier, Michelle; Silliman, Brian (Hg.), *Effective Conservation Science: Data Not Dogma.* Oxford University Press, 2017.
Marris, Emma, *Wild Souls.* Bloomsbury, 2021.
Marvin, Gary, *Wolf.* Reaktion Books, 2012.
Mazzoni, Cristina, *She-wolf: The Story of a Roman Icon.* Cambridge University Press, 2010.

Mech, L. David, »Unexplained patterns of grey wolf *Canis lupus* natal dispersal«. In: *Mammal Review*, Juli 2020, 50, 3, S. 314–323.

Mech, L. David; Boitani, Luigi (Hg.), *Wolves: Behavior, Ecology, and Conservation.* University of Chicago Press, 2003.

Meyer, Connor et al., »Parasitic infection increases risk-taking in a social, intermediate host carnivore«. In: *Communications Biology*, 5, 2022.

Monbiot, George, *Verwildert.* Matthes & Seitz, 2021.

Monbiot, George, »What do angry farmers in Nevada and Germany have in common? They're being exploited by the far right«. In: *The Guardian*, 19.01.2024.

Mott, Antonella, *Carnival King of Europe II (2010–12).* MUCGT, 2012.

Natterson-Horowitz, Barbara; Bowers, Kathryn, *Junge Wilde: was uns der Blick in die Tierwelt über das Erwachsenwerden lehrt.* Penguin, 2020.

Nicholls, Henry, »Incredible journey: one wolf's migration across Europe«. In: *The Guardian*, 08.08.2014.

Pangrazio, Angelo, *Lupi a Nordest: Antiche paure, nuovi conflitti.* Cierre, 2022.

Perri, Angela, »Prehistoric dogs as hunting tools: the Advent of Animal biotechnology«. In: Bethke, Brandi; Burtt, Amanda (Hg.), *Dogs: Archaeology beyond domestication;* S. 7–44. University Press of Florida, 2020.

Rong, Jiang, *Der Zorn der Wölfe.* Goldmann, 2008.

Rowlands, Mark, *Der Philosoph und der Wolf: Was ein wildes Tier uns lehrt.* Piper, 2010.

Safina, Carl, *Die Intelligenz der Tiere: Wie Tiere fühlen und denken.* C.H. Beck, 2017.

Sax, Boria, *Animals in the Third Reich: Pets, Scapegoats, and the Holocaust.* Continuum Intl, 2000.

Schenkel, Rudolph, *Expressions Studies on Wolves.* 1947.

Scheutz, Martin, »Bettler – Werwolf – Galeerensträfling. Die Lungauer ›Werwölfe‹ des Jahres 1717/18 und ihr Prozess«. In: *Salzburg Archiv*, 27, 2001, S. 221–268.

Serpell, James, *Das Tier und wir: Eine Beziehungsstudie.* Müller Rüschlikon, 1990.

Spyri, Johanna, *Heidi.* 1880.

Wodak, Ruth, *Politik mit der Angst: Die schamlose Normalisierung rechtspopulistischer und rechtsextremer Diskurse.* Edition Konturen, 2020.

Yong, Ed, »A New Origin Story for Dogs«. In: *The Atlantic*, 02.06.2016.

## Webseiten

Alta Lessinia: www.altalessinia.com
L' Arena: www.larena.it
Io Non Ho Paura Del Lupo: www.iononhopauradellupo.it
Lessinia Bolf: www.lessiniabolf.it
Storia della Fauna: www.storiadellafauna.com

Die englische Originalausgabe erschien 2025 unter dem Titel
»Lone Wolf – Walking the Faultlines of Europe«
bei Hutchinson Heinemann, Penguin Random House UK, London.



1. Auflage

in der Penguin Random House Verlagsgruppe GmbH,
Neumarkter Straße 28, 81673 München
produktsicherheit@penguinrandomhouse.de
(Vorstehende Angaben sind zugleich
Pflichtinformationen nach GPSR.)

Umschlaggestaltung: semper smile, München,
nach einer Vorlage von Cornerstone / Glenn O'Neill
unter Verwendung von Bildmaterial von Staffan Widstrand,
Roberto Machado Noa, Frank Ramspott / Getty Images
Illustrationen / Karten: © Ulli Mattsson
Satz: Uhl + Massopust, Aalen
Druck und Einband: GGP Media GmbH, Pößneck
Printed in Germany
ISBN 978-3-442-76340-5

www.btb-verlag.de
www.facebook.com/penguinbuecher